城市重特大事故

大规模人群疏散及其优化决策

叶永◎著

中国社会科学出版社

图书在版编目（CIP）数据

城市重特大事故大规模人群疏散及其优化决策/叶永著．—北京：中国社会科学出版社，2016.6

ISBN 978－7－5161－8495－0

Ⅰ.①城…　Ⅱ.①叶…　Ⅲ.①城市—事故—大规模—安全疏散—研究　Ⅳ.①X956

中国版本图书馆 CIP 数据核字(2016)第 144054 号

出 版 人	赵剑英
责任编辑	王　曦
责任校对	周晓东
责任印制	戴　宽
出　　版	中国社会科学出版社
社　　址	北京鼓楼西大街甲 158 号
邮　　编	100720
网　　址	http：//www.csspw.cn
发 行 部	010－84083685
门 市 部	010－84029450
经　　销	新华书店及其他书店
印刷装订	北京君升印刷有限公司
版　　次	2016 年 6 月第 1 版
印　　次	2016 年 6 月第 1 次印刷
开　　本	710×1000　1/16
印　　张	20
插　　页	2
字　　数	252 千字
定　　价	88.00 元

凡购买中国社会科学出版社图书，如有质量问题请与本社营销中心联系调换

电话：010－84083683

目　录

序

城市作为一个地域的政治、经济、文化、科技和教育中心，本就具有人口密集、建筑物密集、交通复杂、工业危险品易聚集等特点，再加上随着经济飞速发展而带来的各种各样不同于传统危机事件的潜在危机，城市就成为重特大事故易于发生的地区。城市中发生的突发事件往往具有复杂的关联效应及积累、扩散效应，往往是“动一线而牵全局”，容易快速扩散和积聚破坏性的能量，城市一旦遭遇灾害，危害性是其他任何地区不可比拟的，这决定了城市救援应急响应和疏散救援过程的复杂性和不确定性，更进一步增加了现场应急指挥决策和人群疏散的难度。因此，亟须建立一套科学的大规模人群疏散及其优化决策体系，提高城市应急疏散能力和效率。

在应急管理实践中，我国为了加强应急能力建设，制定了一系列的法律、法规和规范性文件。2007 年 8 月 30 日，中华人民共和国第十届全国人民代表大会常务委员会第二十九次会议审议通过了《中华人民共和国突发事件应对法》，国务院先后制定和通过了《国家突发公共事件总体应急预案》《国务院关于全面加强应急管理工作的意见》《“十一五”期间国家突发公共事件应急体系建设规划》等规范性文件，进一步完善了应急政策体系，有效地规范突发事件应对活动。

叶永博士是我指导的全日制攻读博士生，他于 2010 年秋季以优异的成绩加入我的研究团队，入学后就开始关注应急管理方面的研究。在校期间，作为研究骨干参与了我主持的国家自然科学基金重大研究计划培育项目“基于组群信息刷新的非常规突发事件资源配置优化决策研究”，并先后在《城市规划》、《浙江大学学报》（工学版）、“*Journal of Industry and Management Optimization*”、“*Journal of Systems Science and Systems Engineering*”等国内一级和国际著名学术期刊（SCI）上发表了多篇高水平论文，于2014年3月顺利完成博士学业。毕业后，叶永博士先后主持承担了多项省部级科研项目，对应急管理的研究更加专注和深入。我很高兴地看到，叶永博士的专著《城市重特大事故大规模人群疏散及其优化决策》即将出版。

本书针对城市重特大事故发生后的人群疏散问题进行研究，全书分三篇：人群疏散基础分析篇、人群疏散机制模式篇和人群疏散优化决策篇。在人群疏散基础分析篇中，主要对本书研究的问题、背景和意义，相关理论和方法，以及城市重特大事故人群疏散问题进行探讨。在人群疏散机制模式篇中，则主要探讨了城市重特大事故大规模人群疏散的对策、措施与保障机制和人群疏散模式。在人群疏散优化决策篇中，主要是在探讨城市重特大事故大规模人群疏散决策基础后，提出了城市重特大事故两阶段大规模人群疏散决策方法、城市重特大事故大规模人群疏散动态决策方法和重特大事故疏散人群的生活保障物资配置决策方法。

本书是国内为数不多的关于城市重特大事故大规模人群疏散及其优化决策方面的专著。与同类书相比，本书具有以下几个创新特点：第一，有利于提升城市重特大事故大规模人群疏散的科学性，本书综合考虑人群疏散的对策、机制和模式，为决策部门提供科学、可靠、实用的优化决策方法，为地震救援实践提供最优的人群疏散方案。第二，有助于我国城市重特大事故大规模人群疏散指挥系统的开发，本书研究成果可以融合到基于情景—应对的国家应急平台体系中，作为决策子系统的一部分进行开发。第三，为大规模人群疏散提供一定的理论支撑，本书全面分析城市重特大事故大规模人群疏散的对策、保障机制和模式，力求构建一套可靠实用的优化决策方法，可以对大规模人群疏散体系构建起到一定的启示作用。第四，丰富和拓展传统的大规模人群疏散的理论和方法，并扩大灾害链理论、运筹学和进化算法理论等在我国人群疏散决策领域的应用。

浙江大学管理学院教授、博士生导师

刘　南

2016 年 4 月 14 日写于杭州

前　言

21 世纪以来，中国经济保持快速发展，城市化进程日益推进、设施进一步完善，应急管理能力更有大幅提升；同时，时有发生的城市重特大灾害也是城市安全的巨大威胁。因此，如何在灾害发生前未雨绸缪，做好灾害防范工作具有重大的意义。灾害发生后的应急救援工作也是城市居民生命财产安全的重要保障，人群疏散则是城市应急救援的重要方面。然而，目前应对城市重特大事故大规模人群疏散主要依赖于各自独立的应急管理部门，其效果主要取决于领导者掌握的信息量以及个人知识、经验水平，但由于人为因素过多，难免产生一些错误的决策。一旦发生灾害，错误的决策不仅容易导致在组织群众疏散和防止灾害扩大方面贻误时机，而且造成重大的人员伤亡和经济损失。因此，亟须建立一套科学的大规模人群疏散及其优化决策体系，提高城市应急疏散能力和效率。

从我国城市应急管理系统的现状来看，城市应急管理水平与发达国家的城市相比还存在较大差距。如何面对城市频发的重特大事故，建立科学、有效的城市重特大事故大规模智慧人群疏散及其优化决策体系，有助于提高城市重特大事故应急救援的反应能力，降低重特大事故损失，减少人员伤亡。所以，必须采取系统工程的方法对重特大事故智慧人群疏散的基础、机制、模式进行综合分析，并在此基础上，对其优化决策问题进行系统建模，在准确把握城市公共危机脉搏和城市应急管理主体状况的基础上，创建一个科学、有效的重特大事故智慧人群疏散决策体系，提高应急管理保障能力。

为此，本书对城市重特大事故大规模人群疏散及其优化决策问题进行探讨。主要分为三篇：第一篇为城市重特大事故大规模人群疏散基础分析篇，包括第一、第二、第三章，主要是对本书的主要思想、观点和理论方法，以及城市重特大事故人群疏散问题进行分析；第二篇为城市重特大事故大规模人群疏散机制模式篇，包括第四、第五章，主要探讨了城市重特大事故大规模人群疏散的对策、措施与保障机制，以及城市重特大事故大规模人群疏散模式，包括适时疏散模式和智慧疏散模式两种；第三篇为城市重特大事故大规模人群疏散优化决策篇，包括第六、第七、第八章，主要是针对如何在城市重特大事故大规模人群疏散中，给决策人员提供最优的人群疏散路径选择、人数分配、车辆资源配置以及生活保障物质配置方案的问题，在总结国内外人群疏散和人群疏散决策关键要素研究现状的基础上，提炼城市重特大事故大规模人群疏散决策关键点和理论方法，建立城市重特大事故两阶段大规模人群疏散决策方法和动态决策方法，并构建重特大事故疏散人群的生活保障物质配置决策方法。

本书主要由温州医科大学人文与管理学院的叶永博士完成，部分内容是浙江省自然科学基金项目“基于组群信息刷新的大规模抗台人群疏散序贯决策方法研究（项目编号：LQ16G010005）”、浙江省高校重大人文社科项目攻关计划青年重点项目“基于台风灾害态势感知的大规模人群转移决策模式与应对机制研究（项目编号：2014QN006）”、浙江省民政厅民政研究中心课题“浙江省城市重特大事故智慧人群疏散模式研究（ZMZD201409）”和南京市软科学项目“南京市重特大事故大规模人群疏散模式研究（宁科20072011）”的研究成果。因此本书凝聚了课题组成员的辛勤劳动，谨此一并致谢。特别要感谢作者的硕士导师东南大学经济管理学院的赵林度教授，感谢他把作者领进学术之门；也特别感谢浙江大学的刘南教授和温州大学的洪振杰教授，感谢他们对作者在攻读博士、学士学位期间的悉心指导！恩师教诲，铭记于心！也特别感谢温州医科大学人文与管理学院的柯奔书记和马洪君副院长，以及温州大学金融研究院的潘彬院长，感谢他们对作者研究工作的大力支持！同时，也非常感谢同门的汤红、江忆平、孔强、柯玉东、孙立、刘明、胡家香、张冲、杨世才、马新露、侯晶、朱莉、俞海宏、陈达强、陈远高、葛洪磊、李燕、吴桥、庞海云、詹沙磊、何雨璇、居水木、肖骁、徐杰、陈红、龚梓翔等博士和硕士。最后，还要感谢温州医科大学人文与管理学院和温州大学金融研究院对本书的资助。

本书在写作过程中参考借鉴了部分国内外有代表性的研究成果，作者尽可能将其列在参考文献中，在此对这些研究学者表示真挚的感谢！

限于作者的学术水平，书中不足之处恳请读者不吝指正。

作　者

于浙江温州

2016年3月14日

第一章

绪论

第一节 问题的提出

一 背景

近年来，国内外城市所发生的一些由燃气管道系统、燃气、燃具或工业可燃气泄漏，以及由商品库房的易燃易爆粉尘所酿成的重特大爆炸事故触目惊心。在国外，1998 年秋，拉美地区遭受前所未有的“米奇”飓风袭击，夺走了 9745 人的生命，仅在洪都拉斯死亡人数就达5000 多人；1999 年9 月，“佛罗伊德”飓风横扫美国东海岸，造成56 人死亡；2001 年 9 月 1 日，美国纽约市世界贸易中心发生恐怖袭击，至少造成3000 多人死亡；2002 年 10 月 2 日，印度尼西亚美丽的巴厘岛发生恐怖爆炸事件，造成 202 人死亡；2003 年 5 月 23 日，阿尔及利亚发生 6.2 级地震，造成 2300 余人死亡、万余人受伤；2004 年 9 月 1 日，发生在俄罗斯南部北奥塞梯一所学校劫持人质事件，造成 300 多人死亡，其中一半是儿童；2004 年 12 月 26 日发生印度洋海啸，这场突如其来的灾难夺去印度尼西亚、斯里兰卡、泰国、印度等国近 30 万人的生命；2005 年 3 月 29 日，印尼苏门答腊北部发生 8.5 级地震，近 2000 人在地震中丧生，尼亚斯岛 80% 左右的房屋倒塌和破损；2006 年 7 月 11 日，发生在印度孟买的火车连环爆炸案造成近 200 人死亡；2007 年 11 月 16 日，孟加拉国遭受强热带风暴袭击，造成 400 多人死亡、数千人受伤；2008 年 9 月 13 日，飓风“艾克”侵袭了美国的加尔维斯顿和得克萨斯州，致使超过 6000 人死亡；2009 年 4 月，墨西哥暴发大规模猪流感，疫情进一步扩大至众多国家，造成了全球范围的恐慌；2010 年 1 月 12 日下午海地发生里氏 7.3 级强烈地震，首都太子港及全国大部分地区受灾情况严重，此次海地地震已造成11.3万人丧生，19.6万人受伤；2011年3月11日，日本东北部海域发生里氏9.0级地震并引发海啸，造成日本12个都道县死亡人数达10035人，另有17443人失踪，2775人受伤。福岛核电站发生最高级别第七级核泄漏事故，放射物波及全球许多地区；2013年4月24日孟加拉国萨瓦区大楼倒塌事故，死亡高达1127人，另约2500人受伤；2015年4月25日，尼泊尔中部地区突发8.1级强烈地震，造成境内约9000人死亡。

在国内，中国城市灾害频频发生，造成了巨大的生命财产损失。1998年夏，长江发生全流域性洪水灾害，受灾10169.2万人，成灾7094.7万人，死亡人口2140人，伤病人口1522436人，紧急转移1044.7万人。2000年12月25日，河南洛阳东都商厦发生火灾，造成309人死亡。2001年7月22日，江苏徐州发生瓦斯煤尘爆炸，致使92人死亡。2002年6月20日，黑龙江城子河煤矿西二采区瓦斯爆炸，造成124人死亡。2003年年初暴发的SARS，给人民的健康和生命安全造成了严重威胁，我国内地累计报告SARS临床诊断病例5327例，死亡349例。2004年2月15日，吉林省吉林市中百商厦发生火灾，54人死亡，70人受伤。2005年11月21日，哈尔滨全市停水事件，给城市居民生活造成极大不便。2006年夏季接连发生的飓风灾害，造成了1000多人死亡，超过1000万人受灾。2007年7月16日，重庆遭遇115年不遇的暴雨袭击，造成516万人受灾，35人死亡。2008年5月12日，四川汶川发生8级大地震，夺去超过8万人的生命，给当地居民造成了巨大的生命财产损失。2010年8月8日，中国甘肃省舟曲县发生特大泥石流灾害，造成至少1501人遇难，264人失踪，26470人受灾。2012年7月下旬华北地区洪涝风雹灾害，全国17个省（区、市）623万人受灾，95人死亡，45 人失踪，56.7 万人被紧急转移。2013 年 11 月 22 日青岛输油管道爆炸事故，造成62 人死亡，136 人受伤。2014 年3 月1 日中国云南昆明火车站发生严重恐怖袭击事件，造成 29 人死亡，143 人受伤。2014 年 8 月 20 日持续强降雨导致浙江多地受灾。浙江省有22 个县（市、区）163 个乡（镇、街道）45 万人受灾，丽水城区、缙云县城受淹，倒塌房屋466 间，转移人员 3.87 万人。2015 年8 月 12 日，天津一个化工品仓库发生一系列大爆炸，将天津最繁忙的港口的一大片区域夷为平地，同时致使近百人失去生命。2016 年台南地震中，共有 116 人遇难，550 人受伤，其中永康区的维冠金龙大楼倒塌，致 114 人罹难。

城市作为一个地域的政治、经济、文化、科技和教育中心，本就具有人口密集、建筑物密集、交通复杂、工业危险品易聚集等特点，再加上伴随着经济飞速发展而带来的各种各样不同于传统危机事件的潜在危机，就成为重特大事故易于发生的地区。城市中发生的突发事件往往具有复杂的关联效应及积累、扩散效应，“动一线而牵全局”，容易快速扩散和积聚破坏性的能量，城市一旦遭遇灾害，危害性是其他任何地区不可比拟的，这决定了城市救援应急响应和疏散救援过程的复杂性和不确定性，更进一步增加了现场应急指挥决策和人群疏散的难度。参与过应急响应和疏散救援的指挥人员普遍反映：在应急救援与疏散过程中，根据监测到的现场参数，很难直观认识参数对事故的进一步发展有何种影响，会对周围人员和财产具有何种影响，从而就难以准确地确定应该采取哪种应急策略，如何做出决策，因而要么采取最保守的策略，从而过度估计了事态的发展；要么对事态发展估计不足，加剧了事故后果的严重程度。

可见，城市重特大事故人群疏散体系是灾害应急救援与疏散行动的指南针，直接关系营救行动的成败。一座城市的规模越大，现代化程度就越高，它所需要的人群疏散模式和决策方法就应该愈加灵敏和高效。在发达国家的许多城市中，城市人群疏散机制已经成为城市居民日常生活中一个不可缺少的组成部分，甚至成为显示城市管理水平的标志性工程。建立和完善城市应急管理体系是一座城市走向现代化、国际化的重要标志，提高城市人群疏散能力是应急管理水平提高的关键，因此，建立统一、高效的重特大事故人群疏散决策系统是城市步入现代化管理的必然选择。

从我国城市应急管理系统的现状来看，城市应急管理水平与发达国家的城市相比还存在较大差距。如何面对城市频发的重特大事故，建立科学、有效的城市重特大事故大规模人群疏散模式和决策方法，有助于提高城市重特大事故应急救援的反应能力，降低重特大事故损失，减少人员伤亡。所以，必须采取系统工程的方法对重特大事故人群疏散决策进行综合分析、系统建模，在准确把握城市公共危机脉搏和城市应急管理主体状况的基础上，创建一个科学、有效的重特大事故人群疏散决策方案，提高应急管理保障能力。城市重特大事故大规模人群疏散体系建设是一项利国、利民的工程，也是提高城市安全度和可持续发展能力的一项重要措施。

二　城市重特大事故大规模人群疏散研究的意义

目前，中国正处于经济学家所预言的“非稳定状态”频发的关键时期，即人均国民收入水平处于1000—3000美元发展阶段。这是一个人口与资源环境、效率与公平正义等矛盾突出的时期，也是经济容易失控、社会容易失序、心理容易失衡、政治思想观念和社会伦理价值容易失调的关键时期（陈玮，2007）。近年来，我国连续发生重大事故，造成人民生命财产损失并产生恶劣的社会影响。而在过去的事故中，暴露出了应急救援过程中的一些问题，如指挥系统过大、指挥员命令错误、人群疏散混乱等，导致事故的进一步扩大甚至更多的人员伤亡。

城市作为区域经济和文化中心，在国民经济和社会发展中有着重要的战略地位。城市的基本特点是集中，集中大量的人口，集中大量的设施及资源，同时功能复杂并具有关联性。与此同时，在城市的应急救援中，如何保障人民生命安全的问题愈加突出，并在一定程度上影响和阻碍经济与社会的可持续发展。随着城市发生重特大事故的可能性增大，城市事故的危害增大，防治城市重特大事故发生的必要性需要增强，应对城市重特大事故发生后的人群疏散能力也需要加强。城市重特大事故大规模人群疏散应在城市和谐发展思想指导下，以城市应急管理思想为主线，以人群疏散理论和实践方法为依据，依靠科学技术，从重特大事故大规模人群疏散对策、措施、保障、路径选择、决策策略等方面形成城市重特大事故大规模人群疏散体系。

近年来，随着我国经济体制改革的不断深入，我国经济获得了高速发展，但是，安全生产形式却十分严峻，尤其是火灾、爆炸、毒物泄漏等重大恶性事故不断发生，虽屡有惨重教训，但始终未能避免灾难重演，造成的经济损失和社会心理创伤十分巨大（李兴国等，1996）。我国对公共危机事件的管理日益重视，尤其是在成功应对 SARS、禽流感、特大型火灾、暴风雪灾害等公共危机之后，突发公共事件应急机制已初步建成。但是在应对这些危机的同时也暴露出我国城市应急管理总体水平还较低，应急管理机制尚不健全、应急预警能力有限，尤其是有关城市重特大事故大规模人群疏散体系的研究还缺乏系统性、有效性等。本书将以提高大规模人群疏散能力，减少人员伤亡，降低损失为目标，进一步完善城市应急管理理论体系，为城市公共管理决策咨询提供理论依据和可行方案，为提高我国城市应对重特大公共安全突发事件的能力奠定基础。

我国每年因突发事件造成的损失十分惊人。据国家安全生产监督管理局统计，2001 年我国安全生产形势严峻，全年死亡人数达 130491 人，受伤人数 60 多万人（冯长根，2003）；2002 年全国共发生各类事故 1073434 起，死亡 139393 人（2002）；2003 年全国共发生各类事故 963976 起，死亡 136340 人（冯长根，2005）；2004 年全国共发生各类事故 803571 起，死亡 136755 人（冯长根，2005），而这些损失几乎都发生在国民经济发展中占有特殊地位、经济文化都比较发达的城市。如前文提到的 2003 年年初暴发的 SARS 事件、2004 年吉林市“2·15”特大火灾事故、2005 年 11 月哈尔滨全市停水事件、2006 年浙江省金华“10·9”化学品爆炸事故；2007 年 5 月无锡蓝藻事件、2008 年 1 月南方部分地区暴雪以及同年 5 月发生的四川汶川大地震、2010 年 8 月 8 日，中国甘肃省舟曲县特大泥石流事件、2011 年 7 月温州动车相撞事件、2013 年 11 月 22 日青岛输油管道爆炸事故、2014 年 3 月昆明火车站恐怖袭击事件等、2015 年上海新年踩踏惨剧、2016 年台南地震等，均暴露出中国城市公共危机综合管理能力的不足，都使人们充分意识到应急管理不可轻视，更显示出城市应急管理体系建设的必要性和紧迫性。统计表明：有效的应急管理体系可将事故损失降低到无应急管理体系的 6%（吴宗之，2003）。可以认为：21 世纪的中国城市急需加强城市安全管理和应急管理方面的研究（褚大建，2003），现代化城市要具备应对公共危机的现代化标准（金磊，2002）。

大规模人群疏散行动是在重特大事故发生的环境下，城市应急救援指挥中心根据事故地点的位置和周围环境的情况，以最短的时间调动相应的救援力量和资源对受事故影响的人群实施有效引导和疏散的过程。但是，由于计划经济体制下形成的分部门、分灾种的单一的城市应急模式的影响，造成我国城市缺乏统一、协调的应急指挥系统，而且城市应急管理体系表面看起来各司其职，但面对复杂的局面时，既不能形成应急合力，也不能及时、有效地配置分散在各个部门的应急资源。在网络化城市应急管理体系中，沟通与协调成为协同体形成的重要动力，城市重特大事故大规模人群疏散及其优化决策研究成为充分发挥应急管理体系功能的重要保障。

因此，本书能够为有效地预防和控制城市重特大事故带来的各类危机提供可行的建设性方案，建立城市重特大事故大规模人群疏散系统，使经济损失和社会心理创伤降低到最低限度，有力地推动我国城市经济的可持续发展。总之，本书将创造一个国际上所倡导的健康、安全、环保（HSE）业绩，推动城市安全、稳定、持续、健康地发展。具体地说，具有如下价值：

首先，有利于提升城市重特大事故大规模人群疏散的科学性，本书综合考虑人群疏散的对策、机制和模式，为决策部门提供科学、可靠、实用的优化决策方法，为地震救援实践提供最优的人群疏散方案。

其次，有助于我国城市重特大事故大规模人群疏散指挥系统的开发，本书研究成果可以融合到基于情景—应对的国家应急平台体系中，作为决策子系统的一部分进行开发。

再次，为大规模人群疏散提供一定的理论支撑，本书全面分析城市重特大事故大规模人群疏散的对策、保障机制和模式，力求构建一套可靠实用的优化决策方法，可以对大规模人群疏散体系构建起到一定的启示作用。

最后，丰富和拓展传统的大规模人群疏散的理论和方法，并扩大灾害链理论、运筹学和进化算法理论等在我国人群疏散决策领域的应用。

第二节 本书内容与结构

一 本书的主要内容

我国各城市所制定的应急预案皆有相应的应急疏散规划，基本采用就近疏散的原则。然而，一方面，城市灾害往往伴随着其他次生灾害的发生，以灾害链的形式对应急疏散造成更大阻碍；另一方面，灾害及其灾害链的发生、发展有其时间过程性——即灾害是随时间不断发生发展的，影响也是随时间不断扩大的，具有一个先后的顺序，使得灾民的疏散具有不同的紧急程度，只要在允许疏散时间内，将其疏散至安全区域便可，从而应急疏散规划、应急资源配置等也更具灵活性和复杂性，仅就近疏散的原则并不能达到最佳疏散效果。本书就城市发生重特大事故后，应急救援过程中的人群疏散问题进行研究。其主要包括如下内容：

第一，根据本书探讨的问题，介绍相关思想、观点和理论方法，主要包括城市可持续发展、智慧城市，以及和谐、智慧城市建设与城市安全之间的关系；城市危机管理、网络理论、知识管理，城市危机度、安全度，城市系统复杂性、弱脆性，城市灾害链和安全链网络；人群疏散理论方法、模拟仿真和决策关键要素等内容。

第二，城市重特大事故人群疏散问题及其对策，主要内容为：在分析城市重特大事故概念、类别、主要特征，以及总结国内外城市重特大事故大规模人群疏散发展现状的基础上，分析我国城市重特大事故大规模人群疏散发展的问题；进而分析城市重特大事故大规模人群疏散要素与流程、城市重特大事故大规模人群疏散行为规律；从而提出城市重特大事故大规模人群疏散对策与措施，以及城市重特大事故大规模人群疏散保障机制，并以城市重特大火灾为例，阐述人群疏散保障机制。

第三，城市重特大事故大规模人群疏散模式，主要内容为：在系统阐述基于GIS/PDA的大规模人群疏散适时模式和基于物联网、云计算的智慧人群疏散模式的基础上，研究城市重特大毒气泄漏事故人群疏散模式、城市人口密集场所突发事件人群疏散模式，并以某市重特大事故应急疏散为例，进行仿真与案例分析。

第四，城市重特大事故两阶段大规模人群疏散决策方法，主要内容为：将疏散过程分为两个阶段——先将灾民疏散至临时疏散救援点，再根据灾民受伤的严重程度有选择地将其疏散至定点医院进行救治。综合考虑灾害对人群疏散造成的影响，将道路危险系数等参数加入目标函数中，将灾区按灾害程度赋予不同的优先疏散系数并将之反映在时间满意度上，以总疏散时间最小为目标函数，建立疏散模型，并应用遗传算法进行求解。最后，通过MATLAB进行仿真计算。结果表明：模型和算法给出的疏散策略是有效的。

第五，城市重特大事故大规模人群疏散动态决策方法，主要内容为：在探讨动态紧急疏散模式的基础上，应用最优化方法，以疏散出人数最多为目标函数，考虑时间因素和多种疏散方式，建立“多对多”动态人群紧急疏散与车辆配置决策模型，并用多维动态规划逆序解法对其进行求解，以获取城市人群紧急疏散与车辆配置的最优策略，拟缓解城市紧急疏散中时间和资源与应急行为的两大矛盾。结果表明：由数值仿真与模拟仿真结果可知模型和求解方法是有效的。

第六，重特大事故疏散人群的生活保障物资配置决策方法，主要内容为：基于生活保障物资配置不确定、动态性、序贯性等特点，在建立无信息更新的应急生活保障物资配置模型的基础上，应用贝叶斯统计等对多出救点多受灾点情景下、基于信息更新的应急物资“观测—决策—配置”序贯决策问题进行系统建模，建立基于多维信息更新的重特大灾害疏散人群的生活保障物资配置模型，并设计基于矩阵编码的遗传算法进行求解。同时将配置决策模型应用于汶川地震应急物资配置实例中，进行仿真分析。

二　本书的框架结构

本书对城市重特大事故大规模人群疏散及其优化决策问题进行探讨。主要分为三篇：第一篇为城市重特大事故大规模人群疏散基础分析篇，包括第一、第二、第三章，主要是对本书的主要思想、观点和理论方法，以及城市重特大事故大规模人群疏散问题进行分析；第二篇为城市重特大事故大规模人群疏散机制模式篇，包括第四、第五章，主要探讨了城市重特大事故大规模人群疏散的对策、措施与保障机制，以及城市重特大事故大规模人群疏散模式，包括适时疏散模式和智慧疏散模式两种；第三篇为城市重特大事故大规模人群疏散优化决策篇，包括第六、第七、第八章，主要是针对如何在城市重特大事故大规模人群疏散中，给决策人员提供最优的人群疏散路径选择、人数分配以及车辆资源配置方案的问题，在总结国内外人群疏散和人群疏散决策关键要素研究现状的基础上，提炼城市重特大事故大规模人群疏散决策关键点和理论方法，建立城市重特大事故两阶段大规模人群疏散决策方法和动态决策方法，以及重特大事故疏散人群的生活保障物资配置决策方法，具体框架结构如图 1－1 所示。

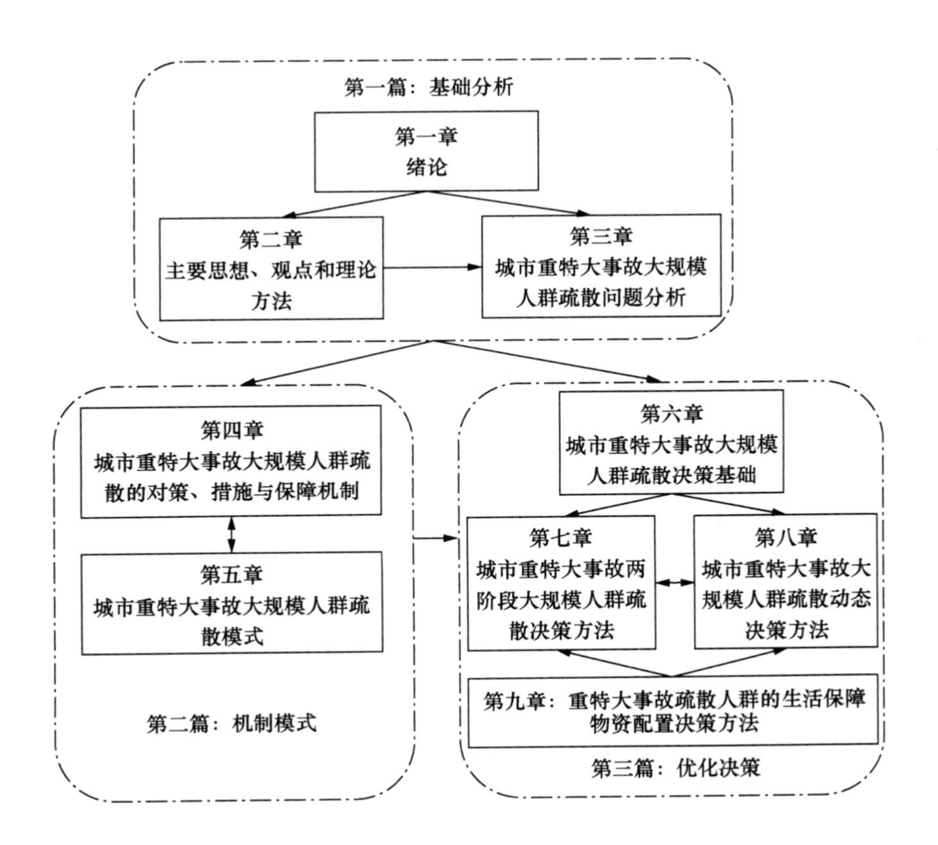
第一篇：基础分析
第一章
绪论
第二章
主要思想、观点和理论方法
第三章
城市重特大事故大规模人群疏散问题分析
第四章
城市重特大事故大规模人群疏散的对策、措施与保障机制
第五章
城市重特大事故大规模人群疏散模式
第二篇：机制模式
第六章
城市重特大事故大规模人群疏散决策基础
第七章
城市重特大事故两阶段大规模人群疏散决策方法
第八章
城市重特大事故大规模人群疏散动态决策方法
第九章：重特大事故疏散人群的生活保障物资配置决策方法
第三篇：优化决策

图 1－1　本书框架结构

第 二 章

主要思想、观点和理论方法

第一节　城市和谐、智慧发展思想

一　城市可持续发展和智慧城市

1. 城市可持续发展

当前可持续发展研究的方法有很多，主要集中在资源的可持续利用和可持续发展的状况衡量上，不仅缺乏对系统演化结构的描述，而且缺乏对经济系统安全体系结构的分析和描述（徐中民等，2001），特别是对安全经济系统可持续发展的研究。漂泊在全球化市场浪潮中的经济系统，迫切需要安全系统的保驾护航。因此，脱离安全系统的可持续发展研究，具有潜在的风险。

城市安全经济系统伴随着经济系统、社会系统和环境系统的发展而发展。在经济系统、社会系统和环境系统有序、协调发展的同时，增强系统的安全、稳定，创建可持续发展的安全经济体系，资源利用和环境保护都离不开安全稳定的社会环境。经济—社会—环境系统可持续发展的前提，就是要创建安全经济系统。离开了安全稳定的社会环境，城市经济就无法进入快速、持续发展的轨道。

城市安全经济系统可持续发展具有两种模式，一种是以社会系统、经济系统和环境系统中的安全要素为核心，聚集成安全经济系统［如图 2－1（A）所示］；另一种是以安全经济系统为核心，逐步扩散，形成一个稳定的包含社会系统、经济系统和环境系统安全要素的体系［如图 2－1（B）所示］。

无论是聚集还是扩散的可持续发展模式，都离不开安全要素，是安全要素推动着经济健康、稳定地发展，形成可持续的局面。

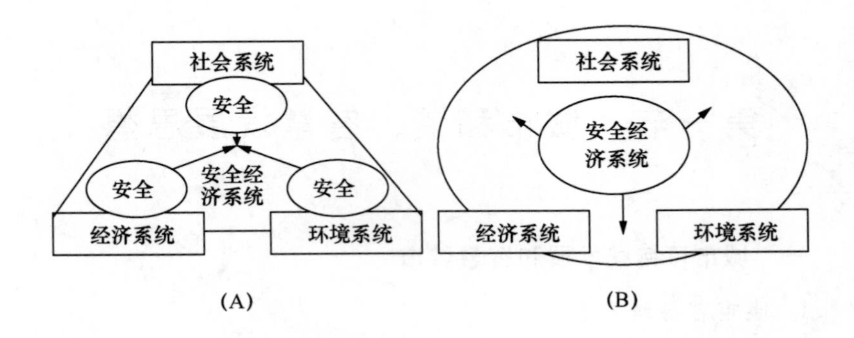

图 2-1　城市安全经济系统可持续发展模式

为了实现可持续发展，必须要有明确的目标体系，图 2-2 表示了可能的一种方案，从发展水平、发展能力、发展潜力、发展效益、发展协调度五个方面，通过 20 项指标对可持续发展进行综合评价，以期对经济增长从可持续发展观点做出评估，从而全面体现经济可持续增长的内涵。实施这一方案需要社会的配合和相应的政策，至少应当考虑以下几个方面（蒋正华等，2001）：（1）节约与保护资源；（2）再造森林与草原；（3）采用清洁生产技术；（4）改进生态农业技术；（5）发展环境保护产业；（6）采取明智的能源策略；（7）完善城市安全管理网络。

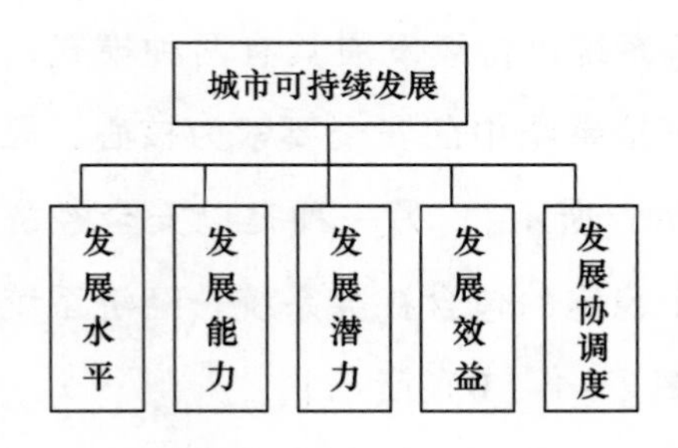

图 2-2　城市可持续发展模式

可持续发展的最终目的是谋求人类社会的全面进步，它要求经济、社会和环境的协调发展（陈悦，2000）。由经济系统、社会系统和环境系统交叉而形成的安全经济系统，具有自然和社会的双重属性，更加关注安全和经济的协调发展，因此，在人类社会巨系统中占有极为重要的地位，是保障经济、社会和环境持续、稳定、健康发展的重要基础。

自然资本、创造性资本和人力资本已经成为衡量一座城市财富高低的重要指标。自然资本，即土地、水源、森林和矿产资源等自然界具有的资源；创造性资本，即机器、工厂、建筑、水利系统、交通系统等人造的技术系统；人力资本，即公众受教育的水平和健康水平等公众素质三项指标。

城市安全经济系统的发展遵循自身的发展规律，并在安全需求和经济发展动力的驱动下不断发展。城市安全经济系统发展的原动力主要来自两个方面。

①安居乐业的社会系统需求和风调雨顺的环境系统需求，都成为重要的推动力。在这些动力的推动下，各个城市都在逐步建立健全社会信用体系、社会保障体系、法律体系，并增强环境保护意识，完善城市公共危机监控体系，构建一个可以覆盖整个城市的安全网络。维系城市公民的安全网络，将会成为衡量一座城市可持续发展能力的一项重要指标。

安全意识和环保意识所激发出来的不仅仅是热情，更重要的是构建安全网络的努力和行动。

②稳定增长的经济系统需求，已经成为另一个重要的推动力，它能够创造显著的经济效益。在城市安全经济系统发展过程中，安全已经成为最好的经济效益，这一观念已经被许多城市所接受并创造着效益。

稳定增长的经济系统迫切需要消除经济增长过程中的安全隐患，调节经济增长过程中的不和谐因素，带来经济和安全的协调一致。

2. 智慧城市

城市是一个历史范畴，是社会生产力发展和社会分工需要的产物，马克思曾指出“城市本身表明了人口、生产工具、资本、生活和需求的集中”。工业革命时期的城市发展主要基于规模扩张和工业经济结构，城市发展呈现趋同性。第二次世界大战后，飞速发展的科技促生了城市发展的多样性，不同城市发展理论悄然盛行，这其中包括全球城市（世界城市，1991）理论、柔性城市（后福特城市，1997）理论、信息城市（数字城市，1998）理论、智能社区（智能城，21 世纪初）理论。其中信息技术在推动城市理念发展中起到主要作用，如有线城市、科技城市、数字城市、创意城市等概念（Dutton，1987；Komninos，2008）。早在 20 世纪 90 年代初，西方学术界就提出了“智能城市”名词，意味着城市发展转向技术、创新和全球化（Gibson et al.，1992）。2008 年 11 月，IBM 提出了“智慧的地球”这一理念，并一直推动这种理念在实践中应用，提出用感知化、互联化和智能化的新一代科技来解决社会发展问题，进而引发了智慧城市建设的热潮。

从城市在地平面出现的那一天起，人类从未停止过对未来城市的设想与实验。芒福（Mumford，1938）将“光辉之城”与霍华德的“田园城市”假说结合起来，认定生态主义是未来城市的走向。他提出“区域性城市”的概念，即多个独立并存并相互联系的城市生态社区，形成一个有机的网络体系。美国设计师兼发明家雅克·弗雷斯科提出“维纳斯计划”的未来城市设想，“要想改变世界，我们必须有一套不同的价值观”。构想的未来城市应以资源为本，而非围绕利润而建。“芬兰生态城之父”帕洛黑莫 1996 年出版的

《欧洲的未来》一书中，提出了应对世界环境危机的大胆设想——建设生态城的理论和框架，不污染环境；节约使用自然资源；建筑及其环境必须要与自然相融合。“数字无处不在，将成为新松岛的招牌和生活方式”。在韩国新松岛，一切的行动只需要一把智能卡钥匙就能搞定。

按照 IBM（2009）最初提出的“Smart City”，Smart 是灵巧的，强调城市具有弹性，减少对资源依赖、增加经济的多样性，以适应城市发展、人口增长和环境变化带来的影响。根据 IBM 设想，在智慧地球时代，IT 将变成让地球智慧运转的隐性能动工具，弥漫于人、自然和社会系统的各个组织中，将人、商业、运输、通信、水和能源等城市运行的各个核心系统整合起来，以一种更智慧的方式运行。后来 IBM 具体化了智慧城市的概念，勾勒出世界智慧运转之道的特征。

国内学者、专家有机地整合了城市建设的技术导向与人文导向，将其解读成“智慧城市”，“智”指智能化、自动化，代表城市的智商；“慧”指灵性、人文化、创造力，代表城市的情商。总之，智慧城市被看作城市信息化和数字化的高级阶段（刘韵洁，2012；许庆瑞等，2012）。智慧城市的核心是基于物联网、云计算等新一代信息技术以一种更智慧的方法来改变政府、企业和人们相互交往的方式。具体从以下四个方面来理解智慧城市：

（1）智慧城市的特征包括三点：第一，更透彻地感应和度量世界的本质和变化。第二，更全面地互联互通。第三，有更深入的智能化和更智能的洞察。

（2）智慧城市是主要面向三个领域：经济、民生与政务。智慧城市的根本目的在于使城市“发展更科学，管理更高效，生活更美好”，一是政务，高效组织社会治理与运转。二是经济与产业发展，为城市提供物质和精神财富。三是面向公众民生领域，提高城市品质和民众生活质量。

（3）智慧城市是自组织的创新系统。城市不仅仅被看作创新的目标，也被看作促进集体智慧和共同创造力的创新生态系统（Schaffers et al.，2011；许庆瑞等，2012），智慧城市是跨越技术、经济、社会和文化等多个方面融合发展组成的创新生态系统（潘云鹤，2013），与区域经济社会发展深入融合并成为引领创新发展的重要驱动力，被看作经济增长“倍增器”和发展方式的“转换器”（辜胜阻，2011）。

（4）智慧城市是一种发展城市的新思维，也是城市治理和社会发展的新模式、新形态。根植于信息技术的网络，已成为现代社会的普遍技术范式，它使社会再结构化，改变着我们社会的形态，也颠覆着对传统工业化时代的城市运行机理。智慧城市按照科学的发展理念，利用新一代信息技术，在泛在全面感知和互联基础上，实现人、物和功能系统间无缝连接和协同联通的自组织优化，形成可持续内生动力的安全、高效和绿色的城市形态。

总之，智慧城市顺应了当前城市发展演进和技术变革的时代潮流，成为当今世界城市发展的重要趋势和基本特征，体现了更高的城市发展理念和创新精神，也是我国新一轮城市发展与转型的客观要求，是提升城市品质和竞争力的必然途径。

二　和谐、智慧城市与城市安全

近年来，中国城市化进程明显提速，在经济长期稳定快速增长形成的“经济加速度”推进下，目前正进入“快速城市化”阶段。但是，一些城市在享受城市化进程提速成果的同时，一些不和谐变化现象正给这些城市的和谐发展敲响警钟。

如果将城市化进程中城市面积的扩张，视为城市机体的一个生长过程，那么，关乎城市运转的诸多问题则可以看成是“城市生态问题”，如交通、环境等。由于大城市管理能力明显滞后，曾在西方国家出现的“大城市病”目前开始集中凸显，交通拥堵、环境污染、水资源危机等“病灶”，正威胁着城市的安全，同时也逐渐成为构建和谐城市的重大阻碍。

（1）交通拥堵问题。“中国城市论坛2006年北京峰会”上公布的《中国城市生活质量报告》认为，交通问题已成为城市公众普遍关注的问题。这份报告提供的关于交通通畅性的调查显示，交通畅通性与城市规模密切相关，城市越大，交通越拥堵，27%的被调查者认为其所在城市交通拥堵十分严重。北京、苏州、广州、上海、烟台、宁波、西安、大连、佛山、重庆是本次调查中公众认为交通最不通畅的10座城市。

（2）环境污染问题。国家环保局最新统计数据显示，2005年监测的全国522个城市中，只有4.2%的城市达到国家环境空气质量一级标准，56.1%的城市只达到二级标准，而有39.7%的城市处于中度或重度污染中。

（3）多数大城市正遭遇“水危机”。据权威部门统计，目前，全国669个城市中有400余个供水不足，其中缺水较严重的有110个。在32个百万人口以上的特大城市中，有30个长期受缺水问题困扰。全国城市缺水每年达60亿立方米。

要有效解决这些不和谐因素，应以构建和谐城市为目标。而和谐城市的构建及和谐发展与城市公共安全密不可分，城市是人类活动的重要区域，城市公共安全是和谐城市发展进程中的一个重要组成部分。城市是一个高度集约化的社会，各组成部分之间密切联系、相互影响。必须正确处理人与自然的关系，确保城市公共安全，为区域发展提供良好的资源和环境条件，实现城市社会经济的稳步、健康发展。建立起城市稳定、协调的内部调节机制以及生态、技术、经济和社会之间的“互动效应”，才能提高城市的综合实力和总体素质，保证城市和谐发展。没有一个安全的生态环境、安全的经济发展状态和安全的社会环境，就不可能实现社会和谐发展。历史证明：城市公共安全与和谐发展有着密不可分的联系，只有城市公共安全做得好，社会经济才能够实现和谐。而城市公共安全在很大程度上取决于城市在社会、经济和生态环境方面的协调与自我调控能力，而这种调控能力的大小与城市的基础能力建设水平密切相关，只有城市可持续发展才能有效地调控各类矛盾，并为城市公共安全保障体系建设提供技术和资金支持。

城市公共安全是和谐城市的基本条件，和谐、智慧发展已成为中国现代化建设的一项重大战略。加强城市防灾和减灾，使城市安全在任何情况下都能得到保障，不但可以保护城市居民的生命财产安全，而且可以减少经济损失，减轻城市破坏，对保持国民经济及城市和谐、智慧发展具有十分重要的意义。

第二节　城市危机管理理论

一　危机管理理论

1. 危机管理含义

危机管理（Crisis Management）理论始于1962年的古巴危机（尹琳，2003），最初的危机管理是指当某种状态处于转向战争或者转向和平这一分歧点时，为防止冲突升级到战争而力图缓和事态的管理体系。随着科学的不断进步，危机管理已经成为一门科学，更是一门艺术，因为在危机处理过程中始终需要人的主观能动性的发挥与创造。

对于危机管理的科学界定，国内外并没有一致的意见，仁者见仁，智者见智。比较典型的一种看法是澳大利亚公关专家罗伯特·希斯提出的，他认为危机管理包含对危机事前、事中、事后的管理，有效的危机管理需要做到以下方面（张玉波，2005）：通过寻找危机根源、本质及表现形式，并分析它们所造成的冲击，可以通过缓冲管理来更好地进行转移或缩减危机的来源、范围和影响，提高危机初始管理的地位，改进对危机冲击的反应管理，完善修复管理以能迅速、有效地减轻危机造成的损害。危机管理是一种预防性与应急性相结合的公共关系，是立足于应付各种突发的危机，因而在国内有时也被界定为应急管理。

在我国，突发公共事件指的是危害人民生命、财产、社会安全与稳定的突然爆发的事件，简称“突发事件”。城市突发事件特指突然爆发的对城市社会秩序、居民生命财产以及正常生活造成危害的事件。《国家突发公共事件总体应急预案》将突发公共事件分为自然灾害、事故灾难、公共卫生事件、社会安全事件四类。突发公共事件应急管理就是在突发公共事件的爆发前、爆发后、消亡后的整个时期内，用科学的方法对其加以干预和控制，使其造成的损失达到最小。为了叙述方便，突发公共事件应急管理简称“应急管理”（池宏等，2005）。

2. 危机管理过程

危机管理是个广义的概念，包含危机处理与危机预防，对于危机管理程序，不同的专家有不同的看法，罗伯特·希斯提出4R模型（罗伯特·希斯，2001）——减少（Reduction）、预备（Readiness）、反应（Response）、恢复（Recovery）（如图2-3所示）。

根据4R模型，本书主要将危机管理过程分为危机发生前的准备、预防、危机发生中的处理和危机后的恢复四个阶段，四个阶段按照时序关系往复进行，后面阶段又时时地将信息反馈给前面的阶段，以便使整个危机管理过程更加有效和快捷。其关系如图2－4所示。

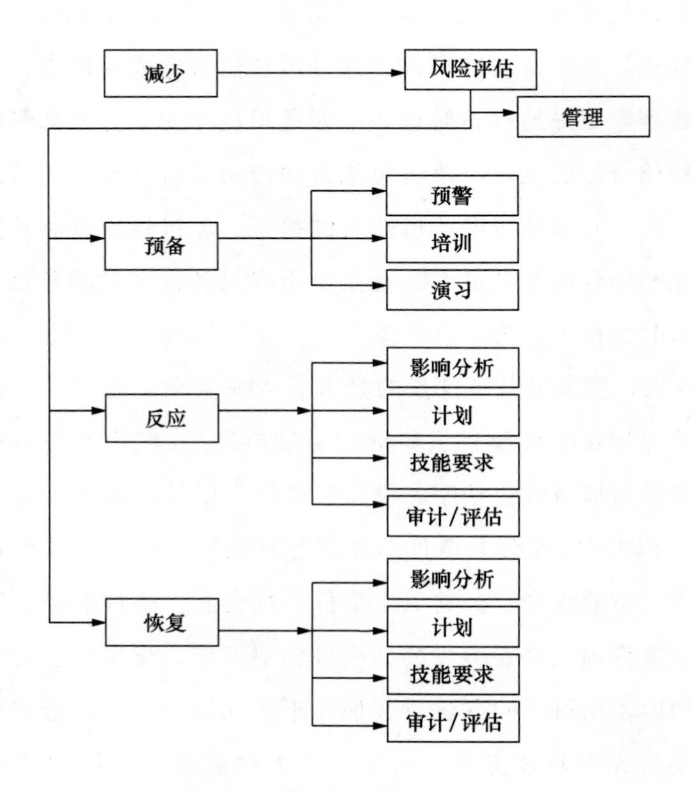

图2－3 危机管理4R模型

资料来源：Scott Farrow，2002。

在危机管理的四个阶段中，危机的准备和预防是在危机发生前的工作阶段。所以在本书中将其结合在一起作为一节进行阐述。危机的准备和预防是指对危机事件隐患及其发展趋势进行监测、诊断与预控的一种管理活动，其目的在于防止和消除危机的发生。从某

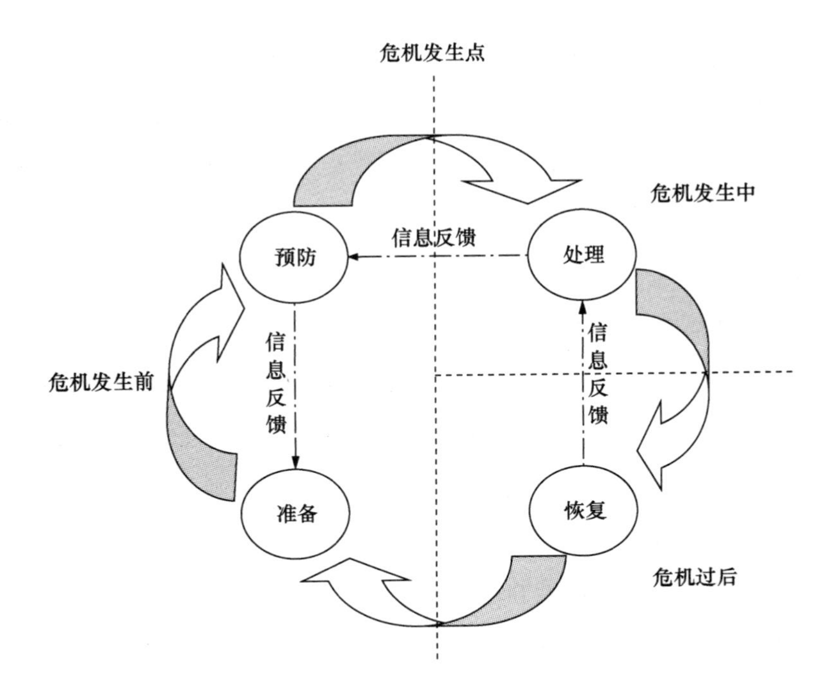

图 2－4　危机管理过程关系

种程度上说，危机预防比危机处理更重要，因为预防和准备是应对危机的第一步。危机管理的职责并不仅仅在于事件发生后如何处理好，更重要的是要具有应对危机的超前意识，加强危机的预防、预警工作，把危机的隐患消灭在萌芽状态，把经济社会损失降低到最小。现代跨学科的一门新理论灾害经济学提出了一个正在被政府日益重视的“十分之一”法则，在灾前投入一分资金用于灾害的防范，通过降低灾难发生的概率或者避免灾难的发生，人类可以降低十分的损失，从机会成本角度看，降低十分的损失，就有十分的收益（张世奇，2003）。

危机的准备和预防主要包括市民危机意识的培养与树立、危机的检测与预警、预案的管理、危机处理人员的培训以及相关的演习等方面。其中，危机预警机制的建立是危机预防的重要保障。建立有效、快捷的危机预警机制可以在最短的时间内获得危机发生的相关信息，以便较快地对危机做出反应，最大限度地减少危机给城市和人民生命财产安全带来的损失。

3. 危机资源管理

危机资源是危机管理的物质基础。危机资源管理（Crisis Resource Management，CRM）思想是由 W. Bosseau Murray 等首次提出来的（Scott Farrow et al.，2002）。危机资源的保障能力是衡量城市应急管理能力的重要指标之一。这里的"资源"特指在进行城市灾害应急管理能力建设管理活动中不可缺少、数量有限的社会基本因素。在构成要素上，包括自然要素与社会要素、有形要素和无形要素、硬件条件与软件条件、人力资源与体制资源、工程能力与组织能力等多方面要素（张世奇，2003）。它们可能来自政府、企业、公共组织、大学以及其他社会相关单位。在应急处置中，本地区或系统的内部应急资源应首先得到最大的利用，当本地的资源和能力难以承受时，再向外部寻求支持和救援。同时要建立应急处置过程中征用不同所有者资源的法律、法规、政策等，并给出相应的补偿方案。

狭义的危机资源主要是指应急物资。应急物资的管理是对应急物资在需求分析、筹措、储存、保障运输、配送和使用直至消耗全过程的管理。因此，危机资源管理主要包括以下几个方面（池宏等，2005）：

（1）资源的优化和布局，即如何在管辖区域内合理地选择应急资源的放置点以及资源量，使得突发事件发生时，能够在最短的时间内调集到最多的资源。

（2）资源的调度，就是研究在突发事件处置过程中，如何选择最优运输路线、运输方式来调度资源，使得在有限的时间内调集资源最多，而且消耗的成本最小。

（3）资源评估，就是对现有的资源布局情况做出评估。

对应急物资进行妥善的管理能够最大限度地减少自然因素和人为因素对物资理化性质的影响，保证其价值的充分发挥，保证在应急情况下各种物资的合理配发和使用。是实现应急物流快速保障的重要物质基础，也是衡量应急物流水平的显著标志。

二　危机管理网络理论

1. 危机管理的物理网络

危机管理是一项涉及多个部门、协同合作的复杂的系统工程。从危机的准备、预防到危机发生时的接警、反应到指挥决策再到危机过后的灾后恢复重建涉及整个城市的公安、消防、医疗卫生、安全生产监督管理、灾害、交通、政府等多个职能部门，而这些职能部门的相互联结也就构成了危机管理的物理网络。而由城市政府部门组成的重大事故救援决策中心也就成为整个网络的中心连接点，公安、消防、医疗卫生、安全生产监督管理、灾害、交通等应急救援主体部门就构成了危机管理网络的二级节点，危机管理中涉及的各个部门围绕重大事件决策中心的各项决策和调配命令展开救援工作，各部门的分部门又依次发散成为分节点，围绕其上级部门的命令展开救援行动。所以，危机管理的物理网络部门可简述如下：

（1）重特大事故应急救援指挥中心：由省或市级政府相关人员或专家组建，危机发生后，由应急救援决策指挥统一调度，结合事故的具体情况，综合各部门信息，在应急预案的基础上做出应急救援方案并在救援的过程中实时跟踪救援情况，灵活决策，统筹全局，协调各部门间的沟通和合作。

（2）重特大事故应急网络节点：城市公安、消防、医疗卫生、灾害、交通、安全生产监督管理等部门，按照应急救援决策指挥中心的决策方案沟通其他各部门组织实施救援活动并对分节点传达命令和传递信息。

（3）重特大事故应急网络分节点：公安、消防、医疗卫生、灾害、交通、安全生产监督管理等部门设在事故发生点的下属各分局、分部门，具体实施现场救援活动并负责信息的采集和上传，以使决策指挥系统更加快速有效地做出决策。

其网络结构如图 2－5 所示：

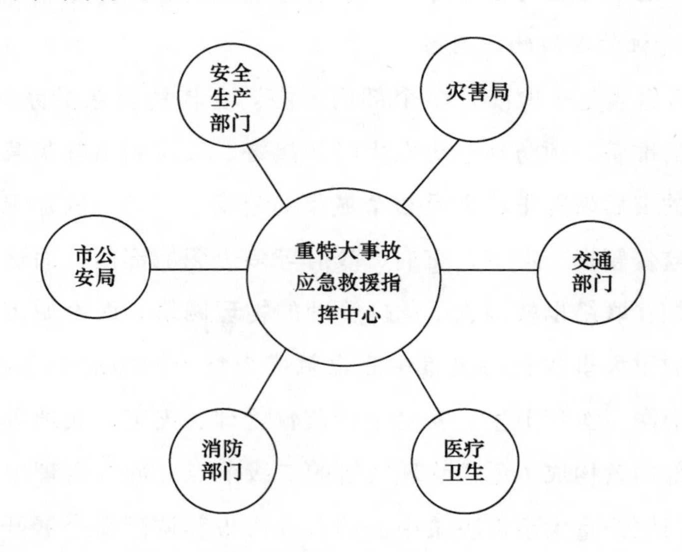

图 2－5 应急管理网络物理组织结构

2. *危机管理信息网络*

危机管理中，信息的及时传递和共享是完成决策指挥的重要前提和保障，危机管理很重要的一方面是对危机信息的管理，包括对危机征兆期、危机发作期和危机延续期以及危机痊愈期等阶段的危机信息进行管理（陈校忠，2005）。事实上，所有的危机应对措施也都是基于不同阶段的危机信息而提出的。应急管理部门根据所掌握的不同危机信息拟定相应的决策，采取相应的行动，因此危机信息在组织运转框架内有效流动将对成功应对危机起到关键作用。

危机管理应该是在信息系统支持基础上的管理，无论是危机管理的决策还是预防危机反应以及危机后的重建等都必须建立在准确、全面、适时的信息基础之上，都需要危机信息系统的支持。

建立危机信息网络系统对于提高组织危机管理水平至关重要，危机信息系统的建立必须不断完善危机信息的监测、传递和反馈，利用各种方式、渠道的信息集群来保障信息的即时性和通畅性。在城市应急管理中，建立城市应急网络信息平台，能够更好地实现城市应急救援中心与各部门之间的信息快速传递、共享、交流和发布。其信息交互过程如图 2－6 所示：

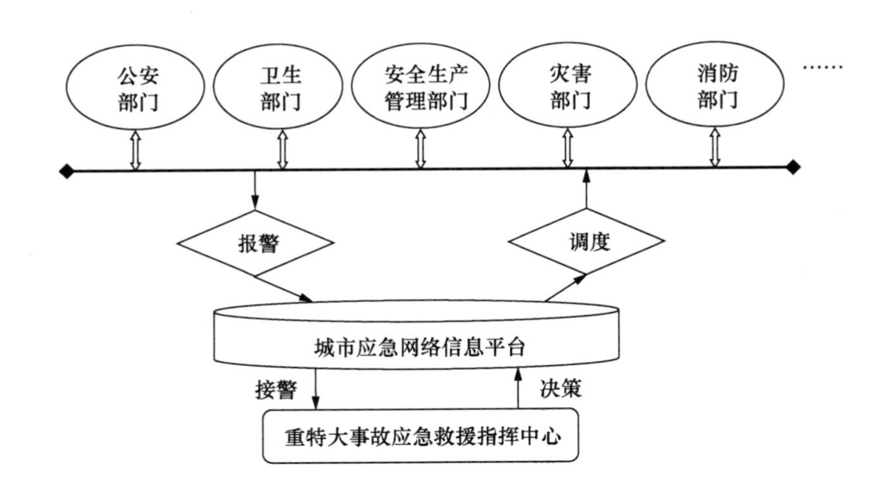

图 2－6　应急管理信息交互示意

这样，各个部门之间的信息链条以城市应急网络信息平台为中心相互交织、关联，形成的网状结构更加有利于信息的传递，某一节点的损坏不会影响整个系统的信息传递，增强了信息系统传递的稳定性。

三 危机知识管理

1. 知识管理在危机管理中的应用

知识管理（Knowledge Management，KM），是近年来新兴的并且逐渐被学者和各大跨国公司推崇的管理学领域的一个分支，目前世界上对它还没有统一的解释和定义。知识管理的产生源于美国管理学大师彼得·德鲁克。迄今为止知识管理的概念已达上百个，以下列举一些具有代表性的概念（赵农，2007）。

巴斯（Bassi，1997）认为，知识管理是指为了增强组织的绩效而创造、获取和使用知识的过程。

维格（K. Wiig，1997）认为，知识管理主要涉及四个方面：自上而下地监测、推动与知识有关的活动；创造和维护知识基础设施；更新组织和转化知识资产；使用知识以提高其价值。

文莉（Verna Alle，1998）对知识管理的定义是：帮助人们对拥有的知识进行反思，帮助和发展支持人们进行知识交流的技术和企业内部结构，并帮助人们获得知识来源，促进他们之间进行知识的交流。

奎达斯等（P. Quitas，1997）则把知识管理看作是：一个管理各种知识的连续过程，以满足现在和将来出现的各种需要，确定和探索现有和获得的知识资产，开发新的机会。

国内媒体则比较愿意接受下面一种定义：知识管理就是对一个企业集体的知识与技能的捕获，然后将这些知识与技能分布到能够帮助企业实现最大产出的任何地方的过程。知识管理的目标就是力图能够将最恰当的知识在最恰当的时间传递给最恰当的人，以便使他们能够做出最好的决策。

综合以上可以看出，知识管理就是综合管理各种知识以达成更快更好地完成某项任务或工作的过程。

正如上面所述，知识管理的目标是力图能够将最恰当的知识在最恰当的时间传递给最恰当的人，这也正是危机管理所急切需要的。所以，本书将知识管理的思想引入到危机管理中，研究城市重特大事故的应急救援决策指挥机制。在危机管理中，知识的积累和管理更加重要，有效的知识管理可以快速地集成各种知识，为决策者提供信息支持和智力支持，帮助决策者更好地完成决策。因此，我们将危机管理中的知识管理，称为危机知识管理。

按照 OECD 的定义（OECD，1997），知识可分为四大类：知道是什么即知事（Know – What，又称事实知识）、知道为什么即知因（Know – Why，又称原理知识）、知道怎样做即知窍（Know – How，又称技能知识）和知道谁有知识即知人（Know – Who，又称人力知识）（赵农，2007）。其中前两类知识即事实知识和原理知识是可以表述出来的知识，也即我们一般所说的显性知识，而后两类知识即技能知识和人力知识则难以用文字明确表述，也即隐性知识。将知识管理的知识分类应用到危机管理中，危机知识管理可以分为以下四个部分：危机事件的性质管理及危险源知识管理；应急预案知识管理；应急信息管理及相关技术研究；指挥决策经验知识管理，如图 2 – 7 所示。

以下就对危机信息管理中的这四类知识管理进行阐述。

（1）危机事件的性质管理及危险源知识管理。危机事件的分类是对危机的危险性和相关性质的评估，建立在对事故风险性和灾害性的预测的基础上。掌握各种危机的性质，研究事故发生、发展和演化的相关规律，并根据事故本身性质进行分类，建立事故性质知识管理体系。事故的分类分级有利于在危机发生后对相应等级的事故进行分类处理。这就对应知识分类中的事实知识，即 Know – What。

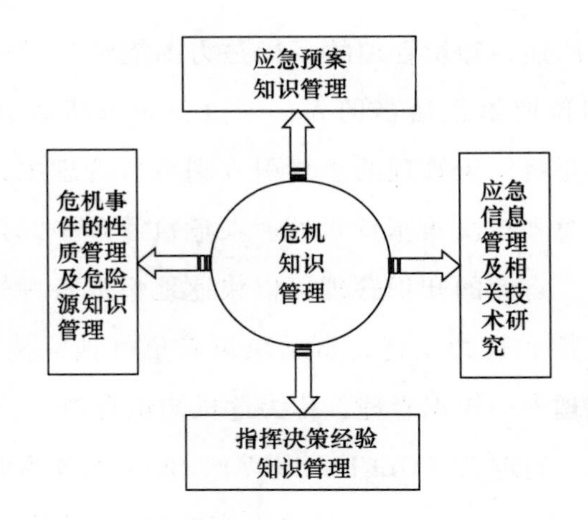

图 2-7　危机管理中的知识管理

事故的危险源知识管理是为了危机的预防，有效的预防可以减少事故的发生率，避免危机发生所带来的损害。危险源知识管理就是对城市具有安全隐患、易于发生事故的地域或单位进行信息跟踪，定期检查危险源地区的安全状况，对相关数据跟踪处理，对城市内部的安全薄弱区域进行跟踪控制。一旦事故发生，能够尽快地了解到事故发生的原因。这就对应上文的原理知识，即 Know - Why。

（2）应急预案知识管理。应急预案知识管理是危机知识管理的重要部分。应急预案的制定是建立在事故性质研究和分类分级的基础上的，针对不同的事故有针对性地进行应急资源需求分析、调配，确认各部门职责，制定决策等。应急预案知识的管理可以在危机发生后在最短的时间内对事故提供应急预案，为决策者提供知识支持。这一部分的内容将在后文进一步阐述。应急预案的知识管理也就对应知识分类中的技能知识，即 Know - How。而这里的应急预案是针对危机的性质和特点而言的，分析城市资源配置等情况，再结合相关的应急管理经验而制定的可以表述出来的文件，使隐性知识转化为显性知识。

（3）应急信息管理及相关技术研究。国内著名学者乌家培教授（1998，1999）认为“信息管理是知识管理的基础，知识管理是信息管理的延伸与发展”，由此可以看出信息管理是知识管理相当重要的一方面。危机管理中的信息管理是至关重要的，信息的通畅和共享是有效地完成危机管理的重要保障。只有信息实现即时的传递和共享，保持畅通透明，危机管理的各部门才能实现有效的协同，应急工作才能有效展开。对于危机信息管理将在后文详细阐述。以下就对新型的信息技术进行相关阐述。

随着科学技术的不断进步，信息技术的不断发展，各种先进的信息化技术被逐步运用到应急管理决策系统中，如 GPS、GIS、WEBGIS、PDA、GSM/GPRS 等。地理信息系统（GIS）是计算科学、信息学、管理科学、空间科学、环境科学、城市科学等综合信息的边缘学科，属于信息科学的范畴（蒋理成，2005）。GIS 把地图的视觉性和空间地理的可分析功能与数据库功能结合在一起，对空间数据提供了一种可分析、综合和查询的智能化方法，具有网络化、集成化、开放性、虚拟现实、空间多维性等特点（陈德松，2006）。在应急救援决策指挥调度中，GIS 可以为应急指挥中心提供决策的实时信息、定位导航、分析决策等。GIS 在 GIS 核心组件的支持下，集成和挖掘城市应急联动系统中的空间数据和属性数据，为业务逻辑组件提供电子地图服务功能和强大的空间分析功能，为城市应急辅助决策提供有力的支持（肖鹏峰等，2006）；GPS 系统在应急救援管理体系中的应用主要是实现运载工具的定位和导航，实现应急物资的实时监控和优化配置，实现对应急管理现场的远程监控、全局控制；PDA 由于小巧携带方便，非常适合户外使用。

PDA具备良好的软硬件可扩充能力，同时具备移动性，为现场工作带来了极大的方便性和实用性（魏有炳等，2007）。

本书中的第五章将具体介绍GIS、PDA、GPS技术在城市重特大事故的应急指挥决策的应用。

（4）指挥决策经验知识管理。应急救援指挥决策的相关经验是一种对已经发生过的重特大事故的救援过程的分析和总结，总结出处理该类事故的相关经验和纰漏，对以后的应急救援有一定的借鉴作用。经验是一种隐性知识，对于隐性知识的管理是相当困难的，只有在危机的处理过程中不断积累，但是这种隐性知识是相当重要的，尤其是在重特大事故这种突发事件的处理中，借助相关的指挥决策经验，可以更快更好地做出决策，挽回损失。

2. 知识管理对危机管理的影响

知识管理在危机管理中的应用大大提高了应急管理的效率和反应速度，改善了应急救援的效果，危机管理部门借助危机知识管理体系获得相关决策所需知识，决策更加快速有效，大大减少了重特大事故给城市和人民带来的损失，知识管理对危机管理的影响作用可简述如下（如图2－8所示）。

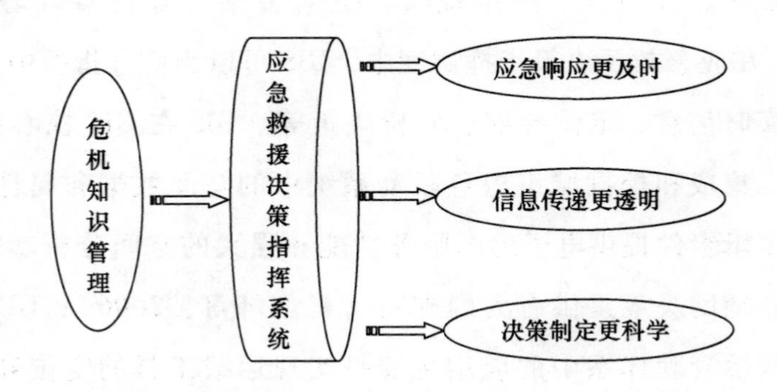

图2－8 知识管理对危机管理的影响作用

（1）应急响应更及时。在危机管理中，重特大事故一旦发生并报警，危机管理部门可以利用 GIS、GPS 等信息技术对事故发生地的相关情况进行实时的查询和监测，更快地了解事故状况和事故发生地的相关信息，借助事故性质的相关知识进行分析，确定推测事故的发生原因，发展预测和演化规律。快速做出反应，及时遏制事故的危害扩散，为以后的应急救援工作打下良好的基础，争取更多时间。

（2）信息传递更透明。借助危机知识中的信息管理，各种信息技术交织联网应用在危机管理系统中，与网络和各种先进的信息传递技术共同搭建危机管理的信息管理平台，这样的信息网络化结构使信息的传递更加快捷，信息的透明度更高，以使城市所有的应急救援主体部门达到信息共享的目的。

（3）决策制定更科学。决策的制定需要大量、实时、准确的信息，需要多方面的知识，事故性质和危险源的知识管理为决策提供事故特性方面信息，应急预案知识管理针对事故的分类选择相应的应急预案，信息管理为决策提供及时准确的信息，借助指挥决策的相关经验对事故进行分析，做出更加科学合理的决策以便快速正确地展开应急救援。

四　城市危机度和城市安全度

随着中国经济和社会的高速发展，城市发展已进入快速增长时期，城市规模、人口密度不断扩大，城市安全距离不断缩小，城市居民遭受灾害威胁的形势十分严峻。在城市安全管理体系中，城市危机度和城市安全度是两个相对立的概念，城市安全管理体系的主要职责在于降低城市危机度、提高城市安全度（赵林度，2010）。

1. 城市危机度

城市危机度作为衡量城市风险的一项重要指标，是整座城市安全管理技术和安全管理水平的综合反应，而且城市危机度更多地反映了城市潜在风险发生的可能性，经常以概率的方式来表征城市危机度的大小。城市危机度的大小从一个方面反映了一座城市潜在威胁的大小，以及城市居民的心理体验，特别是心理承受能力的大小。

城市重特大事故已经成为城市发展过程中一项不可忽视的城市公共危机，在城市发展过程中直接或间接地影响了城市经济的可持续发展，成为影响城市危机度的一项重要指标。面向城市重特大事故的城市公共危机管理，突出表现在城市的应急管理能力上。

城市重特大事故应急管理机制建设，旨在建立系统化、战略化、实用化的城市应急管理体系，完善城市公共危机管理与应急管理体系，实现以“预防”为主的城市公共危机管理目标。通过城市公共危机的预警预报，达到在第一时间对公共危机做出反应，从而有效控制危机及其损失的目的。可见，城市重特大事故应急管理机制建设的目的就在于有效降低城市危机度，有效控制城市重特大事故爆发突发事件的可能性，使城市中蕴含的各类潜在风险发生的概率趋于零。

从总体上看，中国城市已经进入一个高危险期，传统的与非传统的城市安全事故的出现日益频繁（北京国际城市发展研究院中国城市“十一五”核心问题研究课题组，2004）。主要呈现如下趋势：

（1）突发性事件呈现高频次、多领域发生的态势。在今后的20年中，中国城市化水平将以每年增加1%、城市人口每年增加1000万的速度加速发展。这对本来就十分脆弱的城市系统来说无疑是一个十分沉重的负担。随着社会的转型，中国在政治、经济和社会等各个领域都发生了不同程度的城市公共危机事件，迫切需要进一步建立和完善城市公共危机管理体系。

（2）非传统安全问题成为现代城市安全的主要威胁。非传统安全涉及社会稳定、经济安全、生态安全、能源安全，它可能是由疾病引起的，可能是爆竹厂、化工厂安全事故引起的，可能是自然环境灾害引起的，也可能是某个个体的恶意行为引起的，但是都会影响人民群众的生活，影响一座城市的可持续和谐发展。

（3）突发性灾害事件极易被放大为社会危机。城市的规模越大，现代化水平越高，灾害的放大效应和危机的连锁扩散效应就越大。如SARS事件的扩散与传播，引起了一系列连锁反应。可见，一个很微小的事件极易造成很大的社会危机，表明整个社会系统的脆性在加大。

（4）突发性事件国际化程度加大。伴随着经济全球化的发展，城市突发性事件与国际互动的趋势日益明显，与经济全球化并行不悖的是危机也呈现出全球化的发展趋势，正如由美国次贷危机引发的波及全球的金融危机。

（5）突发性事件危害的后效性进一步加大。一方面，随着互联网的发展，危害信息的传播速度进一步加快，对更大范围的城市居民造成生理和心理上的伤害；另一方面，随着城市化进程的加快，城市居民的数量和社会财富的集聚速度也进一步加快，使受危害的损失程度加大。给灾害恢复带来了更大的困难，而且这种影响甚至是长期的。

城市公共危机已经成为一个国家、一座城市发展过程中无法回避的社会问题，且日趋频繁和复杂。如何保障城市安全、避免危机，或在危机发生后尽量遏制危机的发展，提高城市危机管理和应急管理能力，已经成为衡量一座城市安全管理水平和城市安全度的重要指标。

2. 城市安全度

城市是以人群为主体，并与自然生态系统、社会系统、生产系统等进行复杂的组合、交融、叠加，进而相互作用而关联在一起的复杂人机系统（P. Michael Davidson，2002）。

城市科学是由钱学森教授提出并创立的一门自然科学与社会科学综合的交叉科学，城市科学中包含的学科众多，如城市建筑学、城市道路学、城市通信学、城市环境美学、城市规范学等（P. Michael Davidson，2002）。城市安全是城市科学中一项涉及多科学、多因素、多部门的复杂的系统工程。随着城市经济的快速发展，城市安全问题也日益突出，安全设施的建设和城市管理能力的发展远远跟不上经济增长的脚步，导致近年来城市安全事故频发。美国"9·11"事件以后，世界各国对城市安全问题更加重视。

一个城市的安全度可以体现在城市的防灾害和灾害发生后的处理能力上。因此，城市安全度是对城市安全现状的表现形式和衡量标准，是整个城市技术、经济和管理水平的综合体现，它突出反映在城市安全应急管理的协调能力上。因此，建立科学有效的防灾减灾管理体制、稳固坚实的防灾预警机制、快速敏捷的应急响应机制、高效节约的资源调配机制和有条不紊的应急网络协同等科学的体系，可以提高一个城市的防灾和重特大事故的应急能力和决策水平，提高城市的安全度，推动城市经济、政治和环境的协调发展，实现可持续发展（如图2-9所示）。

城市安全度是与城市应急能力休戚相关的，所谓应急能力是指一个城市或一个地区能确保其在发生灾害时安全的能力，一个城市或地区的应急能力强，其城市安全性就相应也高。衡量一个城市的应急能力不是若干个指标能够描述清楚的，城市应急能力涉及多方面的内容，很显然，单纯使用一次灾害中伤亡的数量、经济损失、恢复时间是无法说明问题的。城市的应急能力应当与社会可接受水平联系起来，所谓社会可接受水平是指某个城市或地区，将来可能发生的某次灾害所引起的可以被社会接受的损失最大允许值。它是某个地区灾害损失的界限值，而不是该地区一次灾害中损失的实际值。因此，应急能力的强弱是相对于社会可接受水平而言的。还需要强调的是，城市重特大事故应急能力的强弱也是相对于一个城市可能会遭遇到的灾害风险度来说的。一个城市可能遭遇到不同风险度的灾害，其所需要的应急能力也肯定不同。

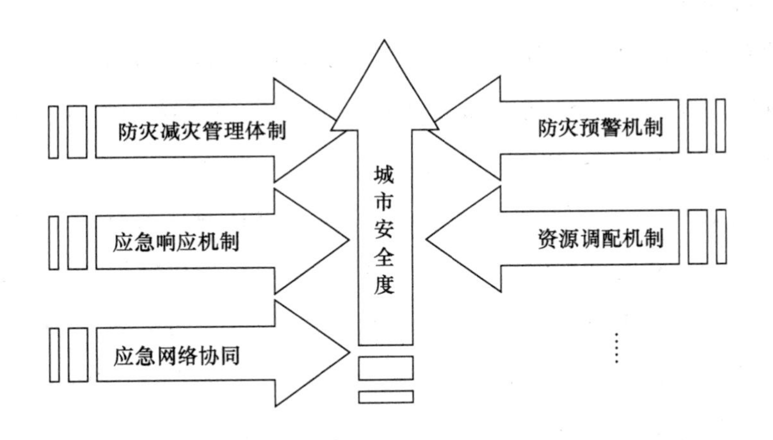

图 2-9　应急管理机制与城市安全度

五　城市系统的复杂性与脆性

20 世纪 50 年代以来，城市系统（也称城市体系或城市群）在城市地理研究中被广泛引用，它指不同地区、不同等级的城市集成为有固定关系和相互作用的有机整体。也就是说，一定地区内性质不同、规模不等的城市互相联系、互相依赖、互相补充，形成一个统一的城市地域系统，借助物流、信息流和资金流形式不断地进行物质、能量和信息交换。在一个城市系统内，大小城市之间还有等级从属及职能联系，它们是大中小有规律的排列与组合。城市系统的大小层序的规律配置，就是城市的阶层结构。随着城市化进程的加速，城市增长迅速，城市间的联系日益密切，仅仅研究单一城市及其内部空间的差异，已经无法揭示城市的本质及其发展规律，必须研究整个城市系统，才能揭示城市的实质和作用。

1. 城市系统的复杂性

复杂性科学（Science of Complexity）是一种新兴的边缘、交叉学科，被誉为“21 世纪的科学”。复杂性科学之所以受到越来越多的国内外学者的青睐，主要是因为应用复杂性科学有助于揭示被掩盖的真相，同时为人们提供了富有启发性的新思路和新视角。国外学者应用复杂性理论研究城市系统，主要集中在两个方面：第一，用复杂性理论研究城市系统的演化问题，如 Michael Batty、Günter Haag 等，他们通过建立基于 Agent 的模型仿真城市的发展历程，为城市规划、发展提供帮助；第二，用复杂性科学研究城市治理，内容涉及治理的起因、内容、模式和手段等，如 Paul B. Hartzog 等。中国学者对城市系统复杂性研究也越来越多，周干峙（2002）认为城市及其区域是一个典型的、开放的复杂巨系统，城市复杂性的重要特点是它不仅具有海量的科学技术，包括巨大的物质系统，而且包括人的因素。城市发展过程中的复杂性和不确定性是城市形态变化的主要因素，在整个城市发展过程中始终渗透着复杂性和不确定性。在城市系统研究方面，城市系统复杂性越来越被广大的专家、学者所认同（White R. et al.，2000），越来越成为城际应急协同管理的理论基础。通常，城市系统的复杂性主要体现在以下几个方面。

（1）城市子系统数量巨大、多网交互。城市是集城市经济系统、环境系统、社会系统于一体的大系统，并且具有明显的层次性，各子系统之间具有统一性、非均质性和各向异性。在城市系统内部存在着电信网、交通网、煤气网、自来水网等众多的网络，这些网络之间围绕着城市的各种功能交互生长，形成了一个复杂的巨系统。

（2）城市子系统之间具有耦合性和互动性。城市子系统之间不是孤立的，而是一个相互联系、相互影响、相互融合的整体，每一个子系统（不管物质系统还是非物质系统）、每一个层次、每一种关联都代表着城市的某一个方面，例如城市安全经济系统就是经济系统、环境系统和社会系统共同作用的结果。

（3）城市系统具有自组织、自适应性和动态性。城市系统自身具有一定的学习能力，呈现自组织性、自适应性和动态性。自组织性表现为系统中独立的子系统在没有任何预设的情况下相互作用、相互影响、自然演化的过程，例如城市经济系统的自组织演化过程。自适应性表现为复杂系统为应对环境的变化，借助自学习、自我调整能力向着有利于自身发展的方向转化的过程，例如城市社会系统的自适应过程。动态性主要表现在两个方面：一是系统始终处于发源、发生、发展的过程中；二是系统整体特性也会突然发生改变，这种改变有外力的作用，也有系统中部分与整体的作用，且系统中某一个微小“涨落”都有可能导致另一系统或整体的巨大变化，例如城市系统中爆发公共危机引发整个城市系统的瘫痪。

（4）城市系统与周围环境之间的交换更加密切。城市是一个开放的复杂巨系统，它不断地与周围环境进行着物质、能量和信息的交换。随着城市系统的日益复杂化，周围环境的影响也日益增强，城市经济、城市环境、城市文化与周围环境的关系日益密切。城市不仅仅是一个容器，而且是一个形态和结构不断变化的“核反应堆”（苗东升，2000）。当外部的物质、能量和信息不停地输入城市中，引起城市系统不停震荡、涨落、激化，生成新的物质、能量和信息，并向周围环境输出和辐射。城市系统越大，与周围环境交换的物质、能量和信息就越多，聚集和辐射能力就越强，物质、能量和信息交换量的大小综合反映了一座城市生命力的强弱，例如城市的发展离不开自然环境的孕育，城市与自然和谐发展才能彰显城市的生命力和魅力。因此，为保障城市安全，城际之间的物质、能量和信息交换成为一种必然趋势。

正是由于当代社会的经济、文化和政治重心不断向城市转移，以城市为主线的社会网络体系的形成，最终导致了城市规模的扩张和结构的复杂化。面对如此一个复杂巨系统，不仅增加了城市公共危机管理的难度，而且由城市系统可靠性所衍生出来的安全问题也常会导致重大损失。因此，城际应急协同管理的思想从城市系统复杂性中显现出来。

2. 城市系统脆性

面对如此复杂的城市系统，系统的复杂性增强了系统的脆性。脆性作为复杂系统的一个重要特性，反映了城市系统抗干扰、抗冲击的能力，它将随着系统的演化而变化。脆性（brittleness）在字典中的定义为："物体受拉力或冲击时，容易破碎的性质"；"材料在断裂前未觉察到的塑性变形的性质"。对于一个开放的复杂系统，当它的一个子系统（不是孤子）遭受足够大的外力（其中外力除了物理意义上的外力，也包括物质、信息和能量等外界因素）打击时，会使原来的有序状态遭到破坏，进而形成一种新的相对无序的状态，此时称该子系统崩溃（Collapse）。由于该子系统会与其他的子系统交换物质、信息和能量，因此它的崩溃会使与其交换物质、信息和能量的子系统的有序状态遭到破坏，最后产生崩溃。依次递推，随着崩溃子系统数量的增多，层次的扩大，最终将导致整个复杂系统的崩溃，可以将复杂系统所具有的这一特性称为“复杂系统的脆性”（荣盘祥，2006）。

脆性是复杂系统的一个基本属性，它始终伴随着复杂系统存在，并不会因为系统的进化或外界环境的变化而消失。具有隐藏性、伴随性、多样性、危害严重性、子系统之间的非合作博弈关系，以及连锁性（波及性）、延时性、整合性等特性。

随着城市系统的发展，系统结构越来越复杂，功能越来越完善，自动化程度也越来越高，城市系统的脆性也越来越成为系统的一个不容忽视的问题。系统的脆性一旦被激发，将会造成整个系统的崩溃，给整个系统带来不可估量的损失。特别是近几年来，重特大突发事故频繁发生，使城市系统面临严峻的挑战。在突发情况下，城市系统的人力、资源、信息十分有限，城市应急管理部门必须借助城市系统网络，有序地开展应急救援工作，避免激发系统的脆性，引发系统的崩溃。

城市系统的复杂性和脆性，凸显了城市公共危机管理的重要性。在城市系统日益复杂性和脆性逐渐增加的环境中，如何提高城市公共危机管理能力已经成为一项重要的研究内容。在城市系统复杂性和脆性的驱动下，为提高每一座城市的应急保障能力，城际应急协同管理思想应运而生。

六　城市灾害链和安全链网络

在城市遇到重特大灾害时，如果灾害治理的措施不当或产生失误，将会由城市灾害链引发灾害的连锁效应，必将影响城市系统的运作机能，或使城市系统瘫痪。特别是当具有明显链式反应的灾害发生时，在能力允许的范围内，以最快的速度预防一连串灾害的发生，并制定出应对措施，有效切断链式反应的条件。

为了应对各类灾害事故，构建具有鲁棒性的从城市公共危机发现、监控及事故后的救援与恢复的灾害机制显得至关重要。在城市灾害的发源、发生、发展直至消亡的全过程中，任一过程的发展变化，都有可能造成不可弥补的重大损失，这是一个复杂的动态变化过程。由此可见，需要一个链式的全程性的城市公共危机应急管理机制，对这类危机进行综合治理，我们称该机制为城市安全链网络。城市安全链网络是对城市灾害链网络的覆盖，与城市灾害链具有相同的网络结构，只有这样才能最大限度地消除城市公共危机带来的隐患。城市灾害链和城市安全链具有如图 2－10 所示的网络结构。

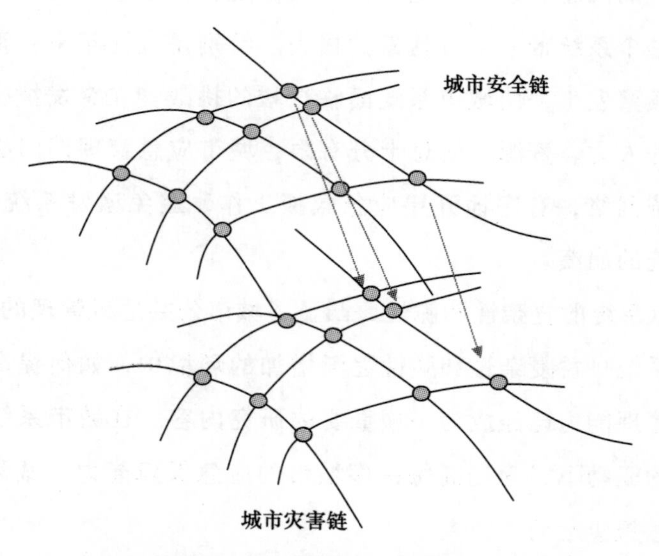

图 2－10　城市灾害链和城市安全链的网络结构

城市安全链网络是一个一体化的灾害治理体系，按应急管理的过程分类，主要包括监测、预警、救援、恢复四大网络。

（1）监测网络。处于任一监测网络中的应急监测，主要包括日常的城市公共危机监测管理和城市公共危机救援现场的应急监控。日常的城市公共危机监测管理主要负责对城市潜在公共危机、灾害源普查、灾害风险进行分析，在分析的基础上，制订城市公共危机的规划方案或者灾害源的应对措施；城市公共危机救援现场，根据发生的事故类型，采用先进的监测设备进行事故现场参数的监测，同时采用科学的事故影响范围模拟技术，进行事故影响范围模拟，便于为应急救援的各方面（包括警戒治安、疏散范围、安置区域的选择）提供必要的依据，事态监测要贯穿整个应急救援行动的全过程。众所周知，强大的监测网络是应急管理成功的一半，如果缺少监测数据，应急管理就成了无米之炊。

（2）预警网络。危机爆发前的预防管理，就是对城市公共危机进行预警分析，并加以有效预控。尽管城市公共危机的产生具有突发性和偶然性，但危机的产生却有一个从“潜伏期”到“爆发期”的变化过程。如果城市能够根据日常收集到的各种信息，利用各种监测网络，对危机可能发生的环境进行分析和预先判断，对可能面临的危机及时做好预警工作，完全有可能避免危机的发生或使危机造成的损害和影响减小到最低限度。

从城市公共危机管理的全过程来看，城市应急预警以城市公共危机预防体系中的安全监测和危机识别为前提；以城市公共危机预警体系中的预测和报警为功效；并以城市应急处置体系中的反应、干预和救援为后续。在城市应急预警功能网络中，主要包含应急预警管理体系、危机管理体系和应急处置体系。

（3）救援网络。在灾害发生后，开展实时应急救援是城市应急管理的重要环节，良好高效的城市应急救援体系不仅是城市应急管理水平的具体体现，更是人们生命财产安全的重要保障。一旦灾害发生就会在安全链网络中产生一个干扰源，驱动着城市应急救援网络立即响应，启动应急救援活动，包括接警、处警、应急指挥、现场救援、资源调度、人群疏散等。

（4）恢复网络。灾害爆发后，将会给城市带来巨大损失，除了重大的经济损失，人们的心理创伤也难以恢复。因此，科学、有效地开展灾后重建、整治、恢复工作意义重大，这是一项持续性的工作，特别是重特大灾害，灾区的损失严重，灾后恢复工作可能要持续几年甚至几十年。在灾后恢复过程中，需要总结和学习城市应急管理经验，提高城市应急管理的水平。在恢复网络的不同层次上，恢复人员、恢复组织、恢复城市，需要建立和完善有效的协力机制，使城市和城市群参与到恢复工作中去，以提高整个城市恢复的效率。

城市安全链网络中的监测、预警、救援、恢复四大网络，并不是独立存在的。预警网络需要监测所提供的数据，作为其预警的基础，预警启动后，救援网络立即与预警部门一起展开应急救援工作，灾情得到控制后，进入恢复阶段，并将此次灾害数据备份，作为学习的题材。整个城市安全链网络进入另一个循环。由此可见，应对灾害的城市安全链网络不仅需要资源协同、信息协同和流程协同，而且城市应急管理主体之间、城际之间、城市群之间的协同同样至关重要。

第三节　人群疏散理论方法

一　人群疏散理论研究

在城市重特大灾害发生后的应急救援中，应急物资配送和人群疏散是两项保障灾民生命财产安全的重要措施。如何在城市重特大灾害爆发后第一时间做出有效反应，并在最短时间内以最有效的方式尽可能多地疏散灾民，是应急救援的首要目标，也是学术界研究的一个热点问题。

目前，有关应急疏散方面的研究成果大都集中在人群疏散救援、疏散建模和疏散仿真等问题上。在人群疏散救援方面，Reniers 等（2007）针对化学工业区发生火灾事故后选择终止生产模式来管理应急疏散问题，建立了一个基于时间和终止模式最优的决策模型（Reniers，2008）。Georgiana 等（2007）研究了现代智能交通系统在恐怖袭击等突发事件中的紧急疏散作用，开发了智能交通疏散管理系统，并应用突发事件紧急疏散算法动态产生应急疏散计划（Hamza - Lup，2007）。Yi 等（2007）研究应急物流中灾害发生后应急物资的紧急配送和灾区人员疏散的协同性，建立了一个动态的受伤人员疏散和救援物资供应的物流协同模型（Yi，2007）。Tang 等（2008）对应急疏散环境下建筑物紧急疏散指示图与疏散者选择疏散路线之间的时间关系进行了研究，研究表明：良好的疏散指示路线对应急人群疏散比语言信息更有效率（Tang，2008）。卢春霞等（2006）应用波动理论模拟了紧急疏散时速度与密度的关系，利用流体力学的激波理论，研究人群流动、人流密度、速度与激波的关系（卢春霞，2006）。田玉敏等（2006）从人与人的相互作用和社会学、心理学的角度，对人群疏散中“非适应性”行为理论、计算机模型、模拟原理等进行了较为深入的研究（田玉敏，2006）。Regnier（2008）应用美国大西洋飓风的数据，研究了疏散时间、预测准确度和疏散成本之间的关系。Solis 等（2009）选取来自美国佛罗里达州东南和西北地区共 1355 户样本家庭，研究这些家庭在 Katrina、Dennis 以及 Wilma 等飓风下的避难疏散行为与决策需求。Huang 等（2012）则对飓风艾克来袭时，居民的疏散决策和疏散时间进行了分析。崔娜等（2014）对台风灾害下无车群体应急疏散决策行为分析，研究表明：对无车群体而言，被疏散者自身的恐慌感以及灾害环境造成的威胁是影响其风险承受能力最为关键的因素。

在疏散建模方面，Nagatan 等（2002）将行人视为相互作用的微观粒子，提出了著名的 Helbing 分子动态性模型，在紧急疏散时着重考虑了恐慌系数对人员疏散的影响。Masakuni（2000）应用格子气（grid - gas）模型研究了在开放条件下交叉口的人群疏散情况，Tajim 等（2002）应用格子气模型，将人视为格子上活动的粒子，并通过概率统计方法研究拥挤人群的特点。Guo 等（2008）结合格子气模型和社会力模型，提出了移动的格子气模型并模拟了公共建筑物内的人群疏散流程，研究表明：在建筑物内发生灾害时，该模型可以获得人群疏散的基本特性，并能得出适当的平均疏散时间。Armin Seyfried（2008）研究了在格子空间有限制的条件下人群的单向疏散问题，认为当人群密度高于临界值时，堵塞就会出现，人群由不均匀状态恢复到均匀状态时拥挤会进一步加强。赵林度等（2011）构建了台风等重特大灾害发生后的大规模人群疏散策略的两阶段决策模型。Robinson 和 Khattak（2012）将疏散路径选择决策模型与微观交通疏散仿真相结合对弗吉尼亚州东南地区在飓风来袭下的疏散策略选择进行研究。Wu 等（2012，2014）的研究表明：人们通常根据个人经验和交通状况决定自己的疏散路径，且更倾向于疏散至亲戚朋友的住所。Yin 等（2014a）应用统计学方法对飓风“伊万”疏散过程中，普通家庭交通工具的选择进行研究。Sadri 等（2014）则构建了一个飓风疏散路径选择的混合分对数模型。

在人群疏散仿真方面，Kholshevnikov 等（2008）将人群的流动看成是一个随机过程，并应用随机规划理论描述人群流动这一随机函数。Nakayama 等（2007）整合了二维的最优速度模型并研究了均匀流的稳定性。Williams 等（2007）对沿海高速公路应用反向道路进行飓风应急疏散的方法进行了仿真研究。Yue 等（2007）提出了基于元胞自动机的人群流动模型，发现在临界交通密度点将会产生相变。Pelechano（2008）利用元胞自动机方法对高层建筑的人群疏散问题进行了仿真研究，并在模型仿真中增加了人的心理因素，研究得到了人群疏散必须遵循的基本原则。Lin 等（2008）运用 MSTVQF 方法对高层建筑的应急疏散计划进行了建模与优化仿真研究。Edara 等（2010）则应用网络模型对 10 个城市 2000 英里的道路网络进行大规模飓风应急疏散仿真分析。刘南等（2011）应用 Anylogic 对应对台风等灾害时的城市人群疏散情形进行了仿真分析。张钊和林菁（2013）基于地理信息系统（GIS）疏散需求预测模型和交通仿真平台，构建一个城市群疏散仿真模型。Yin 等（2014b）提出了一个基于主体疏散需求模型的飓风疏散仿真方法，该方法包括了是否疏散、疏散地点选择、疏散方式选择等六种疏散决策。

二　人群疏散模拟仿真

人群疏散模拟仿真是研究人群疏散的主要手段之一，其关键是如何针对人群特征建立准确、完善的模型和规则。

1. 人群疏散模拟仿真的建模方法

目前，已有超过 50 种人员疏散模型在各类文献中被介绍。它们大致可以分为两类：一类是将人看作连续流动介质的宏观方法，可以直接利用流体力学的相关研究成果来研究紧急疏散时速度与密度的关系。另一类是微观方法，考虑了单个人员的个体差异及其行为，其中最著名的是 Helbing 的分子动态性模型，他将行人视为相互作用的粒子，在紧急疏散时着重考虑了恐慌系数对人员疏散的影响。另外，日本提出的格子气（grid－gas）模型也很著名，该模型将人视为在格子上活动的粒子，并通过概率统计的方法来研究拥挤人群的特点。

对疏散行为，定性的研究很多，但其结果很难被接受。在定量研究中，人员疏散模型的建模方法大体上可分为三种：

一是宏观方法，即把行人视为连续流动介质，因为现代人员疏散研究是从交通流的研究中分化出来的，因而也就很自然地继承了流体研究中已经完善和成熟的方法。宏观方法忽略了个体的作用和个体间的差异，可以利用现成的流体力学的研究成果，比较容易着手，但由于疏散系统是有明确相互作用的多个相似个体的群集行为，系统组成元件（个体）性质的简单叠加并不是系统的性质，即系统具有非线性，因此也就限制了该方法研究结果的适用范围。

二是微观方法，它把行人视为相互作用的粒子，其中最为著名的就是 Helbing 社会模型。微观方法由于考虑了每个人的细致受力，其精确性和准确度比其他两种方法都高得多，备受理论研究的关注。

三是介观方法，它在宏观和微观中取折中，如格子气模型。一般的介观方法已经将分析（或者说动作）的单位细化到个人，但没有考虑个人之间的相互作用，与社会模型相比，仍显得较为粗糙。

在以上各种不同的研究中，我们发现了一个共同的问题，那就是不同的研究者，用不同的方法来研究同一个问题：在什么样的条件下，对特定的人群进行疏散所花的时间最少，并有一些结论，如：

（1）疏散出口的空间几何特征对疏散时间的影响；

（2）人员移动速度与人员拥挤密度对疏散时间的影响；

（3）前后拥挤与左右拥挤对疏散时间的影响；

（4）心理因素（如恐慌）对疏散时间的影响。

2. 人群疏散模拟仿真

疏散仿真作为对人群疏散研究的另一个重要的组成部分，始于20多年前，其发展与疏散研究的发展密不可分。经过这么多年，这方面的研究成果不断积累，吸引了越来越多的研究人员的加入。近十年来，已经举办了多次相关的国际学术会议并出版了会议论文集。其中较为著名的有 1993 年于伦敦举办的拥挤安全工程国际会议（International conference on engineering for crowd safety）。2001 年 4 月于德国杜伊斯堡召开了第一届“行人及疏散动态学大会”（Conference on Pedestrian and Evacuation Dynamics，PED），并出版了会议论文集。第二届 PED 大会于 2003 年 8 月在伦敦召开。这表明对人群、行人及疏散动态的研究正式成为一门独立的学科。

虽然到目前为止，这门学科的名称在学术界还没有达成共识。常用的名称有“拥挤动态学”（Crowd Dynamics）、“行人动态学”（Pedestrian Dynamics）及“疏散动态学”（Evacuation Dynamics）。然而，其研究的主要内容可以分为三大部分：第一，对行人、人群及疏散的观察和试验。其主要目的是得到具体的数据以给建筑设计、疏散方案的制订等提供参考。如像行进速度与人群密度的关系，房门通过速度与门宽度的关系等就是这方面的研究成果。第二，对人群行为的数学模型的建立。这方面的研究主要是将人群比作流体，用流体力学和热力学的公式建立人群行进的模型。第三，对人群行为和疏散过程的计算机仿真。这方面的研究由于功能强大的计算机的普及，在最近十几年成为该学科研究的重点。

人群疏散仿真模型可分为宏观疏散仿真模型和微观疏散仿真模型两种。宏观疏散仿真模型主要是“排队网络”这一建筑物疏散的仿真模型。中心思想是把建筑物的平面转换成网络图，每一间房屋为网络图中的一个节点（若房屋很大，可以对应网络中的多个节点）。而连接房屋间的门、楼梯等则对应图中的边。节点能够容纳的人数为对应的房间的容量。边的通过能力为对应的门或楼梯的通过能力。任意时刻，一条边只能容许一人通过。其优点是：构造简单，理论难度较小，需要的计算机能力也较少，在 20 世纪七八十年代成为疏散仿真模型研究的重点。如澳大利亚国家研究局开发的

WAYOUT 模型、EVACSIM 模型等。其缺点是：排队网络要求将建筑物的平面布局抽象为一个连通图，丢失了大量的空间信息。人群是作为整体来考虑的，人群中的所有人都具有同样的移动特性。人员之间的相互作用、人员的主观心理在模型中都得不到体现，这也造成了模型仿真结果的应用性不强。

最近十余年来，微观仿真模型逐渐成为疏散仿真研究的重点。这类模型又被称为“基于 Agent 技术的仿真模型”。

其关键是在仿真模型中不再将人群作为一个整体来考虑，而是将重心放到个体的人上。在模型中，每一个人都用一个对象表示。在模型中只定义个人的参数和行为规则，而对其具体的行为则不作规定。在仿真的过程中，个体依照自身所处的环境，按照预先设的行为规则选择自身的行为。此类模型具有以下三大优点：首先，由于在模型中是对个体建模，故仿真中真实反映出人群组成的异质性。其次，由于在模型中个体的具体行为是依照他所处的环境动态决定的，此类模型可以真实地仿真出个体之间的复杂的相互作用。最后，在此类模型中，由于是对个体的人建模，因此模型中参数的标定会比较简单和准确。

由于 Agent 技术的诸多优点，现在已经有大量的此类仿真模型被建立了出来。它也可以分为两大类：离散型仿真模型和连续型仿真模型。

离散型仿真模型又被称为元胞自动机模型或格子自动机模型。在这种模型中，通常的做法是把建筑物的平面空间划分为微小的正方形单元格。在任意时，一个单元格要么被占据（障碍物或一个个体）、要么为空。因此，个体的空间位置可以由个体所处的单元格的编号所唯一标识。在仿真的运行过程中，时间被划分为等长的时间段，在每一时间段，所有个体依照所处的环境和自己的行为规则选择是留在原格还是移动到相邻的8个单元格中的格。如BYPASS、Sckadschneider的模型等。

连续型仿真模型中人的坐标、时间，及其他的一些量都是连续而非离散的。这种模型的核心是建立一组动力学的微分方程，通过这些微分方程将各个量的变化联系在一起。只要给出了初始的条件，模型就可以模拟出之后的状况。如“社会力”（social Force）模型、SIMULEX、Building Exdous、网格模型等。

三 人群疏散决策关键要素

疏散决策是应急疏散救援的重要内容之一，面对洪水、飓风等自然灾害以及建筑物火灾、毒气泄漏等突发事故，都需要将处于危险地带的人群快速疏散至安全地带（Urbina E. et al.，2003；袁建平等，2005）。同时，在应急疏散过程中，受到灾害环境的影响，疏散者将处于高度恐慌的状态，从而影响疏散者寻找合适路径以及跟随疏散指令的能力（Lo S. M. et al.，2004；Olsson P. A. et al.，2001）。因此，有效的疏散决策对于减轻灾害或事故损失，保证人民生命财产安全具有重要意义。单从受灾人群从受灾点疏散至安全点来看，应急疏散决策主要包含了人群疏散路径选择、疏散人数分配和疏散车辆资源配置三个方面的问题。该问题的解决需要综合应用包括运筹学、应用数学、组合数学、网络分析、图论、计算机应用等学科，成为运筹学和组合优化领域的前沿和热点问题。

1. 疏散路径选择

人群疏散最优路径的选择，可归结到人群疏散网络的最短路径问题，是针对一系列应急救援点和灾民安置点，组织适当的人群疏散路线，可多次往返于两点之间（时间允许的情况下），使应急人群疏散有序地进行，在满足一定的约束条件（如待疏散人群数限制、灾民安置点可容纳人数限制、安全疏散时间限制、可供调度车辆资源限制、医疗资源限制、灾害条件等）下，达到一定的目标（如总疏散时间最短、总疏散人数最多等）。通过最短疏散路径的选择，可以将无组织的人群疏散，减少疏散过程的盲目性，提高城市重特大事故大规模人群疏散的效率。但是，从应急救援点到灾民安置点两点间的“最短路径”可能需要考虑的并非仅仅是“空间距离”的最短，还有“疏散时间最短”和“疏散人数最多”等。

人群疏散路径选择及其相关内容，是疏散预案的重要组成部分，也受到国内外的相关机构和学者推崇，进行了大量的研究。由于突发事件的突发性、破坏性和偶然性等特点，难以收集大量的真实数据来支持理论研究。然而，随着计算机模拟仿真技术越来越多地被应用到应急人群疏散研究中，通过疏散路径选择模型和仿真模拟平台，来进行城市重特大事故大规模人群疏散的行为分析和效果模拟，已是应急人群疏散研究的一种重要方法。

然而，现有的关于疏散路径选择的研究中绝大部分都将时间作为最主要的考虑因素，疏散模型的优化目标是完成疏散过程所需的时间最短。而且绝大多数研究是在疏散网络中各弧段上的通行速度恒定或分时段恒定的假设下进行的，很少有文献考虑灾害扩散对疏散网络中各弧段通行状况的实时影响。即使考虑了灾害扩散对疏散网络的影响，也只是通过预测灾害的影响而预先计算一套新的网络参数并由此制订出疏散计划（温丽敏等，1999；谢旭阳等，2003）。相关研究表明，许多灾害的扩散是随时间逐渐进行的，并且不同的地理位置受到灾害的影响程度也不同，如火灾、毒气泄漏事故中烟、气的扩散（Tufekci S.，1995；Farahmand K.，1997）以及飓风等灾害的逐渐蔓延都具有这样的性质。基于以上分析，袁媛等（2008a）在考虑路线复杂度的前提下，提出应急疏散双目标路径选择模型。

Fang Y. 等（2005）用 VISSIM 模拟了田纳西州核电站的紧急交通疏散，运用动态交通分配模型选择疏散路径，及以基于最短行程时间考虑的最优目的地选择模型来进行交通疏散。Sinuany - Stern 等（1993）运用基于行为的微观交通仿真模型，在放射性危险事件紧急撤退的情况下，对行人、车辆保有量、交叉口行程时间和路径选择变化对路网疏散时间的敏感性进行了研究。Pidd（1996）在地理信息系统中通过一个基于目标（objected - oriented）的微观模拟器，开发出紧急疏散规划空间决策支持系统，用于评价紧急撤退规划或方案。这个系统能帮助个体车辆找到通往目的地的不拥堵路线。Thomas 等（2003）提出了一个基于车道（lane - based）的网络流模型，用于选择在复杂路网中进行紧急撤退的最优路径。刘丽霞等（2004）运用最短路和相异路径算法，通过对道路网络基本信息的修正和对相异度计算的改进，将产生的最优路径和相异路径应用于应急疏散的路径选择之中，并应用实例对算法进行了验证。

基于以上讨论，本书将从人群疏散决策者的角度，综合运用非线性规划理论，考虑城市重特大灾害对疏散行为的影响，建立两阶段的大规模人群疏散决策模型。通过进化算法求解模型，以获得两阶段各自的人群疏散路径。

2. 疏散人数分配

在城市重特大事故大规模人群疏散决策中，人群疏散人数分配，即在确定几条合理的人群疏散路线后，如何分配各条疏散路径上的待疏散人数，其目标是在该分配方案下，疏散至各灾民安置点灾民数不大于其最大容纳人数，同时最大化利用车辆等应急资源，在时间限制条件下疏散出最多的灾民，是人群疏散决策的另一重要决策内容。

目前，应急救援人群疏散的研究中，很少有涉及该方面的决策研究，大多数学者都将重点放在人群疏散路径选择的方法上，研究在不同条件和各种改进的约束下如何合理选择疏散路径。本书所阐述的人群疏散人数分配类似于交通分配问题（Origin - Destination, OD），OD是指将已经预测出来的起止点之间的交通出行总量按照一定的规则符合实际地分配至道路网中的各条道路上，并求出各条道路上的流量。

在进行交通流量分配分析时，学者往往把城市道路系统抽象成一个计算网络。从模型最优化目标函数角度出发可以把交通分配模型分为系统最优模型和用户最优模型（高自友等，2000）。系统最优指的是所有的出行者能够接受统一的安排，大家的共同目标是使整个交通路网的总费用最小，总延误最小，总出行时间最小。而用户最优指的是每一个出行者都是从自身的角度出发，选择路径的时候并不是考虑整个路网的费用，只选择个人出行费用最小的路径。这两种模型建模的假设前提有很大的不同，因此一般来说会得到不同的结果。很明显，用户最优得到的总的出行费用大于等于系统最优模型得到的总费用。系统最优所得到的社会总效用最大，林徐勋（2009）认为，通常情况下出行者总是会先考虑自身的费用最小，因此用户最优模型更加符合现阶段交通分配的实际情况。

本书所建立的模型将以交通流量分配模型中的系统最优模型为参考，在多出救点、多待疏散点、多条疏散路径的前提下，从系统的角度考虑各个备选路径上的人数分配方案，以期达到最大化利用系统资源，疏散出最多的灾民。

3. 人群疏散资源配置

城市应急救援的总体资源是有限的，可供调度用于人群疏散的资源更是有限。因此，城市重特大事故大规模人群疏散决策中的另一重要内容是：如何合理调度应急疏散车辆，以高效利用有限资源，发挥资源的最大效益，在有限时间内疏散最多的灾民，本书所建立的动态决策模型即以解决此问题为目的。

目前，国内外学者的研究主要集中在应急救援资源调运方面。Haghani 和 Oh（1996）以物资配送中涉及的总成本最小为目标，建立了一个带时间窗限制的时空网络模型来解决应急救援中大规模、多商品应急物资配送问题，并提出了两个启发式算法对模型进行求解。Fiedrich 等（2000）讨论了在时间、资源的数量和质量有限的情况下，地震后多个受灾点分配和运输资源的最优化模型。该模型通过资源的有效使用提高了救援的质量，使死亡人员达到最少。Margaret 等（2003）建立了传染病控制的资源配置模型。Youngchoi（2003）研究了在路网不确定的情况下如何分配有限的资源（如车辆资源和人力资源等），将人员疏散和把受伤人员送到医院，使人员伤亡最小化。Özdamar 等（2004）探讨了在当前需要的物品数量已知，当前和将来一段时间内资源供应量有限，且将来需要的物品数量可以预测的情况下，对应急资源的运输调度。Sheu 等（2005）以时间最短为目标，建立了一个模糊线性规划模型来获取地震灾害的资源配置问题。Sheu（2007）运用模糊聚类、动态规划等方法对供应点—配送中心—受灾点结构的三层应急物资供应情形进行建模规划，提出了一种新的应急物资配置方法。Tzeng 等（2007）以费用、运输时间、满足率为目标，建立了应急资源配置的多目标规划模型。Sheu（2010）建立了一个动态应急物资需求管理模型，该模型对灾害发生后，在信息不完全的情景下对受灾点资源需求进行分析。Arora 等（2010）针对公众健康应急问题，建立了区域最优的医疗资源分配模型。Ortuño 等（2011）提出了一个应急资源配置的目标规划模型。Vitoriano 等（2011）提出了一个应急资源配置的多目标优化模型。Holguín－Veras 等（2012）探讨了 Katrina 飓风发生后的应急资源需求问题。Tan 等（2012）分析了 2009 年苏门答腊岛地震的医疗需求情况。Jacobson 等（2012）以救助最多伤员为目标，同时考虑伤员分类和资源限制，构建了相关资源的配置模型。Abidi 等（2014）对应急资源供应链的研究进行了综述。Rennemo 等（2014）提出了一个应急选址、资源配置和运输的三阶段混合整数随机规划模型。Sheu（2014）提出了一个幸存者弹性最大化的灾后应急资源配置模型。Lubashevskiy 等（2014）提出了一个重特大灾害发生后的应急资源重新分配方法。Barzinpour 等（2014）根据灾前准备阶段的城市应急物资选址—配置问题，提出了一个多目标混合整数规划模型。Vitoriano 等（2015）从智能决策的角度，对应急管理的决策问题进行了分析，提出了一个灾害早期的灾情评估模型和一个应急资源配置模型。Huang 等（2015）以救援效用、延迟成本和公平为目标，构建了一个应急资源配置的时空网络模型。Lassiter 等（2015）应用鲁棒优化的方法，构建了一个自愿者在灾害应急中的配置模型。Camacho - Vallejo 等（2015）构建了一个应急物资配置的双层规划模型。Sheu 等（2015）构建了一个两阶段时变多资源供应商选择模型和一个多资源配置的随机动态规划模型。Diaz 等（2015）针对灾后重建资源配置问题进行了研究。Ye 等（2015）针对多阶段协同共享问题，提出了一种基于后续共享的应急物资配置决策方法。Duque 等（2016）考虑灾后应急交通网络的损毁情况，提出了一个基于道路修复的应急物资配送模型，设计了一个动态规划算法和一个迭代贪婪随机构建过程对其进行求解。

国内学者研究了不同情境下的应急资源配置问题。刘春林等（2001）、何建敏等（2001）系统地研究了应急系统的物资调度问题，对连续消耗系统和一次性消耗系统分别进行了深入分析。刘春草等（2003）考虑不同缺货风险情形，构造 k 个城市应急物资库存中心的最大调整时间最小的算法。计雷等（2005，2006）、杨继君等（2008）分别应用博弈论分析灾害的资源分配。周晓猛、姜丽珍、张云龙（2007）提出了突发事件下应急资源优化配置模型，以每一阶段开始或上一阶段结束时已调度的应急资源数量为状态变量进行动态规划，构建了应急资源优化配置模型。潘郁等（2007）基于粒子群算法的连续性分析应急资源分配和调度问题。包兴等（2008）、刘阳等（2005）将供应链理论引入应急资源分析，并进行了优化研究。刘南等（2008a，2008b，2009）将成本动态修正和灾害不完全扑灭情景也融入应急物资分配中。王苏生等（2008）公平优先原则引入应急资源配置中。赵林度等（2008）分析了面向脉冲需求的应急资源调度问题。姜卉等（2009）研究了情景演变情况下如何进行应急决策。方磊（2008）从应急系统中应急救援资源投入产出的整体相对效率考虑，提出了新的资源优化配置非参数 EDA 模型。姚广洲（2012）结合模糊综合评判法与层次分析法，以综合评价结果为基础拟定了应急资源配置级别标准，并对高速公路 15 种应急资源的配置模式进行分级研究。赵喜等（2012）以连续性消耗应急过程为背景，运用量子行为粒子群算法求解多目标的应急资源调度数学模型。朱莉等（2012a）提出了应用超网络理论研究面向灾害的应急资源调配运作的方法，并分析了所构超网络结构亟须解决的问题及可采取的应对方案。朱莉等（2012b）针对应急网络中具有不同属性特征的各主体以及灾害风险演变与应急资源调配间的相互作用，构建了一个以资源调配量和灾害风险度为网络流，包含出救点、分发中心、受灾点的三层超网络结构并将其转化成等价结构进行定量建模。胡信布等（2013）研究资源约束下的突发事件应急救援鲁棒性调度优化问题，构建了问题的 0—1 规划优化模型，针对其 NP - hard 属性，基于问题特征设计双环路禁忌搜索启发式算法，并指出随着资源可用量的增加，计划的鲁棒性呈上升趋势，而当救援期限延长时，计划的鲁棒性单调增加。文仁强等（2013）基于灾后应急资源调度的特点，建立了考虑多需求点、多供应点、多资源类型且多个资源供应点能为多个资源需求点协同配备资源的多目标优化调度模型，该模型对调度路线的可靠度进行了考虑，增强了实用性，并设计了多蚁群优化算法对模型进行求解。王旭坪等（2013）在前景理论的基础上建立了应急响应时间的感知满意度函数以衡量灾民对救援响应时间的满意程度，并将量化后的时间满意度、需求满意度和效用满意度作为模型的 3 个目标函数构建了一个多目标非线性整数规划模型，描述大规模突发事件发生后的初始阶段应急物资分配问题。周广亮（2013）在分析应急资源一体化配置的微观与宏观环境基础上，提出了应急资源一体化配置应从体制与机制建设、政府的资源配置执行力建设、应急点建设与资源联动等方面进行。暴丽玲等（2013）以待救点的获救有效性最大化为目标，通过估算人员可延迟时间和群体救援时间的区间以及该区间的概率分布函数，建立多点救援资源配置优化模型。杨琴等（2013）在分析应急资源系统特征的基础上，将该类问题描述为存在“瓶颈”环节的动态 FJSP 问题，提出了基于 DBR 理论的方法进行优化调度并进行建模分析。

城市重特大事故大规模人群疏散资源配置主要是指用于疏散过程中的车辆资源配置，要求在城市重特大灾害的影响下，根据人群疏散路径、疏散车辆资源数量、出救点与待疏散点之间的距离等条件，以在所限制的时间内疏散出最多的灾民为目标，合理配置车辆资源。同时，考虑到多出救点、多待疏散点和多灾民安置点的问题，各待疏散点的安全疏散时间、待疏散人数以及疏散速度等都具有较大差异。因此，配置到各待疏散点的车辆救援任务不一，这就导致在疏散过程中，有的车辆完成其疏散任务的时候，其他待疏散点还未完成，此时，完成疏散任务的车辆便需要进行再配置，以提高车辆资源的利用率。因此，人群疏散车辆资源配置是一个动态分配过程。因此，本书第四章将建立人群疏散动态决策模型，以获取疏散过程中的车辆资源动态配置方案。

第 三 章

城市重特大事故大规模人群疏散问题分析

第一节　城市重特大事故的概念、类别及主要特征

一　城市重特大事故的概念与类别

1. 城市重特大事故的概念与特点

大城市通常是一定区域的政治、经济、文化教育、物流和信息的功能中心。大城市危机属于公共危机，一般是对城市或部分市区的公共秩序、公共安全以及公众的生命和财产安全，已经或可能构成重大威胁和损害，造成巨大人员伤亡、财产损失、社会影响的公共危机事件。城市危机需要几个限制因素（冯长根等，2002）：

第一，城市危机一般发生在城市领域，以整个或者部分城市市区为重灾区；如果发生在城市以外的领域，没有危害到城市范围，那么不能成为城市危机。因此，威胁范围是大城市，成为城市危机的首要条件。

第二，威胁生命和财产安全。通过单个或者多个媒介危害到大部分民众或者公众财产利益、生命安全，以及整体生命财产利益安全。重大生命损失和财产危害是城市危机的关键因素，也是城市危机的必备条件。

第三，危害社会秩序。大城市危机直接指向城市社会系统的基本价值和行为准则，不管是暂时还是长期产生严重威胁，涉及公共安全、公共设施、社会保障等社会公共领域，威胁城市社会基本运行秩序体系；同时，在社会心理层面上，财产损失和生命安全威胁引起普遍的恐慌和骚乱，直接威胁到经济和社会正常秩序。

因此，大城市危机应同时具备上述三个条件，缺少其中任何一

个条件的危机，均不在城市危机之列。我国《重大危险源辨识》（GB18218－2000）标准中，将“重大事故”定义为：工业活动中发生的重大火灾，爆炸或毒物泄漏事故，并给现场人员或公众带来严重危害，或对财产造成重大损失，对环境造成严重污染。据此可以认为，城市重特大事故是指在城市中突然发生的造成或可能造成的严重威胁生命财产安全、损害公众利益、引发城市失序，影响广泛的、对城市经济发展构成重大威胁的，并由此引起政府、非政府和市民参与救治活动的重大事故、事件。

城市重特大事故具有三个特点：一是突发性强。事故的爆发往往是突然的，不可预见的，特别是一些人为制造的重大事故，如恐怖袭击等，一般不具备事物发生前的征兆，留给人们的思考余地较小，要求人们必须在极短的时间内做出分析和判断。二是危害性大。事故的发生影响的区域比较广，涉及的人员比较多，往往引起一系列连锁反应，不仅会造成重大的财产损失，更严重的是可能给民众带来心理上的恐惧和不安全感。三是扩散迅速。由于城市中人流与物流的广泛和迅速，危机一旦发生，就会从点状迅速扩散到面状，对人民的生命财产危害呈几何级数增加。

2. 城市重特大事故的分类

（1）技术灾难事故。主要包括交通运输事故、生产事故、工程事故、核电站事故、化学污染事故等。据统计，城市中发生率最高、损失最大的首先是道路交通事故、火灾、化学事故；其次是燃气、供电、供水、通信等生命系统事故和各种工程事故；此外，环境污染、网络病毒等新增事故灾种也在不断发生。

（2）公共卫生事件。主要包括传染病疫情、食物中毒和动物疫情等。近年来，污染中毒事件、有毒化学品造成的职业中毒事件、各种灾害带来的疫情风险、生物侵害事件等有所增加，令人防不胜防，如 SARS 事件和高致病性禽流感疫情事件。

（3）社会安定事件。主要包括重大治安事件、就业危机事件和恐怖主义事件等。随着违法犯罪形式趋于国际化、组织化、职业化和智能化，城市越来越成为重大刑事案件的重灾区。各种恐怖袭击事件也越来越成为影响城市安全的一个突出问题。

（4）自然灾害。主要包括海啸、地震、火灾、台风、暴风雨雪、洪水、沙尘暴等。当这些灾害发生时，往往对城市的基础设施造成重特大破坏，造成市民恐慌，故也是城市重特大事故的一个重要类别。

二　城市重特大事故的主要特征

1. 城市重特大事故具有频发性

现代社会中，城市突发重大事故普遍存在，小到交通事故，大到国际恐怖袭击事件，广泛存在于现代城市系统。从系统论的角度来说，城市社会系统的精密程度不断提高、结构和功能日趋复杂，但是可靠性越来越差；同时城市功能逐步扩大，城市负荷不断增加，城市的基础设施超负荷运行，不知不觉中降低了城市系统的安全系数，相同的上下班时间、高度集中的写字楼群、居住小区、商业圈，增加了城市利益主体之间对社会资源的竞争交易和冲突频率。

2. 非传统安全问题，成为现代城市安全的主要威胁

这类事件的组织性、暴力性和危害性都比传统安全问题有所加强。近年来发生的频次越来越高，呈现出持续性和反复性的态势，袭击范围不断升级，规模不断扩大，危害性不断加剧。

3. 城市重大事故在城市功能、地理、时间上均具有蔓延特征

首先，城市重大事故在功能上蔓延。单一原因引起的危机会影响城市的多种功能，暴雨暴雪等自然灾害可能引发交通、坍塌、水

电供应危机，进而蔓延到其他领域，这种一个危机引起一连串的相关危机的现象一些学者称为“涟漪反应”或“连锁反应”。因此，城市重大事故具有发展、变化方向不确定而多变的特征，爆发后呈现群发性和整体联动性，城市突发性事故极易被放大。特别是城市中的生命线设施系统，如果其中一点遭到破坏，往往会使城市的正常功能无法进行，造成整个城市系统的部分或整体功能的瘫痪。

其次，城市地理蔓延，现代城市突发重大事故越来越突破地域限制，轻而易举地从一个城市迅速蔓延到周围城市，乃至全世界。如 2003 年的 SARS 事件先从广东发端，很快波及北京及周边 26 个省份，又迅速蔓延到中国香港、新加坡等 26 个国家和地区，足见其波及面之广、之快。

最后，影响时间长期蔓延，尤其是对于城市居民的心理会造成严重创伤，长期影响城市居民的生活质量，脱离正常轨道久久陷入灾害心理创伤，同时，城市重大突发事故摧毁了基础设施、破坏了城市正常秩序，也会长期影响社会正常的秩序和稳定。

4. 城市突发重大事故具有突发性

城市突发事故具有隐蔽性和或然性，往往隐匿不易发觉，逐渐恶化成为城市重特大事故；城市突发事故发生的影响因素也很多，错综复杂难以具体准确掌握，决定了城市突发事故往往具有难以预测、难以控制、难以估量的特征。

5. 造成的损失和影响严重

由于城市人口集中、商业发达、财富集中，因而城市重特大事故所造成的人员伤亡和经济损失更加巨大，社会影响更为广泛。

第二节　国内外城市重特大事故大规模人群疏散发展现状分析

一　国外发展现状分析

从20世纪70年代开始，疏散问题逐渐受到各国政府的重视、支持和资助，主要的研究方向集中在群集恐慌行为研究、人的疏散行动能力研究等，但研究并不系统。60年代至70年代，随着灾害损失的增大，人们对这一问题的重视程度逐渐增加，参与研究的人数也大大增多。于是在70年代末至80年代初，分别在美国和英国召开了三次关于火灾与人的专题讨论会，其标志性事件是坎特（Canter）教授等将有关论文编辑成《火灾与人的行为》（*Fire and Human Behavior*）一书正式出版。1972年英国专家Wood对火灾中人的心理和行为进行了广泛的调查研究，1980年他又采访了不少亲历火灾的人，总结了人们在火灾中的行为表现。

20世纪80年代以后，有关研究工作取得了重大进展。不仅在对火灾后生还者的调查、安全疏散设施的使用与检测等方面开展了大量研究，而且借助消防演习等实验手段，研究人员继续深入进行火灾的动力学研究及计算机模拟，建立了多种建筑物火灾时人员有计划疏散行为规律和疏散时间的数学模型。

从20世纪90年代初至今，火灾中人的疏散行为规律和疏散时间的研究，从有计划疏散行为模型和疏散时间模型的进一步完善、定性分析，逐渐发展到随机行为规律和时间的定量研究（Imanishi Y. et al.，2008）。

在计算机仿真方面，现在已经开发了20多个人员疏散的计算机模型，但是每种模型都是从某一个角度对于某一类特殊建筑形式提出的。下面对国际上比较流行的几个模型做简要的描述：

1. EVACNET 模型（Kisko T. M.，Francis R. L.，1985）

EVACNET 模型是一个水力疏散模型，它模拟人员在建筑物内行走，并最终疏散至安全地带的全过程，由美国佛罗里达大学开发，该软件将建筑物结构以网络的形式描述，模拟人员在这一网络内的流动。建筑网络模型由一系列的节点以及连接各个节点的路径所组成，节点代表建筑物内的不同的厅、室、通道、楼梯、安全出口等。模型将室外以及建筑物内其他安全点定义为目标点，人员疏散以人员到达目标点为结束。空间上相邻的节点通过虚拟的路径相连接，这些路径并不是实际上存在，而是用以反映各个节点之间的关系。

模型完全不考虑人员的行为。将人员的移动作为一个整体运动。该模型以路径最短原则选取最优疏散路径，从而使得疏散时间最小。模型可以得到的计算结果包括：

（1）整个建筑物内人员疏散完毕的所用的时间；（2）各个楼层内人员疏散完毕的时间；（3）各个节点内人员疏散完毕所用的时间；（4）人员在各个出口的分配情况；（5）疏散过程中，人员的“瓶颈”情况。

EVACNET 模型可以进行多种建筑物类型的人员疏散模拟，包括各种办公楼、大型公用建筑、体育馆等。既可以模拟单个房间单元，也可模拟整个楼层。由于该模型没有考虑人员的个体特性，即认为所有人员都是一样的，因此求出的疏散时间可能会比实际时间短。同时还必须加上适当的疏散前准备时间。

2. EXIT98（Fahy R. F.，1994）

EXIT98 是一个适用于大型建筑的疏散模型，该模型最突出的特点是能够描述火灾中烟气对于疏散人员的影响，对火灾烟气和毒气的流动进行了模拟，使得模型能够更进一步与实际的火灾场景相似。

该模型同样用网络的方法对建筑物进行描述，可以输入房间的各种参数，包括房间出口的大小、房间里面人员的数量以及一些与烟气相关的参数。模型还可以对一些参数进行多个选择，例如，人员是按照模型计算所得的疏散路径进行疏散还是按照事先设定的路线进行疏散，如果有烟气或者毒气阻碍疏散路线时，是重新计算疏散路线还是进行人为设定。对于模拟的疏散人员开始疏散时间可以进行设定，也就是可以设定人员一定的反应时间。同时模型还可以对人员的尺寸进行设定，主要包括三种人员疏散尺寸：美国、俄罗斯和奥地利。对于模型中烟气的设置可以人为设定一些烟气参数，也可以用模型进行计算求出这些参数。

3. SIMULEX（Peter A. Thompson，Erie W. Marchant，1995）

SIMULEX 适用于大空间的公共建筑，其本质还是一个网格模型。它通过一系列的具有出口和楼梯连接的二维平面来定义建筑平面。可以定义建筑平面内的人员、演示人员在建筑平面内的疏散过程、随时观察剩余的疏散人数、预测剩余人员所需要的疏散时间、记录整个疏散过程并且重新演示 SIMULEX 的原理（主要是把每个疏散空间划分为很小的网格，并且为每个疏散空间生成一张“等距离地图”，从而划分人员的疏散等级）。距离出口相同的网格组成等距离的地带，处于不同地带的疏散人员具有不同的疏散等级，人员的疏散总是从等级高的地方往等级低的地方疏散，障碍物处的等级为无穷高，人员不能够进入。“等距离地图”设置完成以后就可以为每个房间设置人员数量，人员的速度、尺寸等参数。

SIMULEX 的一些参数都是建立在大量的实际观测数据的基础上

的，并且每年都在不断地增加和更新，因此参数的选取相对比较准确，但是它对于人员在疏散过程中的各种行为描述不够细致。

4. EXITT（Levin B. M.，1989）

EXITT 是火灾综合分析程序 HAZARDI 的一个模块，专门用于计算人员在建筑平面内的疏散时间。EXITT 也是基于网络的疏散模型。在建筑平面方面，该模型也必须建立各网络单元、各单元的出口以及连接各节点。允许用户为疏散人员设置各种参数，如速度、体型尺寸、年龄、当时是否清醒等。该模型还建立了火灾预报系统，当火灾发生到一定程度（如烟气达到一定程度）就自动发出警报，一旦人员听到警报决定疏散的时候，程序就能够预测、模拟出人员的疏散路径，并且在疏散的过程中不断地调整自己所选择的路径。而选择疏散路径的一个原则就是计算每条可行疏散路径的烟气浓度、毒气浓度。一旦发现某条路径毒气浓度很高时程序就会放弃这条路径而选择另外一条路径。

该模型在一定程度上考虑了灾害环境对于人员疏散的影响，但是该模型的正确性是建立在灾害模型的正确性基础上的，同样该模型对于人员在疏散过程中的各种行为缺乏必要的考虑。

二 我国发展现状分析

我国正经历着持续的经济快速发展和高速的城市化进程。我国城市遭受灾害威胁的形势十分严峻。如果说震惊世界的“9·11”事件使各国开始重新审视本国的安全应急管理体系，那么，2004 年 2 月 5 日 19 时 45 分，在北京市密云县密虹公园举办的密云县第二届迎春灯展中，因一个游人在公园桥上跌倒，引起身后游人拥挤，造成踩死、挤伤游人的特大恶性事故，则使我国不得不面临新的国家安全挑战。如何有效、及时、和平地应对和处理各种传统和非传统的威胁，如何在尽可能短的时间内控制事态的发展、降低损失，如何做好与民众的沟通，维护国家长远利益和政府的公信力，已经成为我国今后一定时期内必须重视的重大问题。我国有很多学者已经在城市交通、公共卫生、城市消防、自然灾害等领域有所研究，取得了丰硕的成果。国务院发布的《国家突发公共事件总体应急预案》，也使得这项研究更为规范化（Hamza – Lup et al.，2007）。

对于突发公共事件的解决处理和预防，大部分都处于理论探讨和行政完善层面，例如，各项法规制度的细化，各个职能部门的任务明确，即管理上的研究。我国国家安全生产应急救援指挥中心于2006年2月21日在北京成立，以整合全国应急救援资源，提高国家应对重特大事故灾害的能力。国家安全生产应急救援指挥中心履行全国安全生产应急救援综合监督管理的行政职能，按照国家安全生产突发事件应急预案的规定，协调、指挥安全生产事故灾难应急救援工作。随着计算机技术的不断发展，利用计算机模拟仿真技术来模拟解决人员疏散，也正在兴起，但是还没有形成一套完善的技术支持系统。因此，技术上的早日实现是目前社会安全保障的坚实基础。

对于灾害救援中人员疏散行为和疏散时间也展开了一系列研究。如东北大学陈宝智教授及其学生们，近10年来，一直致力于预防火灾的科研与教学工作，并且研究工作有了长足的发展。在人员疏散方面，温丽敏就化学品泄漏等重大事故时社区范围紧急疏散的原则和应急方案进行研究；张培红对人员流动状态进行了观测分析，并对离散状态人员疏散行为进行模糊推理研究；肖国清对建筑物火灾疏散中人的行为理论与控制研究等。

1988年东北大学温丽敏、陈全等提出了一种群集人员疏散模型，并且采用计算机仿真的方法求出了疏散时间。该模型把所有疏散人员看作是没有区别的群体，并且人员的疏散是按照设计人员设计好的路线井井有条地进行，最后对总的疏散时间进行折减，以考虑人员的各种不利特性（如惊慌）对于整个疏散时间的影响。

2001年武汉大学方正等提出了网络网格人员疏散模型。该模型在总体框架上采用网络模型，建筑物由各个网络单元连接而成。在对各个网络单元进行描述的时候采用网格模型，把各个网络单元划分成能够容纳一个人的一个个小网格。采用拉格朗日法描述每个人员的几何坐标和疏散速度。该模型可以求出总的疏散时间、每个单元的疏散时间等。但是该模型对于人员在疏散过程中的行为以及火灾场景中灾害本身的描述甚少。

2002年中国科学技术大学火灾科学国家重点实验室杨立中等提出了基于元胞自动机的火灾中人员逃生疏散模型。该模型借鉴了元胞自动机理论，用一个个元胞来代替疏散人员。这种模型可以考虑环境中各种因素对于疏散人员的影响，使得疏散人员模型具有智能体的特点。但是该模型适用的建筑物类别少，疏散人员的各种特性也不能在模型中得到很好的反映。

2013年华中科技大学郭细伟、陈建桥基于元胞自动机模型和移动格子气模型，建立了模拟突发事件下人群疏散动力学的非均匀格子气模型，研究火灾下的人群疏散过程，将火灾场与格子气模型进行同步耦合，建立了火灾与人员交互作用的人群疏散仿真模型。

2014年浙江大学张茜、汪蕾研究构建了多出口群体疏散综合模型，以 Microsoft Visual Studio 为工具，考虑可视范围对行人心理的影响以及周围行人对期望速度的影响，加入恐慌因子，修正了社会力模型。

第三节　我国城市重特大事故大规模人群疏散发展的问题

1. *在人群疏散救援方面*

由于以往的应急处理缺乏综合性的应急处理管理体系，特别是缺乏有效协调与沟通，资源没有整合，信息不能共享，不利于应急处置全过程的综合管理，难以突出预防为主的方针，应急处理工作始终处于被动应付（邓华江等，2006）。

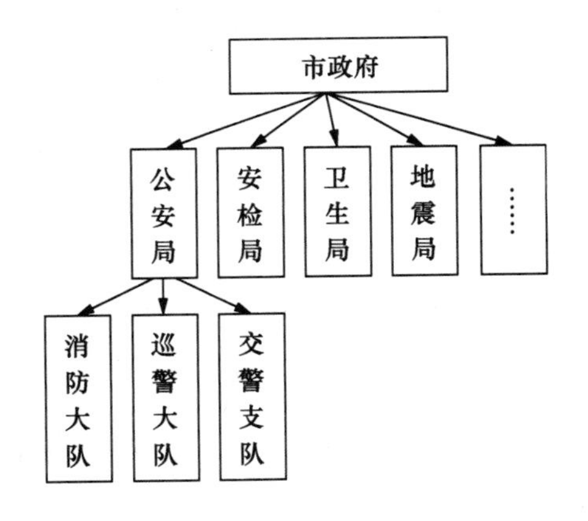

图 3－1　应急指挥体系（政府行政管理体系）

（1）应急指挥体制不完善。在我国，大部分地方以政府行政管理体制代替应急指挥体制（如图 3－1 所示）（邓华江等，2006）。这种管理模式虽然在突发公共事件应急处理工作中发挥了一定作用，但由于缺少政府直接领导的、常设的、专门的综合管理机构，缺少应急统一命令原则，缺乏系统性和规范性，致使应急处理工作职责不清，应急救援力量分散，不能有效配合，应急反应迟缓，部门协调和应急决策的贯彻实施不力，直接影响了突发公共事件应急处理工作的实效。

（2）应急指挥中心建设不标准。应急指挥中心建设模式多种多样，主要有两种：集中模式和分散模式（如图3－2所示）（邓华江等，2006）。分散模式重复建设多，难以实现资源共享，造成很大的浪费。

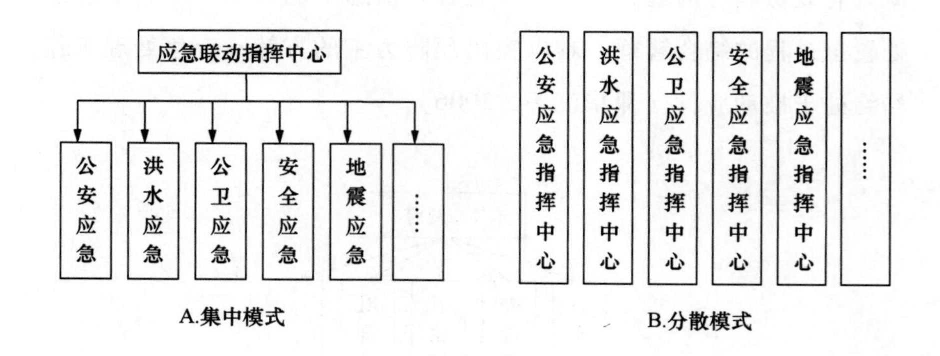

图3－2　应急指挥中心模式

（3）应急指挥系统缺乏标准。应急指挥系统包括事故指挥系统、多机构协调系统以及联合通信系统。由于应急指挥系统缺乏标准，缺乏广泛的适应性，不能在共同的机构，将设施、设备、人员、程序和通信联合为一个整体，在事故发生时，往往各个机构各自为政，造成应急救援现场局面混乱，事故应急的效率低下，有时甚至因为缺乏协调，应急救援队伍之间发生事故的情况。

（4）缺乏统一的应急信息平台。应急信息平台的主要任务是收集、整理突发事件的各种信息、为应急决策提供决策支持、应急方案、灾后评估以及经验总结等。应急涉及多个政府部门和各级、各层次的人员，数据量大，数据由各自的部分拥有，数据收集难度和管理难度较大。同时，应急数据具有时效性，如何获得最新的数据对于应急辅助决策具有重要的作用。但是目前国内缺乏统一的应急信息共享机制，没有建立应急信息总存储标准、应急信息交换标准，使得各个部门之间的应急数据不能有效共享，发挥资源共享的优势。

因此，虽然各个城市都建立了应急指挥平台，但各个平台不能进行信息共享，不能有效地进行互操作，信息整合程度较低，各职能部门之间沟通困难。由于拥有信息的单位分散，导致信息流通的困难。职能部门之间、地区之间信息交流不足。分散的信息难以综合、集成、分析、处理，既造成了资源浪费，又严重降低了信息的使用功效。而在灾害发生的短暂时刻，要实现信息的及时沟通近乎不可能。这样信息就不能快速、有效地进行，形成各个信息孤岛。例如，北京市在 SARS 流行的前期就是由于信息整合没有跟上，给应急救援指挥管理带来了十分被动的局面。

（5）应急预案可操作性差，应急难以有序进行。据初步调查，按国务院及相关部门职责，需制定突发事件应急预案的有 48 个部门和单位，这些部门和单位已有应急预案 77 件，正在制定的有 31 件。大多数省、市、自治区地方人民政府和部分企业也制定了一些应急救援预案。这些预案在应对各类突发事件、减少生命财产损失、维护社会稳定方面发挥了重要作用，但各地、各部门的工作不平衡，预案可操作性较差，存在一些缺陷。这些缺陷集中表现在预案需求分析不足（应急能力与脆弱性分析等），预案框架结构与层次不尽合理，目标、责任与功能不够清晰、准确，包括分级响应和应急指挥在内的运作程序缺乏标准化规定等。

目前，我国应急管理中普遍存在的一个问题是缺乏必要的应急演练，如果预案只停留在文本书件上，而没有进行有针对性的实际演练，这种预案的效果很难保证，即使预案策划十分周密、细致，也只能是纸上谈兵。因此，应急演练不但是应急预案中必不可少的组成部分，也是应急指挥管理体系中最重要的活动之一。

（6）城市应急法律体系不健全。城市重大事故应急救援法律体系具体包括技术标准的制定、执行以及重大事故信息的监测和预报。我国许多应急法对此虽有规定，但目前尚未把城市重大事故的前期控制纳入政府长远的战略目标、规划与日常管理中，因此对重大事故的科学、定量、实时的诊断监测仍显不足，以致城市重大事故发生后仓促应对，过于被动。

2. 在人群疏散建模方面

目前，我国针对拥挤人群的疏散模型研究也取得一些进展，但大多还是建立在火灾和建筑物的紧急疏散模型上，而针对更广义的拥挤人群的疏散模型的类型研究较少。其局限主要表现在以下四个方面：

（1）在人员疏散行为数学模型及仿真方面。由于实际火灾工况和人的行为规律存在不确定性，基础数据资源的不足，软硬件设备的限制，模型在以下方面有待进行深入研究：第一，群集流动规律的研究。包括不同空间结构特点的疏散通道上，人员群集疏散时发生群集事故的临界条件的分析等。第二，火灾时人员的心理学因素对疏散行为的影响。如疏散开始时间的统计分析，及疏散行动随机性和不确定性的研究。

（2）在人流密度—人流速度关系曲线方面。陆君安等（2002）从人员在建筑物紧急疏散时同前后及左右人员拥挤对人员启动加速度的影响机理出发，建立了人员疏散动力学方程，并推导出人员在拥挤环境下的移动速度公式，进一步得到了人员移动速度与人员拥挤密度呈对数关系。

然而，所得公式中的一切变量都要凭经验选取，致使逃生速度的解和凭经验选取没有什么区别。

（3）在出口条件对疏散的时间影响研究方面。宋卫国等（2003）采用社会力模型（多粒子自驱动模型）对紧急情况下（如火灾发生时）的人员疏散现象进行了模拟，重现了实际疏散中出现的典型现象，着重研究了出口宽度、出口厚度等建筑结构特征以及期望速度等人群特征与疏散时间之间的关系。

然而，由于其研究建立在一个期望速度上，这就使得其应用价值大打折扣。

（4）在疏散速度与密度的关系研究方面。卢春霞等（2006）将拥挤人群视为一连续介质，利用流体力学的激波理论来研究人群流动、研究人流密度、速度与激波的关系等，并应用波动理论模拟了紧急疏散时速度与密度的关系。然而，其结果可能与实际存在较大差距。

3. 在人群疏散计算机仿真方面

对于现有的网络流模型，虽然能够在计算上比较方便，也有一些基于该模型的软件得到了应用，但是这种把疏散人员看作群体的方法与实际情况存在一定的差别。疏散人群受到各种因素的影响，如初始环境、位置、个体之间的制约使得作为群体疏散的人员个体之间存在着较大差异。

对于现有的网格模型以及网络网格模型，虽然考虑到个体之间的区别，但是它把建筑空间离散成为仅能够容纳一个人员的单元格，人员的移动只能够在单元格之间移动。用单元格是否被占据来判断单元格是否可以到达，这样的方法与实际情况出入比较大。实际的建筑平面是连续的，作为具有主观能动性的人，其实可以到达建筑平面的任何一个位置，而不是只能够在规定网格之间移动。

现有的模型对于建筑空间出口的选择基本上都是基于距离最近原则，而实际上人员对于出口的选择取决的因素非常多，包括疏散人员的分布、人员的心理因素等。现有模型对于人员的模拟基本上都没有把人员的主观预测能力、提前预判能力考虑进去。对于人员躲避障碍物的考虑也缺乏比较符合实际情况的考虑。

第 四 章

城市重特大事故大规模人群疏散的对策、措施与保障机制

在经历了许多重特大灾害后，随着社会科学技术的进步和经济的发展，我国城市应急管理能力有了显著提高，但仍然存在着许许多多的问题。为在城市遭受重特大灾害袭击时，提高城市应急响应、救援能力，保障灾民生命安全，建立科学合理的城市重特大事故大规模人群疏散机制是必要的。然而，人群疏散有其区别其他救援任务的独特的要素与流程，我们要根据人群疏散的特点，结合我国城市应急管理实际情况，探讨城市重特大事故大规模人群疏散的对策、措施。并在此基础上，从决策指挥、信息保障、资源管理和应急预案四个方面探讨城市重特大事故大规模人群疏散的保障机制，并根据城市重特大火灾的特点，叙述建筑物火灾和大型商场火灾两大城市常发灾害的人群疏散保障机制。

第一节　城市重特大事故大规模人群疏散要素与流程

一　人群疏散要素

城市重特大事故发生后，应急救援部门、救援人员要根据事故背景、灾害级别、发生区域信息、人口密度、交通状况、警力分布、资源分布等做出科学、有效的应急疏散方案并立即实施，以确保灾害发生地的人民生命安全。城市重特大事故大规模人群疏散要素主要有以下几个方面。

1. 在人群疏散决策指挥方面

城市应急决策指挥中心需要了解一系列灾区信息，制订适宜的救灾行动方案，并做出指挥决策。决策考虑的要素有：地点要素、时间要素、气象要素、交通要素、案发地点周围环境要素、救援设备要素等。只有全面考虑这些要素，做出合理的路径选择和疏散策略，所做的决策才是周密、完整的。人群疏散主要决策要素有以下几点：

（1）潜在灾害类型及分布。潜在灾害类型及分布是建构城市公共安全数据库的基础。依据历史灾情库和环境特征，将该地区可能发生的灾害进行辨认，并将其空间分布导入应急决策的知识库，从而确定人群疏散范围等。

（2）实质环境状况。实质环境状况是引发城市灾害的物质基础，是判别灾害潜力的依据，尤其在那些灾害频发的敏感地区。

（3）关键设施状况。包括政府机构、教育机构、重要公共场所及水、电、气、热、交通、通信等各类城市生命线，从而确定人群疏散方向和地点。

（4）应急救援力量。包括公安、消防、医疗、环境、防疫等重要应急机构的数量及空间分布，从而合理分配、组织疏散人员进行疏散工作。

（5）社会经济因素。主要包括产业结构、流通结构、人口分布等。不同社会经济条件下发生同种程度的灾害，可能产生截然不同的后果。

2. 在人群疏散方案实施方面

在有计划地组织大规模人群疏散过程中，需要根据灾害现场信息和疏散进展情况实时调整方案，以达到最佳的疏散效果。人群疏散实施主要包括以下几个要素：

（1）现场人群疏散。根据疏散方案在灾害现场执行人群疏散。

（2）现场交通管辖。在人群疏散过程中，所采用的疏散路线，必须确保疏散通畅，因此，必须对疏散路线进行良好的交通管辖。

（3）现场救灾抢险。在组织人群疏散的同时，有效遏制灾害发展，才是应急救援的根本。

（4）现场资源调度和医疗救护。在毒气泄漏等事故中，疏散现场难免出现部分人会晕倒等，需要用到医疗资源，以确保灾民的人身安全。

二　人群疏散流程

城市重特大事故大规模人群疏散流程主要有接警、灾害确认、人群疏散决策指挥、实施疏散等，以及疏散日志备案以供以后查询（如图4－1所示）。

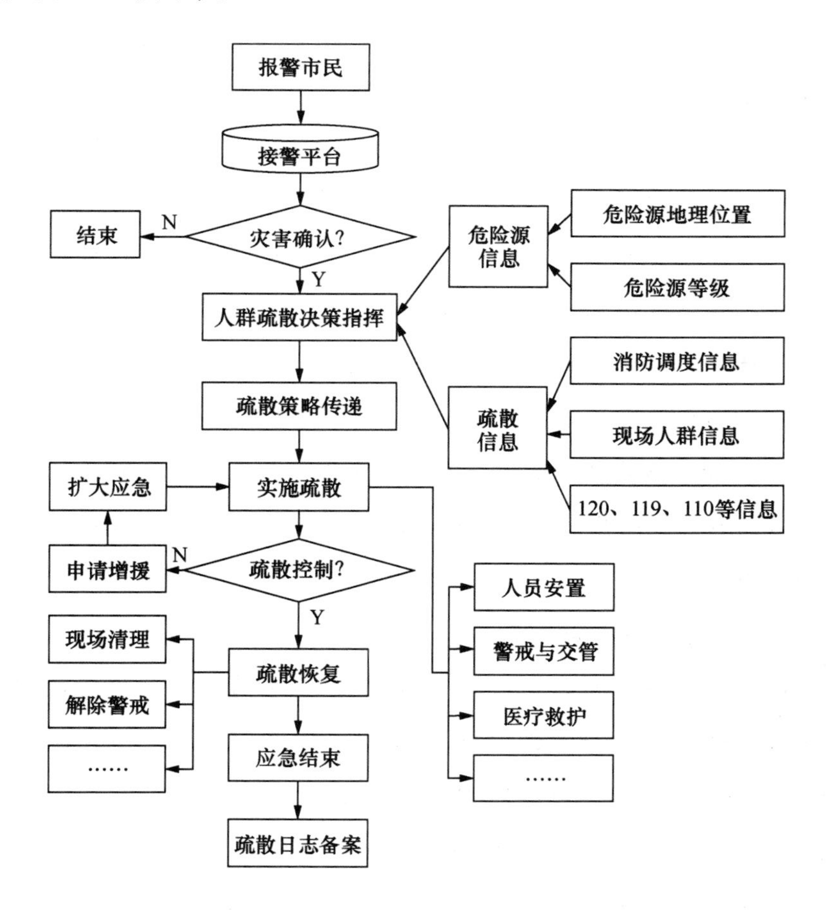

图4－1　城市应急救援疏散工作流程

（1）事故接警与应急响应。应急指挥中心一旦接到事故报警，接警员向报警人员询问与事故相关的重要情况，记录下事故发生时间、地点、类型、环境情况等信息。报警数据库中新增事故报警记录。根据报警人提供的情况，应急向导将对事故作初步分析，判断事故等级，并根据事故等级启用不同的通报程序（廖光煊等，2005）。

（2）应急资源调度。类似消防力量的调度，如交通、公安、急救力量的调度。根据事故报警情况，首先对需要的作战力量进行需求分析。由于临近的每个消防中队都不能完全满足作战需求，所以判断需要多个中队联合作战，并对每个中队所需要出动的消防力量进行分析，同时根据道路网的情况，对每个消防中队的调度路线进行分析，并在地图上给出最佳调度路径。

（3）疏散策略决策。在城市重特大事故大规模人群疏散过程中，根据灾害现场实时信息，制定合理的人群疏散策略是非常重要的，它通常包括人群疏散路径选择、疏散人数分配、警力分配、疏散方向和地点的确定等。

（4）应急恢复和疏散日志备案。应急恢复主要包括对现场的清理以及解除对发生事故点的警戒，同时记录好应急救援疏散的日志以供查询。

三　人群疏散关键因素

FIST系统分析模式（John，1984）认为：在每个人群环境中有四种相互作用的因素，即时间（time）、空间（space）、信息（information）、作用力（force）。其中各个因素的具体含义是：①时间：人群发生的时间，包括人群的聚集时间、高峰人流时间等；②空间：周围环境的面积、几何形状等；③信息：人群的观察力，或者获取信息的能力，这与人们采取相应的行动直接相关；④作用力：

由于人群聚集而产生的相互作用力，会导致伤亡。大量人群意外事故的分析结果表明：在所有事件中，这些因素都发挥着重要的作用（田玉敏等，2007）。

（1）时间。时间对人群的影响是很大的。许多灾难后果表明：在短时间内当人群的临界容量急剧加大时，人流设施受到的压力也会急剧增加。这时，人群不停向前挤压，在出口处很容易形成“瓶颈”，出口处形成的堵塞很容易发生意外。

（2）空间。在分析空间效应时，应从两个方面来考虑这个因素，一个是人群中临界密度即每个人所占空间平均面积的大小；另一个是特定建筑的形状或人流设施对于人群的影响。当人群的平均密度达到了人体的平均面积时，人们不能控制自己的行为，诸如“恐惧波”这样的现象就可能沿人群传播，并释放毁灭性的力量。

另外，一些建筑的特征可能把人员限制在不合适的空间内或建筑的设计未充分考虑人群的压力或有效的人群运动。这包括走廊和楼梯的宽度不足、门或出口的数量不足、自动扶梯或者楼梯护栏的高度太低或者根本没有设置等。有些设计方面的缺陷在正常情况下没有明显的问题，但在人群拥挤的状态下，可能会引起“多米诺骨牌”效应，机械传递特性会造成人群的挤压（pileup）。

（3）信息。这是指可能会引起人们采取相应的行动的观察力或者获取信息的能力。人群中的人不会有很宽的视野，除非有来自可靠信息源的信息，因此，人们可能按周围其他人的推断来行动。如果有危险的信息，人们的逃跑反应会引起突然的行动并释放人群的能量，相反方向的惊逃也会产生“疯狂”或竞相逃跑。

（4）作用力。当人群达到临界密度时，产生的“作用力”是必然的，在不可控制的人群中，被挤掉鞋子和衣服是很普遍的现象。在人群中的人会感到呼吸困难、窒息、恐惧加剧等。随着人群压力的增加，钢护栏可能被挤压失效，这些在许多灾难中都有所体现。

第二节　城市重特大事故大规模人群疏散人群行为规律

实践证明，在以往人群拥挤环境里发生的灾害中，大部分死难者都是由于人群疏散过程中的恐慌、从众奔逃、互相推挤、互相踩踏等丧生的，而并非灾害本身的原因。人群在灾害中的行为规律对人群疏散策略制定及其方案实施有着重要的影响。田玉敏（2006）将奔逃、互相推挤、将别人撞倒以及互相踩踏等行为称为“非适应性”行为，并从人与社会相互作用的角度进行人群的“非适应性”行为的研究，得出以下结论。

1. 人群的理论

人群是指许多半类似物体或人处于一个共同环境中，面对着相同的命运，并表现出共同的一些特征。人群的聚集一般是暂时性的，个人在人群中的思维、行为都是没有组织的。

决定人群类型的因素有四种，即人群聚集环境、人员特性、人员密度、人与人的相互关系。主要人群类型如下：

（1）临时性人群：没有统一目标、没有领导，如顾客、旁观者等。

（2）有内聚力人群：有共同目标，但没有领导，如观看比赛的观众等。这类人群具有共同的兴趣，但是思维、行为却个人化。

（3）表现性人群：为了某个目标而集合，有领导，表达对某人、某事的态度，如政治集会、游行等。

（4）攻击性人群：有目标的聚集，有领导，为完成某个特定的目的而活动。常常情绪紧张、激动，这种人群最容易变为滋事的暴民。

（5）暴民：这类人群又可分为攻击型暴民，如政治暴乱、囚犯暴乱等；逃跑暴民，如在混乱中不顾一切逃跑的人群；获取暴民，为了获得某些物品而暴乱的人群，如哄抢财物的暴民。这类人群经常需要警察到达现场维持秩序。

值得注意的是：这几种人群在一定的条件下是可以相互转化的。一般来讲，我们研究的是非故意人群现象。研究人群种类的重要性在于如下两个方面：

第一，对人群类型之间异同的正确评价可以帮助研究人群的行为。

第二，安全疏散预案的制定应与人群类型相对应。即对不同类型人群所采用的管理程序和人群控制技术是不同的。

2. “非适应性”行为的理论

虽然人群行为的研究可追溯到19世纪，但在文献中关于“非适应性行为”的研究却很少，而且多数关于人群行为的研究始于20世纪60年代，即在计算机被广泛用作模型工具之前。一般而言，目前关于紧急情况下人群行为的理论可以分为以下三个方面：①恐慌理论；②紧急程度理论；③决策理论。

①恐慌理论

a. 造成人群恐慌的因素主要有以下几个方面：第一，火灾。火灾的发生是引起人群恐慌的最主要因素，尤其是当疏散路线和疏散程序模糊不清时，恐慌是不可避免的。第二，情绪失控。如在示威游行中，特殊的环境会造成情绪的失控。而一次简单的争吵和打架也会引起人群情绪的失控，并会引起局部范围内的人群恐慌。第三，恐惧。当意外发生时，由于害怕受到伤害会导致人群恐慌，有可能导致致命的结果。第四，气愤或暴力。由于各种原因，气愤或暴力会使整个人群出现恐慌。第五，空间的局限。当发生危险时，如果周围空间狭小，没有足够的逃生空间时，人群也会产生恐慌。另外，管理不善、缺乏应急措施也会造成人群的恐慌。第六，人群密度。当人群密度过大时，“不舒适”和“挫折”感就会控制人群，将会导致恐慌。临界人群密度一般是指在1人每平方米以上。在紧急疏散情况下的计算机模型绝大多数研究都是针对恐慌的。还有一些例外的情况，如在没有缘由时也会发生恐慌，或许是由于生存的本能，或许是由于焦虑的原因，这通常也被归入逃跑恐慌之中。

b. 人群在恐慌中的共同行为理论在恐慌的情况下，会出现以下典型特征（Helbing et al.，2000）：第一，每个人都变得非常紧张。第二，每个人的速度都比正常情况下要快。第三，人与人开始推挤，相互作用成为主要特征。第四，在通过“瓶颈”处时，人群十分混乱。第五，在出口处，拥挤加剧，有时会出现人群“拱形”分布以及“堵塞”现象。第六，当人与人靠得很近时，相互之间存在摩擦力和挤压力。

日本的东京大学生命安全工程实验室开发了一种DEM模型，对人避免障碍物、人与人之间为了避免碰撞而旋转，以及绕过角落都进行了模拟。对于人群密度和人与人之间的相互作用力进行了研究，并与所做实验进行了对比，结果实验结果与得出的密度—作用力曲线吻合得很好。实验表明：当密度为10.5人每平方米时，人体所受到的平均作用力为1100N；当密度为7.5人每平方米时，人体所受到的平均作用力为400N。人群之间的相互作用力可高达4450N每平方米，这个压力足以使钢条弯曲，把砖墙推翻。第七，由于有人跌倒或受伤，疏散的速度变得十分缓慢。第八，人群趋于表现出“从众”的现象，即盲目模仿他人的行为。

“从众”是一种社会性的传播行为，即从个人到群体心理的转移过程。在这种心理的作用下，个人行为转化为其他人的行为。这种“从众”行为是非理性的，因为它通常会导致严重的后果，如过分拥挤、疏散速度降低等，最终导致死亡人数增加，或损失剧增的严重后果。

②紧急程度理论

空间中堵塞的存在取决于疏散的紧急程度，造成这种情况主要有三个至关重要的因素：①不迅速疏散的严重后果；②可利用的疏散时间；③人群大小。

据观察当许多人同时努力疏散时，就会引起紧急程度上升，因此，努力减少同时疏散的人数就会减少拥挤和堵塞。一个人大脑的高度紧张是由于他对特定环境的判断结果，这种判断可由环境中的三个参数来表示：重要性、不确定性和紧急性。

（1）重要性：情况的严重性决定人大脑的压力，重要性大，意味着压力大，即一个人更倾向对情况做出反应。

（2）不确定性：涉及避免损失对策的好坏，对决策者而言，不确定性大小与大脑压力相关，例如，一个好方法意味着不确定性较低，大脑压力也较小。

（3）紧急性：可用来做出决策的时间长短。

这三个因素决定了影响一个人决策时大脑紧张程度的大小。

③决策理论

个人的决策基于两类决策规则：

（1）个人的规则。经验的、合理的思维以及本能。

（2）社会的相互作用规则。社会的统一性、私人空间以及社会许可决策规则的选择将基于一些模式。这些模式包括：第一，当不存在大脑紧张或紧张程度很低时，个人趋于遵守他（她）的经验和社会统一性规则。第二，在大脑紧张程度较低的情况下，个人趋于使用合理的思维模式来寻求解决方法，这时不完全遵守社会统一性规则。第三，当大脑紧张程度很高时，个人趋于更加个性化，依个人本能来行动。第四，大脑高度紧张的程度会降低个人对于周围环境的意识。当个人的意识最小时，个人会利用寻求社会认可的方法来确定自己的行为。第五，极度高的大脑紧张状态会使个人的决策能力承受太大的压力，甚至会造成暂时（临时）心理混乱。

假设在危险的情况下，人们的行为仍能保持合理的决策过程，那么在疏散过程中就能相互合作并依次疏散，这样就会有利于减少伤亡。但是在实际的紧急情况下，有些人感觉到如果他（她）不参与拥挤，他（她）的安全生存的机会就受到威胁，于是最终行为也许就是参与拥挤，以使个人安全生存的机会最大。

总之，这些理论可以帮助我们验证在紧急情况下人群的行为和反应。然而，关于“非适应性”人群行为的综合理论还有待进一步完善，而且在疏散模型分析中考虑人群行为也是极为困难并且富有挑战性的。

3. 紧急情况下人群反应理论

在紧急情况下，人群反应时间反映了人员在开始疏散前所花费的时间，包括了所有疏散前活动所需要的时间，即确认报警信号、准备离开。反应时间的长短取决于：①建筑结构特点；②人员状态如意识状态（包括睡觉/清醒/醉酒等）、可移动性、年龄、熟悉性、社会依附性、角色等；③管理系统的质量；④报警系统的类型等。

反应时间可能有几秒钟（当人清醒、训练有素、熟悉建筑物和报警系统时），或者许多分钟（在人员需要帮助的情况下）。非常重要的是：在某种情况下，人员反应的时间可能比实际行走的时间还要长。

根据 Sime 的关于人员疏散行为的研究结果表明：人员对于紧急

事件的反应时间占全部疏散时间的2/3，而实际用于疏散通道上的时间只占全部疏散时间的1/3，该结果又被称为“三分之二/三分之一分割法”，由此可以看出人员反应时间的重要性。一般人员的疏散时间包括以下几个组成部分（Michael，2004）：（1）紧急事件被探测到的时间；（2）自动报警系统启动的时间；（3）人员反应的时间；（4）人员在通道上的疏散时间。

大量案例表明：人员的反应时间对整个疏散过程起着非常重要的作用。在真实的事故灾害中，人员的反应时间是呈一定规律的概率分布函数，以上讨论的四个组成部分并不是彼此相互独立的，而这种相互关系仅靠手工计算的方法是难以得出的，可以利用 Building Exodus 来进行模拟。

第三节　城市重特大事故大规模人群疏散对策与措施

一　根据人群类型制定管理对策

由于不同类型人群的特点不同，所采取的人群管理对策也应该是有差异的。主要分为物理性人群和心理性人群两类（田玉敏等，2007）：

（1）物理性人群。物理性人群几乎没有组织性，没有统一的目的，其成员随时来或离开，因此，并不表现出重要的群体行为。例如，购物中心和节日性聚会等情况下的人群。所以，这种人群是临时性的，相对来说可能引起的风险性是比较小的。

（2）心理性人群。心理性人群是具有共同兴趣的人们聚集在一起，或者人们对同样的刺激具有同样情绪上的反应。如球赛、政治讲演、祈祷等。心理性人群的类型有：①游客人群；②表达性人群，如社区集会或政治游行的人群等。因此，相对来说这种人群可能引起的风险性是比较大的。

其他特殊人群类型如下：①逃跑性暴民；②挑衅性暴民；③获取性暴民；④表达性暴民等。

研究人群种类的重要性在于对人群类型之间异同的正确评价可以帮助研究人群的行为；安全疏散预案的制定应与人群类型相对应，即对不同类型人群所采用的管理程序和人群控制技术是不同的。

二 基于人群动力学的人群管理对策

人群动力学是研究人群聚集场所人群的形成、移动行为规律以及人群管理等内容的学科，近年来吸引了建筑、城市规划，以及管理等学科的广泛关注。人群移动行为的动力分为两类，一是人群内在的动力，即心理动力；二是外部的动力，如人与人的相互作用力、人与环境之间的作用力等。"FIST 系统分析模式"可以帮助解释人群动力学，并可为人群与疏散设施的管理、公共场所的设计等提供理论基础。管理者可利用"时间—空间—信息—能量"模型的系统方法来制定管理对策（田玉敏等，2007），如下所述。

（1）基于时间的对策。这种对策的思想是防止短时间内大量人群同时聚集，这要求疏散设施和管理人员能合理地调整人流分布。一个有效的方法就是：控制到达出口的人流速度不应超过门口的正常通行速度。

（2）基于空间的对策。研究表明：在人群区域，20 英寸/人的间距可使人自由移动；10 英寸/人，人们可以相互有些干扰；5 英寸/人，人几乎不能自由移动，这种情况在多数正常等候的情况下都可看到。在大约 3 英寸/人时，人员之间会发生不自觉的接触和相互挤压，在多数公共场合里，这是一个应当避免的心理学临界值，因为这时可能会发生潜在危险的人群压力和心理学压力。因此，在建筑设计中公共场所的出口应当分散布置而不应太过集中，人流路线应清晰，应当避免迂回的及狭窄的路线、无照明的门厅和楼梯、易产生混乱的走道等。

（3）基于信息的对策。信息对模型中时间—空间—能量等几个元素起着调节的作用，这不仅包括各种传媒的使用，还包括在管理者、服务员、客人、警察局及紧急服务机构之间建立的人群控制和紧急程序的清晰责任链。这要求有指定的部门开启或者关闭人流设施，进行事故广播或者启动紧急服务。必须在当地警察局、消防、医疗服务及部门之间建立良好的联络，有明确的组织、责任体系，并制订人群管理计划、人流疏散预案等。

另外，还应保证通信设备的完好，公共电源线路应与紧急照明电路或其他备用电路相连，以防没有电时仍可以保证通信联系，并确保当地紧急服务设备的完好。通信联系方法应纳入紧急情况管理和人群管理及人员训练计划之中。良好的人群计划和管理可以有效地减少人群聚集事件的发生，这个对管理者而言是十分重要的。

（4）基于能量的对策。在大量人群相互拥挤的情况下，会产生很大的挤压力，这个压力有时可以将墙体推翻、将钢护栏挤压失效，这个在许多灾难中都体现出来了。因此在建筑设计时一定要使扶手、护栏等应急疏散设施坚固耐用，以保证人员的疏散安全。

三 城市大规模人群应急疏散管理措施

城市大规模人群疏散行为是突发状况下，对城市应急指挥、响应、救援、疏散能力的一大考验。任何有效的决策方案、救援行动、疏散行为都不是一朝一夕完成的，而是在安全状态下便未雨绸缪，施行有效的管理措施。在大规模人群疏散的管理方面，田玉敏等（2007）提出了如下措施：

1. 提高人群监控技术

人群监控技术是人群管理的有效工具，主要包括人群密度估计和人数统计。通过估计人群密度，可以粗略地知道人群整体所处的状态，从而对人群的行为做出判断，以便更安全、更有效地对人群进行管理，如对运动场、娱乐场地、会议中心、购物中心等易发生短期、高密度人群的管理；通过统计人群人数，可得到精确人群流量结果。

2. 设置专门的“人群管理”人员

公共场所的管理人员中应配置专门的“人群管理”人员，尤其是在人流密集、交通流量大的车站、大型商场、超高层建筑以及综合建筑物中，并对他们进行人群疏导和分流的技术培训，使之具有较高的组织疏导和分流人群的能力。在遇到突发恐慌人流和人群拥挤事故时，能迅速确定人群性质，尽快疏导和分流人群将人群事故消灭在萌芽之中。

3. 建立人群管理中心

在很大的人群集合空间里，获取人群的真实、可靠的信息是很重要的。因此，应该设立人群管理中心。人群管理中心应当能够提供最大范围的人群聚集场所的情景，并通过摄像提供对死角、压力点和人群主要移动路径的情况信息。该中心还应该与当地警察部门、火灾和医疗服务中心、电台或电视台保持良好的信息交流，相关的电话号码、交流信息的方式应使所有员工充分了解。

4. 制订人群管理计划

人群管理计划可以帮助人们解决很多人群的问题。人群管理计划应该主要包括以下几个方面：①估计建筑空间、走道、自动扶梯、电梯的容量，可以计算整体人群容量；②总结以前人群事故中的经验教训，避免类似事故的发生；③建立应急计划：如果紧急情况出现时要根据应急计划处理拥挤人群、及时疏散人群。

5. 建立城市典型公共场所安全疏散水平的评价

人群疏散的安全水平是衡量城市公共场所安全性的重要指标，人群疏散安全性的大小主要从公共场所安全疏散设施、疏散路线、引导系统以及安全疏散管理等方面进行综合评估。

6. 制定疏散预案与开展疏散演习

即使建筑内疏散路线的设计是合理的、人群的管理技术是很先进的，但是仅有这些还不能确保人员的安全疏散，制定合理的安全疏散预案以及开展疏散演习是非常重要的，通过这种方式可以使人员了解在紧急情况下如何进行有序的和有效的疏散。

疏散演习在学校、康复中心、医院，以及具有高度危险的工业建筑中都是必要的。疏散演习中应确保任何时间、地点都不发生混乱，因此，应指派专人对可能的出口进行检查、找寻走失者、在演习区域之外计数出来的人数、控制重返建筑的人数。

事故预防和控制的管理人员应当对疏散演习计划负责，该计划应当进行广泛的研究和讨论。如果没有事故预防和控制部门的经理，那么可以将这个职责指派给某个管理人员。在疏散演习结束后，应当开会总结成功的经验并解决出现的问题，以便对制定的疏散预案及时进行修改，使之更加完善。

7. 建立健全的城市重特大事故大规模人群疏散相关法律法规

建立健全的城市重特大事故大规模人群疏散相关法律法规，不仅可以增加重大事故大规模人群疏散的有序性和有效性，更重要的是可以确立城市重大事故大规模人群疏散的合法性，只有这样才会使城市的应急救援决策指挥时有法可依。

第四节　城市重特大事故大规模人群疏散保障机制

城市应急管理主体要成功实现城市重特大事故的人群疏散，需要综合利用应急救援、医疗救护、消防、气象等资源，同时组织各个应急部门协调合作。良好的指挥决策可为大规模人群疏散提供指导，而信息是决策指挥的基础，因此，可从决策指挥机制、信息保障机制、资源管理机制、应急预案机制、组织机构机制和法律法规机制六个方面对城市重特大事故大规模人群疏散的成功进行提供保障。

一　决策指挥机制

公共危机决策指挥机制是公共危机决策过程中必须遵循的指导原理和行为准则，既是迅速应对公共危机的有力保障，也是公共危机决策实践经验的概括和总结，贯穿于公共危机决策的各个环节和方面，更是决定大规模人群疏散成败的关键。我国应该借鉴发达国家的实践经验，构建强有力的危机决策指挥机制。首先，建立健全公共危机应急指挥中心。公共危机应急指挥中心一般应该事先确定下来，作为常规管理中的一个办事机构，或者事先由法律法规规定由若干人员组成，一旦危机出现即可启动，履行公共危机管理的决策指挥职能。如在国务院成立高层次的危机处理指挥中心，主要负责制定危机管理的战略规划，组织国务院有关部门、地方政府实施紧急应对措施。同时明确各部门在各个领域、各种不同的危机管理中的具体职能和责任。其次，启动并修订应急预案。危机发生后，决策指挥系统应当对危机进行综合评估，判断危机的性质和类型，提出是否启动应急预案的建议，并报上级主管部门批准。应急预案启动后，危机发生地的管理部门应当根据预案规定的职责要求，服从危机应急处理指挥部的统一指挥，立即到达规定的岗位，采取有关措施并控制危机。公共危机应急预案应当根据危机的变化和实施中发现的问题及时修订、完善。

城市应急救援决策指挥机制的核心是应急指挥决策系统，指挥决策系统一般是由省级或市级政府部门选择人员而专门组成的应急救援指挥小组。

突发事件发生后，首先由统一的应急预警系统接警，上报给指挥决策系统，指挥决策中心通过系统中的信息管理子系统获得突发事件的具体状况，完成信息采集，再由决策辅助子系统对信息进行分析，选择相应的预案提交给应急决策指挥中心，完成决策，快速响应。

根据决策调拨应急资源，通过应急资源管理系统保障调配应急物资和应急人员，实现应急资源的合理配置，选择最优路径运输到事故发生点，为大规模人群疏散提供最佳决策信息，如疏散路径选择、疏散策略等。

指挥决策系统发出决策，由现场指挥部统一组织公安、消防、医疗卫生、武警、部队等相关部门的人员实施救援和大规模人群疏散，这一过程通过处置实施系统来实现。

应急救援和人群疏散的所有信息传递、共享，数据的采集，信息的发布等都是经过信息管理系统来实现的，运用各种通信手段集成达到信息的快速传递和共享。其中，信息的集成包括公用通信网，有线、无线网，卫星，微波通信系统等。运用 GIS/PDA 技术可以完成信息的远程传输和共享，实现远程控制和决策。

二　信息保障机制

信息的共享和通畅是应急救援和人群疏散工作快速、有效进行的重要保障，借助完善的通信保障机制，应急救援决策指挥中心可以最快地整合所有事故救援和人群疏散的信息，对救援和疏散过程中的状况及时掌握，灵活决策；各部门能够及时了解救援的进展状态，更好地实现部门协同。因此，完善的信息保障系统的构建为应急救援和疏散决策指挥系统的顺畅运行奠定了基础。

城市重特大系统的信息保障系统可以由系统硬件环境、信息数据库、信息处理层和用户界面层构成。系统的硬件包括各种通信网络设备、计算机网络设备、系统集成设备等。通过对现有各应急系统的整合与完善，建成硬件支撑平台，作为应急系统基础硬件设施，通过公用通信网，有线、无线网，卫星，微波通信系统等通信网络的有效集成确保应急指挥决策通信的畅通，保证通信的多样性、快捷性（赵林度，2005）。信息通过硬件层录入输出信息保障系统。

信息数据库包括事故的分类数据、应急预案数据、地理信息数据、应急资源数据以及各种基础数据，这些数据通过信息保障系统实现应急救援管理部门的交换和共享。

事故发生后，信息处理层主要是利用已经录入信息保障系统的具体事故的相关数据，结合相关数据库对录入的信息进行处理，得到可辅助应急救援决策者做出决策的信息。而这些信息又通过用户界面层传递给应急救援的各主体部门，达到信息的共享和透明。如事故的相关信息录入信息保障系统后，信息处理层可以根据该信息搜索相关数据库做出处理，得到结果；又如，结合事故的分类数据可以输出发生事故的相关等级，结合应急预案数据可以得到事故的相关应急预案，应急决策指挥中心可以根据这些信息更好地做出决策。该系统的运作如图 4－2 所示。

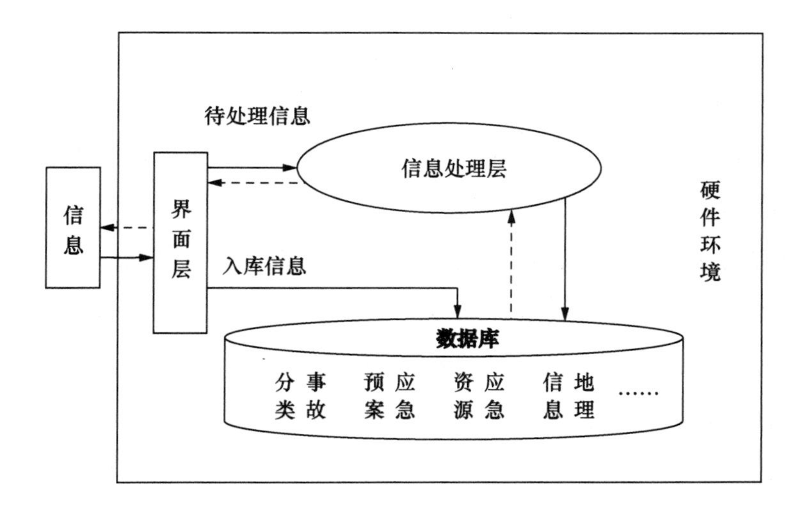

图 4－2 信息保障机制运作

三 资源管理机制

城市应急管理和疏散“资源”是特指在进行城市灾害应急管理能力建设管理活动中不可缺少、数量有限的社会基本因素。在构成要素上，包括自然要素与社会要素、有形要素和无形要素、硬件条件与软件条件、人力资源与体制资源、工程能力与组织能力等。资源管理机制应保障上述资源在突发事件发生后得到足够的供应，满足应急救援和人群疏散的需求。

从微观角度分析，处置突发事件的关键在于有效地优化配置和调度相应的资源。重特大事故的应急管理过程实质上是一个动态博弈过程，具体体现在资源的优化配置和调度上。资源配置和布局直接影响应对突发事件的时效性。事件的快速演变和发展需要我们在很短的时间内，迅速地将存放在各个地点的各种资源运送到指定的地点。否则突发事件的快速演变将给社会造成更大的影响和损失，使原先的资源配置不能应对突发事件演变后的新情况，达不到预想的效果，或者说我们的应对行动滞后于突发事件的发展（唐均，

2003）。

在资源管理系统中，应急物资的保障是至关重要的，具体地讲，应急资源管理就是在事故即将发生时，如何针对相关的征兆或可能性，存储、配置、优化应急资源；在事故发生后，如何在最短的时间内有效地调配资源，优化运输路径，把危害降低到最小。由于突发事件的不确定性，资源的调度必须根据掌握的信息进行及时的调整。当突发事件发生后，迅速启动应急系统，包括启动应急物流中心和应急物流信息系统，并建立应急指挥机构。应急指挥机构根据事件的大小、性质、影响范围以及人群疏散条件等，对所需应急物资做初步的需求分析，并通过应急物流信息系统查询应急物资的储备、分布、品种、规格等具体情况，决定应急物资的发放、数量、种类等，随后通过各种渠道筹措应急物资，组织运输与配送，直到送达需求者手中。应急物流中心利用应急物流信息系统对应急物资的采购、储存、运输、配送等各个环节进行管理和监控，并将应急物资的相关信息反馈于信息系统，供指挥机构分析情况得出决策。应急物流信息系统内含应急物资数据库，可供查询搜索应急物资的各种信息，还可以通过 GIS（地理信息系统）技术、GPS（全球卫星定位系统）技术、可视化技术等现代物流技术对应急物资的全过程进行实时监控，掌握最新动态。应急物流信息系统的重要作用还体现在为应急物资的调度、运输、配送提供优化模型，为指挥机构的决策提供智力支持，以便应急物资在最短的时间内以最快的速度、最安全的方式运送到需求者手中。应急物资的保障体系流程如图 4－3 所示。

对于应急资源中的人力资源管理，平时注重应急知识的教育以及应急人员的相关培训和锻炼，组织灾害应急演习等，以备应急之需。

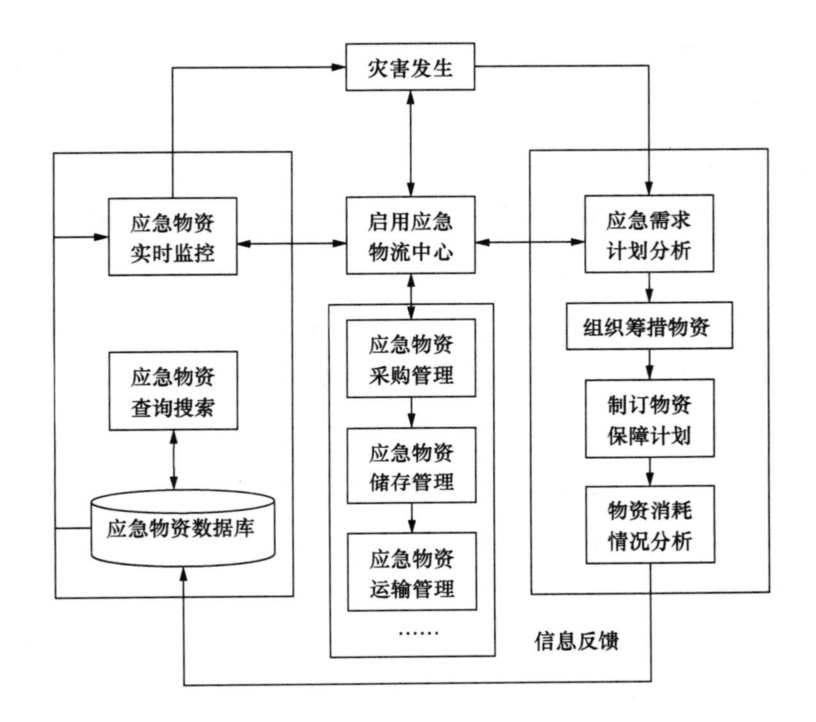

图4－3　物资保障系统流程

四　应急预案机制

应急预案是应急管理和人群疏散保障机制的重要组成部分，而且随着科学技术的发展，愈加凸显其重要性，主要包括事故发生之前的预警机制、应急预案管理等。

1. 预警机制

预警机制主要包括：

（1）对预警范围的确定，确定各部门职能。严格规定监控的时间范围、空间范围以及对象范围。

（2）预警级别的设定及表达方法的规定。例如美国核安全管理委员会对突发事件制定的五种警戒级别，按照从轻微到严重的顺序，分别用五种颜色编码。分别是绿色（低风险状态—正常/常规级别)、蓝色（警戒状态—提高关注)、黄色（较高风险—常规威胁)、橙色（高风险状态—迫近威胁)、红色（严重状态—定域威胁)（罗伯特·希斯，2001)。

（3）接警及处警的流程。确定通知的次序、范围和方式，一旦发生了突发事件，收到警情，第一时间应该通知哪些机构。

（4）对突发事件的风险识别，初步预测事故涉及地域和时间范围，估计影响程度和危害性，识别突发事件的类别和级别，以匹配应对预案。

预警机制可以分为报警、接警、处警和警情统计四个部分，其各阶段内容叙述如下：

（1）报警：公众遭遇突发事件或需要紧急救助时，用固定电话或移动电话拨打任何一个特服号码（110、119、120、122）即可接通应急联动指挥中心；出勤的巡警可以采用无线设备通过 GSM 网络报警；商场大厦、宾馆酒店等可以通过自动报警设备报警。

（2）接警：当有报警电话打入时，系统自动读取主叫号码、用户姓名、装机地址三字段信息显示在接警台上，同时 GIS 自动根据地址信息在电子地图上定位到出事地点。系统根据用户拨打的不同特服号码（110、119、120、122）进行自动判别，并调用相应的接警单，供接警员进行填写，同时数字语音系统自动记录报警语音信息。接警单通过网络发送到各个不同的处警台进行调度处理。

（3）处警：110、119、120、122 处警员根据实时接收的警情范围和严重程度，判断是否需要联动。如不需联动，则根据事故位置向处警单位发出指令，处警单位即刻派遣处警编组到达事故现场执行任务；如需联动，处警员报告指挥中心请求联合处警，根据应急预案和 GIS 辅助决策进行多部门联合调度，如系重大突发危急事件，则上报最高决策中心进行统一指挥。另外，车载 GPS 仪将记录处警编组的执行路线，在 GIS 电子地图上显示，现场的语音记录也可通过 GMS 传回指挥中心，形成指挥中心与现场之间的互动反馈。指挥中心的大屏幕将根据需要显示事件处置的全过程，以便进行实时监控（朱正威等，2006）。

（4）警情统计：事件处理完毕后，事件情况和处理情况将记录在数据库。城市管理的职能部门可以定期从联动系统获得有关各种危机事件的统计报告，进行趋势分析（Scott et al.，2002）。

2. 应急预案管理

突发事故不仅直接给城市、社会发展和人民生命财产安全带来巨大威胁，而且如果处理不当，事故的危害性还将进一步扩大。突发事故难以预测，一旦发生，人们能够唯一期望做到的便是对事故的快速反应以及科学、有序、高效地组织救援和人群疏散工作，迅速控制事态的发展，将事故损失控制到最小。因此，应对突发事故的应急预案应运而生。

应急预案是针对可能发生的重特大事故或灾害，为保证迅速、有序、有效地开展应急救援行动、降低事故损失而预先制订的有关计划或方案，以使在应急救援管理中有章可依。它是在分析和识别潜在的危险源、事故特点和类型、事故后果以及影响严重程度的基础上，对应急管理主体、应急人员、资源、救援行动和人群疏散及其指挥与协调等方面预先做出的具体安排（赵成根，2006）。应急预案的内容一般包括以下几种：

（1）对重特大事故危害性的预测、识别和评估，结合这些对事故进行分类；（2）事故发生前的准备，如应急物资储备等；（3）确定应急救援组织队伍结构及分配各部门职责；（4）应急救援的物资、经费保障、人群疏散方案；（5）灾害发生后保护生命财产安全和保护环境安全的具体措施；（6）灾后重建的具体措施和方案；

(7) 应急预案的演练，人员培训等。

在应急预案编制过程中，首先必须对事故的相关性质和具体状况进行分析，然后从不同角度对事故进行分类分级，针对不同的事故等级编制不同预案。重特大事故的分级主要是在系统分析突发事件的成因、性质、危害性等相关性质的基础上，建立事故与应急救援预案设计突发事件特性之间的联系，构建科学的事故的分类分级体系，以便针对不同等级的事故，具体问题具体分析，编制不同的应急预案，有针对性地展开应急救援活动。而在分类分级的基础上，对已经发生的事故进行风险辨别和评价，确定其属于哪一分类等级，然后就事故再进行具体问题具体分析，评价当前具体的资源、人力和事故特有性质，结合相关等级的应急预案，对预案进行适当的修改，针对要达到的应急救援目标确定应急资源调配方案、人员和机构职责确定等。应急方案的编制过程如图 4－4 所示。

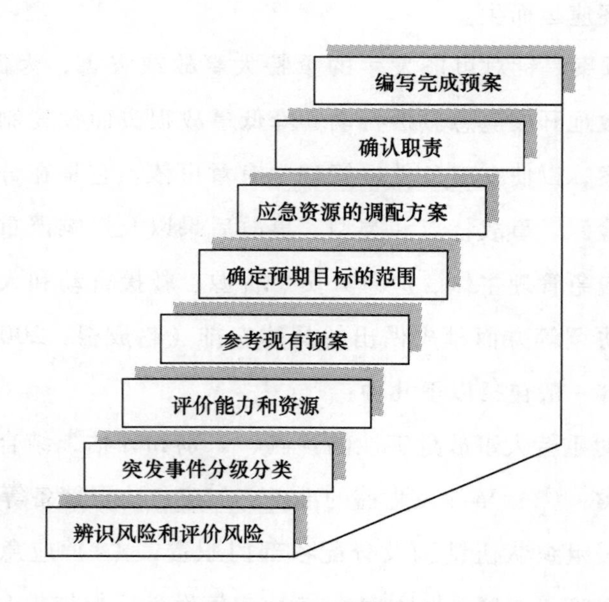

图 4－4　应急方案的编制过程

五 组织机构机制

科学的应急救援管理组织是实现应急救援高效化的关键。为此，许多国家都建立了全方位的既相对独立又高度协作的应急救援管理组织体系。其中以美国、日本、英国等国的管理组织最具代表性。

1. 美国的突发事件应急管理组织（郭晓来，2004）

美国的公共安全管理机制的发展经历了三个阶段，分别是分散管理阶段、统一管理阶段和整合发展阶段。美国的公共安全管理体系构筑在整体治理能力的基础上，通过法制化的手段、完备的应急计划和高效的协调机构来应对各种突发事件的发生。

"9·11"事件后，美国对整个城市突发事件处理机制进行大幅度的调整，成立了"总统紧急应变行动中心"（PEOC），对中情局、联调局、移民局等部门进行改组，成立本土安全办公室，并于2003年3月进一步提升为美国国土安全部。

美国对突发事件的管理重点体现在它所设置的一系列机构上，美国地方政府应对突发事件的制度安排是：州一级处理突发公共事件的机构称"突发公共事件管理办公室"，下设总部，突发公共事件处置中心和若干个分部，如康涅狄格州突发公共事件管理办公室下设五个分部，将全州分为五个地区，主要职能是作为联邦政府和地方政府的联络协调机构，负责处置州突发公共事件和地方突发公共事件处置工作，落实联邦政府有关政策性规定，将联邦政府可利用资源及时、合理地加以分配。

目前的美国突发事件应急管理体系纵向上是以国家（联邦疾病控制与预防系统）—州（医院应急准备系统）—地方（城市医疗应对系统）三级公共卫生系统为基本架构；横向上是以公共卫生、执法、医疗服务和第一现场应对人员为基本架构。这种纵横交错的组织系统保证了政府进行多维度的、多领域联动的应急救援管理。

2. 日本的应急管理组织体系（王德迅，2004）

日本突发公共卫生事件应急管理体系由主管健康卫生、福利、劳保的厚生劳动省负责建立并以之为核心。这一系统同时被纳入整个国家危机管理体系。日本突发公共卫生事件应急管理体系覆盖面很广，包括由厚生劳动省、8个派驻地区分局、13家检疫所、47所国立大学医学系和附属医院、62家国立医院、125家国立疗养所、5家国立研究所构成的独立的国家突发公共卫生事件应急管理系统；由都道府县卫生健康局、卫生试验所、保健所、县立医院、市村町及保健中心组成的地方管理系统。这三级政府两大系统，通过纵向行业系统管理和分地区管理的衔接，形成全国的突发公共卫生事件应急管理网络。根据地方自治制度及感染症法和健康保险法的相关规定，国家、地方政府及国民在应对突发公共卫生事件时有明确的义务和责任。

日本现行的公共安全管理组织体系是：以法律为依托，以首相为最高指挥官，内阁官方负责整体协调和联络，通过中央防灾会议、安全保障会议、金融危机对策会议等决策机构制定危机对策，由国土厅、气象厅、防卫厅和消防厅等部门根据具体情况进行配合实施。

3. 英国突发事件应急组织体系

英国是中央集权制和福利制国家，其突发事件战略性指导政策的制定主要集中在中央，由设立在卫生部的突发事件规划协调小组（Emergency Planning Coordination Unit，EPCU）、卫生保护局（Health Protection Agency，HPA）及其在英国各地的分支机构、卫生部首席医疗官（Chief Medical Officer）、卫生部执行主任（Director of Operations）以及四个大区卫生和社会保障委员会负责。EPCU颁布的“国民健康服务系统突发事件应对计划”构成了英国突发公共卫生事件应对体系的综合框架。这一应对体系包括战略层面和执行层面两部分。战略层面的应对指挥由卫生部及其下设机构负责，还包括地方公共卫生行政机构和公共卫生应急计划顾问委员会。执行层面的突发事件应对则由国民健康服务系统及其委托机构开展。

根据2002年4月修改的国民健康服务系统突发事件应对计划，英国更多的公共卫生突发事件应对职能从国民健康服务系统的卫生局转向基本医疗委托机构。新计划构建了更为完善的公共卫生应对网络，包括基本医疗委托机构、卫生局、健康和社会保健理事会及卫生部门医药官员、执行官员等。此外，英国于2003年4月1日成立了健康保护机构（HPA），隶属于卫生部。其主要职能是通过提供一个整合的统一系统，保护国民健康，减少传染病、化学制剂危害，降低生物性病毒及放射性威胁；向公众提供公正权威的信息和专业建议，向政府提供独立的政策建议；在传染病等领域支持国民健康服务系统的运作，监测公共卫生领域的威胁，提供快速应对；开展研发、教育和培训等活动。需要强调的是，在突发公共卫生事件中，公众需要独立、清晰、有权威、值得信赖的信息，HPA尽管目前仍作为卫生部的分支机构，但其目标是成为独立的公共部门。

4. 俄罗斯的突发事件应急管理组织体系（倪芬，2004）

20世纪90年代初，俄罗斯的公共安全研究扩展到预防和降低风险，减少自然灾害和技术性灾害发生的目标上。苏联解体后，俄罗斯联邦颁布了一系列相关法律，不断完善公共安全管理的法律体系。普京执政后进一步完善了公共安全管理的法律体系，签署了《俄罗斯联邦战时状态法》，至此，俄罗斯建立了相对完善的公共安全管理体系。

俄罗斯现行的突发事件应急管理组织体系是以总统为核心，以联邦安全会议为决策的中枢系统，政府各部门之间分工协作，化解和处理国家发生的各种突发事件。

5. 澳大利亚的突发事件应急管理组织体系（唐均，2003）

澳大利亚的公共安全管理机制是设置三个层次的关键性机构：第一，在中央设置的反危机任务组（CCDTF），主席由总理和内阁任命，委员为各部门和机构的代表。第二，危机管理局（EMA）具体领导和协调全国的抗灾工作，职责是提高全国的抗灾能力，减少灾难的损失，及时准确预警。第三，在国家危机管理协调中心（NEMCC）设危机管理联络官（EMM），为政府各部门的联络员，专门负责协调危机管理局下达的跨部门任务。

六　法律法规机制

为了严格地规范在紧急状态时期政府充分、合理、有效地行使紧急权力，大多数国家都把应急指挥管理纳入法制轨道，使应急决策指挥有法可依。一是在宪法中规定了紧急状态制度，给政府的行政紧急权力划定明确的宪法界限；二是制定统一的紧急状态法来详细规范在紧急状态时期政府与公民的行为。例如美国颁布的《紧急状态法》、日本的《紧急事态法》等。这样使应急决策指挥机构在紧急状态下具有采取应对措施和资源调度的权力，明确了紧急状态下行使权力与履行职责的程序。

美国建立了以《国家安全法》《全国紧急状态法》《反恐怖主义法》为核心的安全法律体系；日本作为重灾大国是全球较早制定灾害管理基本法的国家，形成了一整套安全法律法规；俄罗斯通过相关法律的制定和颁布，确定了联邦和政府各机构在不同公共安全事件发生时应尽的义务和责任；澳大利亚的公共安全管理建立了完善的法规作保障，确保发生灾害时各级部门各尽其责，尽快进行应急救援。

由此可以看出，主要发达国家的应急管理行动和措施严格按照法律和制度实施，为公共安全管理提供全方位的制度保障。法律和法规一般会明确规定公共安全管理机构的组织与权限、职责与任务，同时还有可操作性的指南和手册，从立法上保障了应急救援的实施（朱正威等，2006）。

第五节　城市重特大火灾人群疏散保障机制

在诸多城市灾害中，火灾具有发生率高、破坏性强、影响性大等众多特点。城市应急管理主体若能做到规范化管理城市火灾，将其扼杀在火灾发生的初始阶段，便可大大地减少城市火灾影响，保障城市安全。然而，城市火灾却屡屡发生，是城市安全的极大隐患。在城市火灾发生后，如何采取响应措施，如何将火灾现场的灾民安全疏散至安全区域，既是城市火灾救援的重要内容，也是保障城市居民生命财产安全的重要措施。因此，研究城市重特大火灾人群疏散保障机制有其重要的意义。

一　城市火灾研究

城市是地方经济中心，交通、生活便利，集中了成千上万的居民。高层建筑、大型商场随处可见，时常发生火灾事故，由于城市聚集着众多人群，极易造成重大的人员伤亡。城市火灾的特点在于火灾危险性大，主要表现在火灾荷载大、起火因素多、蔓延迅速、产物危害大以及火灾扑救困难等方面。城市火灾发生后，将释放大量的热能、热辐射、烟气（包括一般热烟气和有毒有害气体），火灾产物中的温度、烟气层以及有毒气体会对火场中人员的生理和心理产生极大的影响。

一般来说，火灾中对人员生命安全构成真正威胁的是烟气。调查发现，火灾中因吸入有害燃烧产物而死亡的比率远远高于其他伤害死亡的比率。火灾烟气的危害主要有：毒害性、缺氧、减光性和恐怖性等（顾伟芳，2007）。

1. 毒害性和缺氧

烟气中含有各种有毒、有害气体，如一氧化碳、氢氰酸、氯化氢等。研究表明，一氧化碳中毒引起的死亡占火灾死亡总数的一半，而一氧化碳和其他因素共同作用导致的死亡占了30%。另外，缺氧可以认为是烟气毒性的一种特殊情况。同时，当空气中含氧量降低到15%时，人的肌肉活动能力下降，降到10%—14%时，人就四肢无力、智力混乱、辨不清方向；降到6%—10%时，人就会昏倒。可见，在发生火灾时，人们要是不能及时逃离火场是很危险的。

2. 减光性和恐怖性

火灾烟气中往往含有大量的固体颗粒，从而使烟气具有一定的遮光性，这将大大降低建筑物内的能见度，以致严重影响人员疏散。此外，在发生火灾时，特别是发生爆燃时，浓烟滚滚，使人们的心理产生恐怖感，造成疏散混乱。

由于烟气和火焰的直接威胁和心理上的恐慌不安，人们会本能地力图逃离火场。火灾中常见的一种行为是退避行为，这种行为是由恐惧引起，即人在疏散过程中遇到烟、火会反向疏散。特别是室内火灾时，人总是会尽力往外跑，即便处于安全地带，也要向起火的反方向躲避。正是由于人员在疏散过程中的退避行为，人员在选择疏散方向时首先要远离火灾发生位置。

二 建筑火灾人群疏散保障机制

随着现代社会经济不断发展，城市用地越来越紧张，高层建筑如雨后春笋般随处可见。为人们生活带来了极大的方便，同时给人们生命财产安全带来了诸多隐患。城市建筑一旦发生火灾，其后果不堪设想。“9·11”恐怖袭击当天，纽约世界贸易中心两座411米高、110层的塔楼内共有2.5万余人，除2738人死亡、59人失踪外，有两万多人成功疏散，其中相当一部分人是通过电梯撤离的。因此，人群疏散在城市建筑物火灾救援中有着重大的意义。

城市建筑本身所具有的“五多”（楼层多、内装修多、电气设备多、室内人员多和管道竖井多）特点就决定了高层建筑火灾呈现出“三多一大、二快二难”（火灾产生的火、烟，所需疏散的人员多和火烟毒性大；火势蔓延和火烟扩散快；安全疏散和灭火扑救难）的特性（Huang，1992）。一旦发生火灾，其人群疏散就比较困难、复杂。

1. 城市建筑火灾人群疏散方式

加拿大有关研究部门对高层建筑中人员使用一座宽1.10米的楼梯的疏散时间进行了测验。结果表明，在火灾条件下，使用疏散楼梯疏散高层建筑的全部人员是不可能的。最有效的方法是根据各层人员起火时所处的具体位置，采取最直接、最有效的方法就近疏散。然而，迫于条件限制，使用楼梯疏散仍然是建筑物人群疏散必需、安全和可行的方法。

总结建筑物火灾中的人员疏散方法，在城市建筑火灾中的人员疏散通常可以采用以下方法：通过消防电梯进行人群疏散；通过安全疏散楼梯进行人群疏散；通过普通楼梯进行人群疏散；通过消防救生人员提供的渠道进行人群疏散，如直升机等；通过其他疏散方法进行人群疏散，如利用建筑物的其他设施（如阳台、窗口、屋顶、落水管、避雷线等）以及自制简易救命绳、缓降器、救生袋等逃生。

2. 城市建筑火灾人群疏散保障机制

城市建筑火灾管理是城市应急管理的重点，人群疏散是城市建筑火灾救援中的重要组成部分，对城市建筑火灾的人群疏散也是学术上的研究热点。张新辉等（2005）指出，可以从以下十个方面出发，做好城市建筑火灾中的人群疏散。

第一，制定相应的建筑火灾应急预案。城市建筑多用于生活、商业、办公等，不同的建筑就有不同的特点。因此，对于不同类型的高层建筑和内部不同使用功能的场、部位要分别制定有针对性的人员疏散、物资转移和应急救火预案。

第二，建立健全消防安全组织机构。要视情况建立一支专门负责高层建筑内部消防安全的专职或义务消防队伍。高层建筑一旦发生灾害事故，要有专人负责组织指挥被困人员的有序疏散，并对现场秩序进行维持。专职或义务消防队伍的任务是平时做好消防宣传、防火巡查或火灾隐患的整改以及消防设施的维护保养工作，在发生火灾时，利用内部消防设施对初期火灾进行扑救。

第三，开展火灾应对培训。通过培训，使他们熟悉建筑内部情况，具备引导被困人员疏散逃生和应急灭火的能力。

第四，完善疏散标志和应急照明设施。要让城市建筑内的人员熟悉安全出口方向、距离。这就要求人员集中的场所一定要正确设立醒目的疏散标志，尤其是人员流动性较大的餐饮住宿、休闲娱乐场所，更应该提供安全、可靠的疏散指示。同时，高层建筑要有良好的消防应急照明设施。

第五，确保安全通道畅通。禁止城市建筑使用单位或个人从自身利益出发而私自设立水平或垂直分割；对高层建筑内部固有的防火分隔和通风排烟孔洞，使用单位或个人不得私自改建，对擅自安装的防盗门、防盗窗等不利疏散逃生的设施，应及时清除。

第六，对高层住宅楼加强管理。相较于公共场所，高层居民住宅楼内部是无人管理、无人组织、无人指挥的，一旦发生火灾，势必各自为营、各为其利、争相逃命，会造成很大的混乱和人员伤亡。因此，居民居住的高层建筑一定要成立一个管理组织，进行专门管理。

第七，设置专用广播系统。在灾害事故状态下广播系统能指导内部人员安全逃生。紧急情况下，播音员可用沉稳的声音反复告诉大家应当沉着，听从管理人员的指挥，迅速撤离到安全楼层。

第八，设置救生装置。要在高层建筑适当位置上设置一种在紧急情况下可以安放、系挂逃生器材的铁环、铁钩或其他装置。我国《高层建筑防火设计规范》中没有对如何挂救生袋、缓降器、绳索等简单实用的逃生工具做出规定，建议有关部门在相关规范中明确要求。

第九，配备小型自动呼救装置。这种装置可以装配在特殊的场合或配备在老人、孩子身上，在发生火灾或灾害事故无法逃生时，开启呼救装置，发出求救信号，以利于救护人员在短时间内找到被困人员，解救至安全地带。

第十，提高全民的安全意识。我国公民在很大程度上很少考虑自身的安全问题，很少留心身边的环境、道路、安全标志等情况。一旦发生火灾或紧急情况时，往往乱成一团，不能自救。因此应加强安全教育、提高防火抗灾意识、增强自救能力。

三 大型商场火灾人群疏散保障机制

1. 大型商业建筑火灾的特性

城市大型商场是城市居民休闲购物的主要去处，是快节奏城市生活中的重要场所。大型商业建筑也因其特别的用处而与一般建筑有着重大的区别，这就决定了大型商业建筑火灾有其不同的特性。商业建筑火灾的特点在于火灾危险性大，主要表现在火灾荷载大、起火因素多、蔓延迅速、产物危害大以及火灾扑救困难等方面（张云明，2006）。

（1）商业建筑规模越来越大，单层建筑面积达到数千平方米，更有甚者可达几万平方米，目前还有向更大体量发展的趋势。商场一般设有服装区、鞋帽区、床上用品区、日用品区、家电区等，还有一些诸如家居、电器等专业商场，它们都有一个共同特点即经营商品大多为可燃物，还有部分易燃品，这些商品有些集中摆放于自选货架和柜台里，有些则悬挂展示，造成可燃、易燃物品非常集中且面积很大。一旦着火，很容易形成大面积立体火灾。现代大型商场的营业厅为了追求良好的室内效果，大多经过豪华的装修，采用高档的木板或高分子材料，这些装修材料的使用无疑增加了建筑物内部的火灾荷载。

（2）商业建筑向大空间发展的同时也向多功能方向发展，大型综合商业建筑内除了商业功能外还兼有餐饮、娱乐等功能，还有商业建筑配套设备用房、仓库、停车场等，可以说是一个大而全的集合体。

（3）商家为了展示商品大都立体布置，四周墙壁和货架上挂满了衣服、帘布、纤维等货物和装饰品。这类松散悬挂或摆放的可燃物品通风状况良好，失火时火灾蔓延速度快，燃烧猛烈。

（4）商场出售的商品中棉毛纺织品、高分子合成材料、塑料制品、木材、纸张等物质在被点燃后很难充分燃烧，甚至发生较长时间阴燃，分解出大量 CO、CO_2、NO_x、HCN 等气体，还会产生大量炭黑颗粒；商场装修材料也是以木材和合成材料为主，火灾时也会产生大量烟雾和有毒、有害气体产物。这些浓重的烟雾使空间内的能见度急剧下降，妨碍人员对疏散路线的正确辨认；同时有毒、有害气体会使人员部分或全部丧失疏散能力，对人的生命构成了极大的威胁。

大型商场火灾特点使人群疏散难以顺利进行，极易酿成惨重悲剧。

2. 大型商场火灾人群疏散保障机制

为提高大型商场火灾下人群疏散的效率，可遵循以下四个方面对大型商场火灾人群疏散的顺利进行提高保障。

（1）明确疏散路线、缩短疏散距离。大型商场疏散路线具有疏散距离长、路线多变等特点（张云明，2006），《高层民用建筑设计防火规范》中规定：营业厅内任何一点至最近的疏散出口的直线距离不宜超过30米。建筑设计中一般在商场的周边设置疏散楼梯，中部最不利地点至最近楼梯的直线距离往往超过30米，如果在货架之间通行，其折线距离更是大大超过30米。大型商业建筑的发展必然带来疏散距离超长的问题，而且为了适应经营的需要，营业厅内的柜台、货架的布置方式不断变化，必然会带来疏散路线多变的问题，这给疏散路线的确定和疏散指示标志的设置带来了困难。

（2）增强商场内部疏散导向标志。大型商场具有货架林立、阻挡物多、标志不明显、导向性差等特点（张云明，2006），使场内布置复杂，形如迷宫。一些大型超市内的钢质货架高且层数多，严重阻碍人们的视线，人员在货架行列中行走时容易迷失方向，难以确认疏散路线，更难看见安全出口。商场内良好的疏散导向标志可在火灾环境中用于指引人员疏散，便于顾客辨认疏散指示标志，解决疏散导向性差的问题。

（3）稳定商场内人员情绪，有组织疏散。大型商场发生火灾后，场内人员极易恐慌，造成重大伤亡。人员对火的恐惧是与生俱来的，我国居民较少接受消防教育，人们面对火灾时缺乏应付、摆脱灾变的力量或能力，会感到自己的生命受到严重威胁，因此会表现出一种焦虑状态，产生恐惧感。这种焦虑和恐惧致使人员心情紧张，逃生急迫，行为不能自控，失去理性判断和思考，丧失理智，甚至出现跳楼逃生等危险行为。人员密集的公共场所可能发生“对撞”和混乱拥挤，延误疏散时机，造成挤倒或踩踏伤亡，还可能导致疏散通道和安全出口混乱，势必造成疏散通道堵塞，从而加重人员的伤亡，最终造成群死群伤事故（张云明，2006）。因此，稳定商场内人员情绪，正确选择逃生路线，进行有组织疏散，是大型商场火灾人群疏散中的一个重要方面。

（4）加强安全管理，确保疏散通道畅通。安全管理是保证消防设备正常运转、保证顾客安全的重要因素。火灾发生后首先要由工作人员进行确认。在统一指挥下，训练有素的安全人员要负责引导顾客进行疏散。但很多大型商业建筑内的管理层和员工层的人员素质参差不齐，消防管理制度不健全，防火责任制不落实，缺乏针对性的训练，火灾时很难起到应有的作用。防盗和防火始终都是一对矛盾，有些商家在经营管理上偏重于防盗，对于疏散问题重视不够（张云明，2006）。因此，加强安全管理力度对大型商场火灾时的人群疏散有着重要的意义。

第 五 章

城市重特大事故
大规模人群疏散模式

随着城市经济和信息技术的快速发展，城市灾害应急管理也逐步迈向信息化和职能化。面对每一个应急管理主体内部有限的应急管理资源，为提高城市应急反应能力、城市安全度和城市可持续发展能力，建立一个集成的城市重特大事故大规模人群疏散模式成为保障城市安全和居民生命财产安全的必然选择。

在城市重特大事故应急救援过程中，城市应急指挥中心、消防、公安等城市应急服务部门联合行动，执行指挥决策、现场救援、资源调度、人员疏散以及灾民安置等工作。当事故现场的周围地区人群的生命可能受到威胁时，将受威胁人群及时疏散到安全区域，是减少事故人员伤亡的一个关键。城市重特大事故大规模人群疏散能力的高低不仅取决于拥有核心信息和资源的数量，而且更多地取决于城市管理主体协调所需核心资源的能力。借助信息网络和信息平台，实现城市救援各部门间的信息交流与共享，根据各类重特大事故的灾害特点，构筑相应的城市重特大事故大规模人群疏散模式，从而提高城市应急管理资源的可得性和发挥资源最大效用的能力，增强人民生命财产安全的保障力度。

第一节　基于 GIS/PDA 的大规模人群疏散适时模式

现代工业科技日新月异，城市经济迅猛发展。城市是人口、产业、财富高度聚集的地区，是整个社会经济网络和物流网络重要的 HUB 节点，既有其复杂巨系统的自我修复性和弹性，又有其脆性。众多重大危险源以点、线、网络的形式分布在城市中，时刻威胁着城市安全。城市重特大紧急灾害一旦发生，具有突发性、紧迫性、破坏性大等特点，使应急救援条件更复杂，难度更大。灾害发生后，实施有效的人群疏散是保障城市居民生命财产安全的直接和重要手段，是灾害救援的重中之重。良好的应急救援模式是成功应急管理关键，在城市重特大事故大规模人群疏散过程中，人群疏散路径选择、资源配置、决策管理等都极其关键。探讨城市重特大事故大规模人群疏散模式有其积极的意义。

一 GIS、PDA与Mobile-GIS技术

1. GIS技术研究

GIS是基于在地理学研究技术上发展起来的，为地理研究和地理指挥决策提供信息服务的计算机技术系统。它以地理空间数据库为基础，在计算机软硬件支持下，对地理空间信息进行采集、存储、管理、操作及其分析操作，综合采用地理模型分析方法，及时提供多种适时的动态地理空间实体数据，包括空间定位数据、图形数据、遥感图像数据、属性数据等。因此，GIS是由计算机程序和地理数据组织而成的地理空间信息系统，是一个具有采集、管理、分析和输出多种地理空间的、高度信息化的地理系统。

（1）定义。关于GIS的定义有诸多不同说法，但都肯定了一点（么璐璐，2005）：GIS是一个以空间数据信息为核心的系统。这一点从美国摄影测量与遥感学会给出的定义即可看出："GIS是一个对地球空间信息进行编码、存储、转换、分析和显示的信息系统。"

一般地，从不同的角度出发，GIS有三种定义：①基于工具箱的定义，认为GIS是一个从现实世界采集、存储、转换、显示空间数据的工具集合；②基于数据库定义，认为GIS是一个数据库系统，数据库里的大多数数据能被索引和操作，以回答各种各样的问题；③基于组织机构的定义，认为GIS是一个功能集合，能够存储、检索、操作和显示地理数据，是一个集数据库、专家库和持续经济支

持的机构团体和组织结构，能提供解决环境问题的各种决策支持。基于工具箱的定义强调对地理数据的各种操作，基于数据库的定义强调用来处理空间数据的数据组织的差异，而基于组织的定义强调机构和人在处理空间信息上的作用。

（2）组成结构。GIS 主要由硬件系统、软件系统、地理信息数据三部分组成（Scott et al.，2002），如图 5－1 所示。其中硬件系统由输入设备、输出设备和存储设备构成；软件系统包括基础系统软件、GIS 系统软件和应用分析软件；地理信息数据则是地理信息系统的核心。

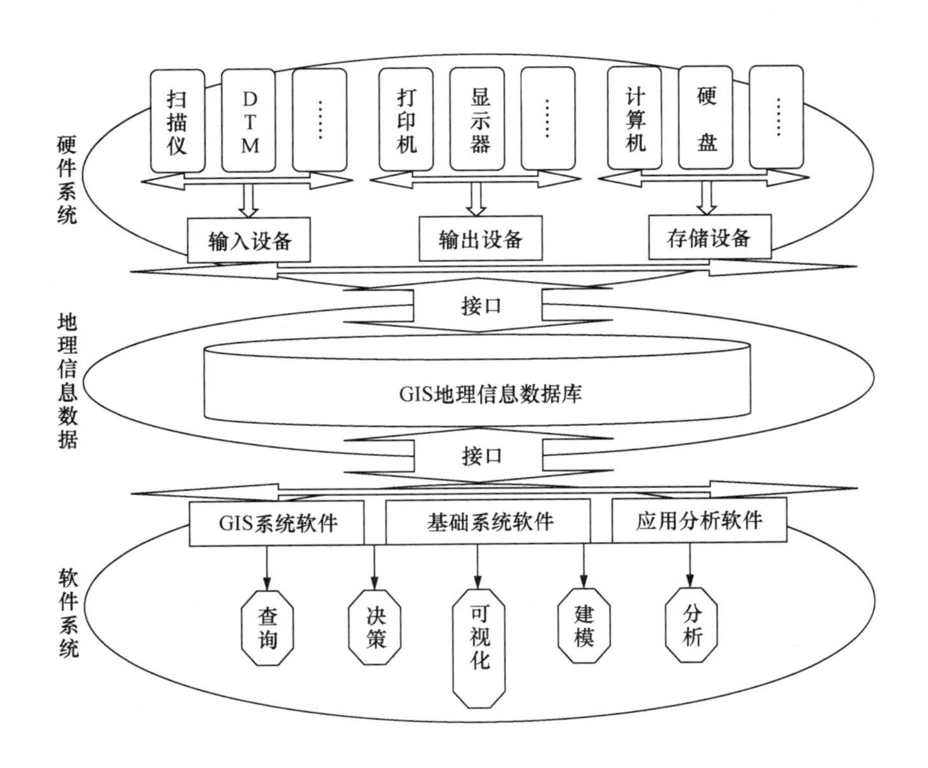

图 5－1　地理信息系统的组成结构

（3）GIS 的功能。GIS 就是用来存储和分析与世界相关的数据，这些数据是可以通过地理关系相互连接在一起的所有主题层集合。GIS 把地图的视觉性和空间地理的可分析功能与数据库功能结合在一起，为空间数据提供了一种可分析、综合和查询的智能化方法，具有网络化、集成化、开放性、虚拟现实、空间多维性等特点。其主要功能有：空间定位功能，即在某个特定的位置有什么（对象、环境等）；条件匹配功能，即根据问题要求找到满足某些条件的东西；分析模拟功能，包括已发生事故成因分析及其变化趋势预测，即根据某些具体的数据，经过其分析、虚拟模仿，得出相应可能出现的结果；以及模型创建功能等。另外，从具体实现方式来讲，GIS 具有数据库功能，包括空间数据获取（数据采集、筛选、编辑等）与处理（数据的定义、格式化、转换、概括等）及空间数据管理（数据的存取、更新、结构编码等）；空间分析功能，包括空间信息处理（空间信息查询、分析等）、DTM（Digital Terrain Model，即数字地形模型）与地形分析等（包括网格、等高线、三角网等）；空间建模与决策支持空间分析、SDSS、ES、DW、DM 等；地理信息可视化与制图（图形、表格等的制作、显示等）。其功能结构及其实现方式如图 5－2 所示。

GIS 功能的实现方式说明：

①数据库功能的实现，包括空间数据获取与处理、空间数据管理等。采取数据转换、遥感数据处理、数字测量、数字录入等方式。

②分析功能的实现，包括空间信息处理、DTM 与地形分析、空间建模与决策支持。采用 RDB（Relational Database，即关系数据库）管理、高效图形算法、插值、区划、网络分析、网格、等高线、三角网、SDSS（Sloan Digital Sky Survey，即斯隆数字化巡天）、DM（Data Module，即数据模板）等方式实现。

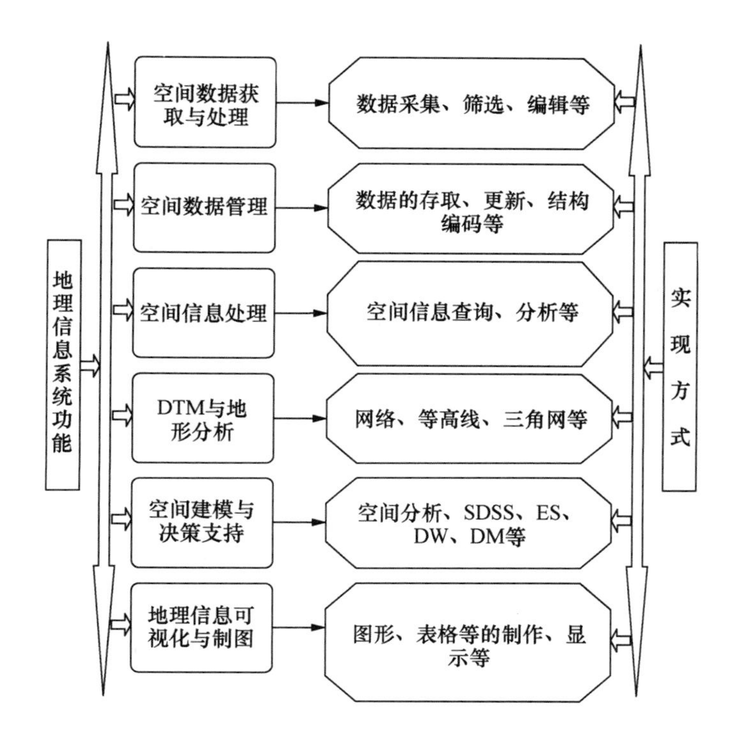

图 5－2　GIS 功能结构及其实现方式

③可视化与制图功能的实现。采用地图符号、专题信息表达、图幅配置、制图综合、动态信息表达、虚拟现实等方式。例如三维 GIS 有独特的复杂空间对象管理及其分析的能力。图 5－3 即为三维 GIS 所表达的世界（杨静等，2005）。

④GIS 的应用。现代信息技术飞速发展，GIS 技术也更加成熟。人们对 GIS 的功能和应用有了更多的了解，其数据管理、空间分析和可视化的功能也随着科技的发展有了更好的技术支持，再加上商业因素，其应用也快速地增长。目前，GIS 的应用向着大众化、标准化、规范化、商业化以及全球化的方向不断发展。应该说地理信息服务是现在应用最为广泛的 GIS 服务，它的模式主要有：①以数字

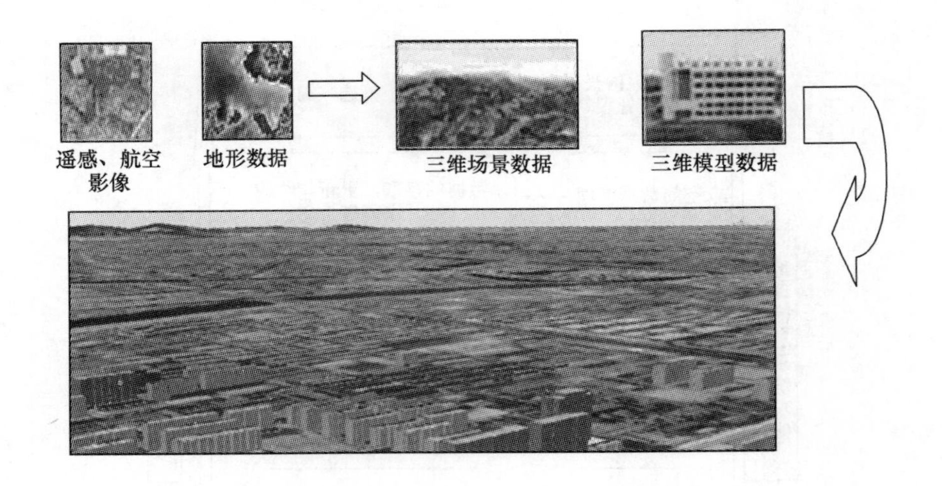

图 5-3 三维 GIS 场景数据

产品方式提供地理信息服务；②基于位置的地理信息服务；③基于 Internet 和 Web Service 的地理信息服务（Bammidi et al.，1996）。GIS 的具体应用有（Cheu et al.，1996）：（1）GIS 应用于政务中；（2）GIS 应用于城市规划管理中；（3）GIS 应用于交通管理中；（4）GIS 应用于商业领域里；（5）GIS 应用于应急管理领域。

同时，GIS 在其他领域，如环境保护、农业、林业、人口管理、水务管理、考古等都有深入的应用。

2. PDA 技术研究

自 1992 年苹果公司推出了第一台今天意义上的 PDA——牛顿（New - ton）后，经过十几年的发展，PDA 技术趋于成熟。PDA 内置强大的嵌入式操作系统，提供串口、USB 口、红外端口等与台式机及相关设备的连接通信，同时提供嵌入式的程序开发环境。不仅具备良好的软硬件可扩充能力，而且具备移动性和通信功能，给现场工作带来了方便，极大地提高了它的实用性。

PDA 可以细分为电子词典、掌上电脑、手持电脑设备和个人通信助理四大类。而后两者由于技术和市场的发展，已经慢慢融合在一起了。

狭义的 PDA 只可以称为电子记事本，其功能较为单一，主要管理个人信息。且其功能都是固化的，不能根据用户的要求增加，只能通过推出新款式来更新不同的功能。

广义的 PDA 则主要指掌上电脑，当然也包括其他具有类似功能的小型数字化设备。“掌上电脑”一词也有不同解释。狭义的掌上电脑不带键盘，采用的是手写输入、语音输入或软键盘输入方式。而广义的掌上电脑则既包括无键盘的，也包括有键盘的。目前，在中国市场，几乎所有的掌上电脑都不带键盘。越来越多的人都以广义来理解“PDA”一词。

PDA 有着三大发展趋势：一是低能耗，PDA 将以普通电池作为电源；二是无线互联，可无线上网浏览、无线文件传输，成为无线远程终端，还可以与其他设备实现无线数据交换；三是行业应用，即将 PDA 技术与行业应用有机结合起来，为行业用户提供方便、高效的业务移动处理模式。

自从斯卡利于 1992 年提出了 PDA 的概念——笔输入手持式设备，具有个人组织功能、通信功能和一种能够了解用户偏好的智能软件。如今 PDA 技术已经得到了惊人的发展。高端 PDA 通常具备大容量内存、高速的 CPU、高分辨率的彩色液晶显示屏。同时具备完善的操作系统，除了拥有基本功能外，还有各种增强功能。而且，高端 PDA 拥有开放的开发环境和大量的第三方软件支持，使 PDA 的功能更加强大，应用更加广泛。下文按 PDA 的四大类别介绍各自功能。

电子记事本。这是 PDA 类产品中最简单的一款。其所有的程序都是固化在存储器上，虽然功能有限，但针对性比较强，而且具有体积小、操作简单等特点。其主要功能大致有电话号码存储、中英文互译、英语单词朗读等。

掌上电脑。这类产品代表了 PDA 的真正含义。它功能强大，有其自身的操作系统，不过一般都是固化在 ROM 中的。它一般没有键盘，却拥有手写和软键盘输入方式，同时配备有标准的串口、红外线接入方式并有内置的 MODEM，可以和个人电脑连接上网。更重要的是它的应用程序具有扩展能力。基于各自的操作系统，可以开发相应的应用程序。同时可以在电脑上任意安装和卸载相应软件。

手持电脑设备（Hand - heldPC）。它是一种介于掌上电脑和笔记本电脑之间的产品。具有掌上电脑通用的操作系统，却配有小型的键盘。它的功能比掌上电脑强大。

个人通信助理机。它是将掌上电脑的一些功效和手机、寻呼机相结合而产生的。其最大的特点就是采用无线的数据接收方式，因而它适应性更强。其功能与掌上电脑持平或更高，同时拥有通信功能和无线数据交换。

PDA 的强大功能和小巧方便、可移动的特点使它的应用非常广泛。随着电脑硬件的不断发展，PDA 的运算能力和存储空间已得到很大提升，再加上无线传输，可以将互联网上的海量信息和强大的应用服务功能扩展到 PDA 上，为用户提供随时（Anytime）、随地（Anywhere）、所有的人（Anybody）和所有事（Anything）的 4A 信息服务，是未来信息服务的发展趋势（王家耀，2005）。一般地，公安、金融、证券、保险、交通、医疗、航空、零售等这些移动办公需求强、数据更新快的行业，对 PDA 应用得比较多。公安系统可以利用专业 PDA 产品进行数据移动查询。保险业里保险代理人员移动性大，保险业竞争的日益激烈，因而一款可现场随时办公的随身电脑可以使保险业务员的日常工作事半功倍。在医疗行业，国外医院系统早已使用 PDA 产品，国内部分医院有了自己的内部信息系统。同时，目前国内在某些城市应急系统的设计中，也开始逐步引入 PDA 的应用，有着非常广泛的应用前景。

3. Mobile - GIS

（1）简介。PDA 等先进的计算机技术的出现和发展，它们不仅功能强大，其移动性及便携性使其应用非常广泛，再加上移动通信技术（GSM/CDMA）和卫星导航定位 GPS 技术，它们与传统的 GIS 结合便产生了 Mobile - GIS。

从狭义角度上讲，Mobile - GIS 是指运行于移动终端（如 PDA）并具有桌面 GIS 功能的 GIS，它不存在与服务器的交互，而是一种离线运行模式。从广义角度讲，Mobile - GIS 是指一种集成系统，是 GIS、GPS、移动通信、互联网服务、多媒体技术等的集成（Viak，2002）。本书所叙的 Mobile - GIS 就是属于广义范畴上的。另外，移动 GIS 不仅指在移动的环境中使用 GIS，同时指利用 GIS 去描述移动的对象。

移动 GIS 主要由移动智能终端设备、通信网络、服务器（包括 Web 服务器、地图服务器和数据库服务器）及定位设备组成（Viak，2002），如图 5 - 4 所示。

移动智能终端是 Mobile - GIS 中的客户端，具有网络通信及图形显示的能力。同时它必须是便携、低耗、适合于地理应用并且可以快速、精确定位和地理识别。Mobile - GIS 的移动网络主要有私人移动电台、GPS 卫星系统和基于蜂窝通信系统的 GSM/GPRS、CDMA 等。定位则是移动 GIS 的重要组成部分，应满足准确、实时地把移动用户和与其相关的最近距离的信息连接起来的要求。当前，GPS 不仅定位精度较高，而且价格性能好。无线定位在精度要求不高或卫星定位不起作用的情况下也可选择。

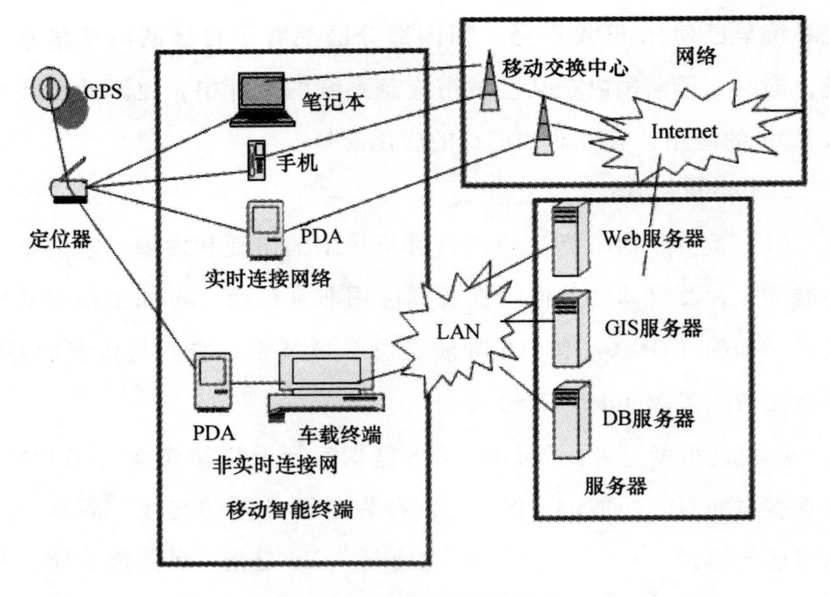

图 5－4　移动 GIS 的组成

（2）Mobile－GIS 功能与应用。Mobile GIS 的功能大致可分为两个模块：应用模块和服务模块。如图 5－5 所示（虞汉华，2006）。

在移动应用端（PDA、车载终端等），可以根据实际需要对空间数据进行访问并完成对空间数据的可视化；对相应数据进行分析与查询；同时，可以接收和发送相关的通信信息。在桌面服务器端，可以将相关数据转换为系统数据库中的数据并根据需要建立相应的索引；将空间数据库中的数据转换为 Mobile－GIS 应用端能够处理的数据；对应用端的请求进行处理与反馈；同时，可以进行通信，发送相应的数据与报文。

在桌面服务器端可以实现将相关数据转换为系统数据库中的数据并根据需要建立相应的索引；将空间数据库中的数据转换为 Mobile－GIS 应用端能进行处理的数据；对应用端的请求进行处理与反馈；同时将相应的数据与报文发送出去等。

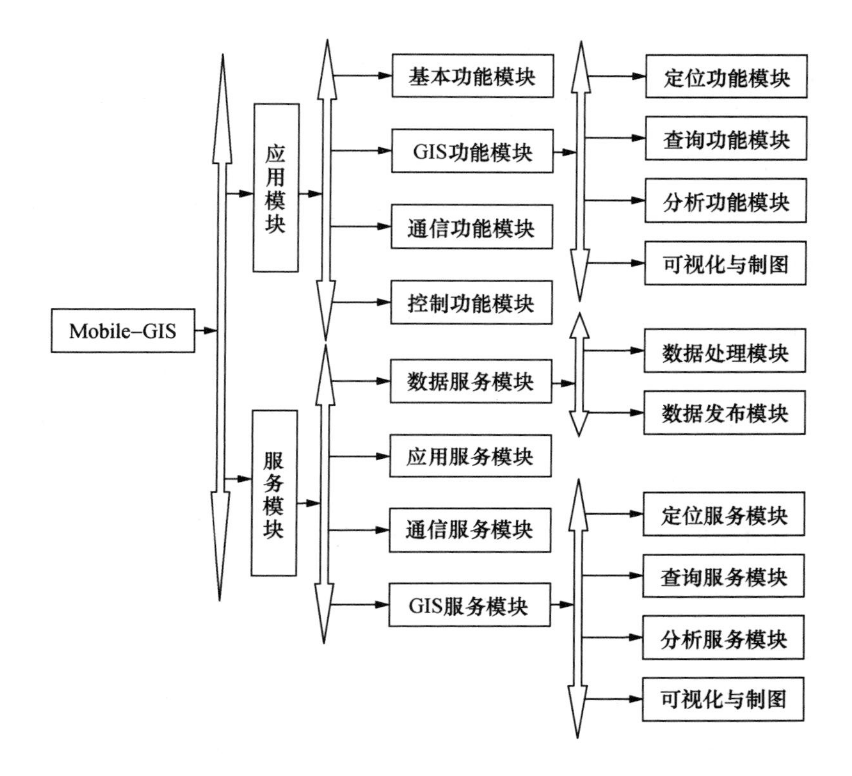

图 5－5　Mobile－GIS 功能应用

另外，Mobile－GIS 具有的可移动性使它适用于室内外环境，有着广泛的应用，可用于空间数据库更新、交通导航、紧急服务、野外数据采集、灾害调查、日常设施视察等。在城市应急救援中，则可用于空间数据库查询、决策信息传递、现场信息采集与反馈、资源调度、人员撤离、交通导航、紧急服务、灾害调查等。

二　基于 GIS/PDA 的大规模人群疏散适时模式

JIT（Just－In－Time）在经济管理领域则为“准时生产”或“适时生产”之意。日本学者门田安弘认为 JIT 的主要内容为：在需要的时候，按需要的量，生产所需的产品。JIT 生产方式是一种高质量、低成本并富有柔性的生产方式，它以适时适量生产为出发点，揭示生产过量的浪费，进而暴露其他方面的浪费，如设备布局不当、人员过多等造成的浪费，然后对设备、人员等资源进行调整。从而消除各种浪费，如过度生产导致的浪费、等待时间导致的浪费、运输导致的浪费、处理导致的浪费、存货导致的浪费、动作导致的浪费等（王爱民，2005）。

在城市重特大事故发生后的大规模人群疏散中，不仅要有良好的准备，而且要对突发事件实时发展动态做出快速敏捷的反应。而疏散决策的传递及方案的实施过程对整个应急救援系统的整体效率要求很高。在整个疏散过程中，决策的准确性、指挥的灵敏性及疏散方案执行的有效性对人群疏散任务的完成异常重要。而决策的准确性很大程度上取决于决策者和供决策的信息。GIS 可以为决策者提供大量可靠的信息，并可以从专家库中生成某些可行的参考决策。指挥的灵敏性依赖于应急管理系统中上下级之间信息传递的灵敏，PDA 的便捷和通信功能，可实时联系救援疏散现场和指挥中心，使指挥的灵敏性大大提高。现场实时信息是疏散决策的基础，疏散决策信息则是大规模人群疏散行动的指南。如何把现场获取的实时信息传送给决策指挥中心，获得有效的疏散决策信息显得异常重要。GIS/PDA 的应用，可提高信息传递的准确性和及时性，使疏散现场的工作人员可在第一时间传递救援信息，同时第一时间获取有效的疏散决策信息。

因此，引进生产管理领域的 JIT 理念，解释为应急救援工作的“适时性”，力求在应急救援流程之间的衔接实现适时，在不影响整体救援的情况下，尽量实现时间最小化。从信息层面来讲，要求做到适时确认疏散动态，适时查询疏散信息，适时发布疏散信息，适时反馈疏散信息等；从疏散决策指挥层面来讲，力求做到适时决策、适时指挥、适时疏散、适时通信等；从现场疏散层面来讲，也要求做到疏散路径选择适时高效、现场指挥适时高效、资源调配适时高效、人群疏散适时高效、医疗救护适时高效、交通管辖适时高效、警戒控制适时高效等。

在大规模人群疏散过程中，不仅要求有适时可靠的信息，而且要求这些信息能适时地传递到决策救援者手中，并快速地被采用。GIS/PDA 可为疏散工作人员提供受灾害影响区域的空间和人群疏散范围，同时进行灾害模拟等，为疏散行动提供信息；可为人群疏散等提供最佳疏散路线，从而方便决策者制订人群疏散计划，用于车队管理、路径分析等；可为疏散工作人员提供现场信息查询、位置导航等。

首先，在应急疏散决策过程中，GIS 发挥定位、信息查询、数据分析、可视化与制图等功能，为应急疏散决策指挥者从海量的应急疏散数据信息中筛选具有实效性的信息，为决策者提供辅助决策。例如，若某市某处发生毒气泄漏事件，其现有的 GIS 便可查询危险源、应急资源以及现场位置信息等，并模拟带风向的毒气泄漏模型图，提供最佳的受灾群众疏散路径和应急救援调度路径，有效辅助决策人员决策指挥。其次，PDA 具备移动性，可随现场疏散工作人员在疏散现场应用，因而现场救援人员可利用 PDA 在第一时间自己获取疏散信息，大大提高疏散的效率。最后，GIS 功能与通信功能结合，方便信息查询、数据分析、定位导航、信息通信等，适时连接决策指挥中心与疏散现场。一方面，决策指挥中心可适时向现场疏散工作人员传达疏散决策信息，大大提高了人群疏散的效率；另一方面，现场疏散工作人员又可以适时向决策指挥中心反馈现场灾害信息，大大提高决策指挥的时效性，从而可实现信息通信、疏散决策指挥、现场疏散的适时高效，在城市重特大事故大规模人群疏散的时间竞争中获得优势。

为方便城市大规模人群疏散适时模式的建立，先将城市应急疏散工作人员进行分组：①决策指挥小组；②现场疏散小组；③后勤保障小组；④善后小组。其中，决策指挥小组成员主要包括应急指挥中心领导、应急专家、分析专家等，负责整个疏散过程的决策指挥，把握方向，整体控制；现场疏散小组由公安部门、武警支队、消防部门、医疗卫生部门等相关人员组成，负责现场交通管辖、人群疏散、医疗救护、警戒控制等工作；后勤保障小组由财务部门、交通部门等组成，负责资源调度，灾民安置等工作，做好后勤保障工作；善后小组由民政部门、医疗卫生机构、社会救援力量等组成，负责恢复、接待和安置灾民等善后工作。同时各类行动分组指挥，以提高应急响应的灵敏度。

1. 基于 GIS/PDA 的城市应急救援适时模式结构

为实现应急疏散时间最小化，以信息为出发点，提出了如图5-6所示的基于 GIS/PDA 的城市大规模人群疏散适时模式，即适时信息通信、适时决策指挥、适时现场疏散。

2. 基于 GIS/PDA 的城市大规模人群疏散适时模式应用设计

在灾害发生时，应急疏散的首要任务是适时获取灾害信息，适时制订决策指挥方案，适时执行应急疏散计划，适时配置应急资源，赢得疏散救援时间。因此，为实现应急疏散工作的适时性要求，将 GIS/PDA 应用到城市人群疏散中，努力达到城市应急疏散工作的实时高效。基于 GIS/PDA 的城市应急救援适时模式的应用设计如图 5-7 所示。

GIS/PDA 在此阶段有着重要的作用。首先，PDA 实现适时信息通信。在城市大规模人群疏散中，信息流是连接指挥中心和疏散现场的纽带，从接警到决策、疏散救援，都流通着大量实时信息，信息传递的时效性直接关系人群疏散行动的成败。此时，PDA 的高效通信手段，可完成指挥中心与疏散现场的信息传递。实现适时疏散信息发布、反馈、传递、查询等。

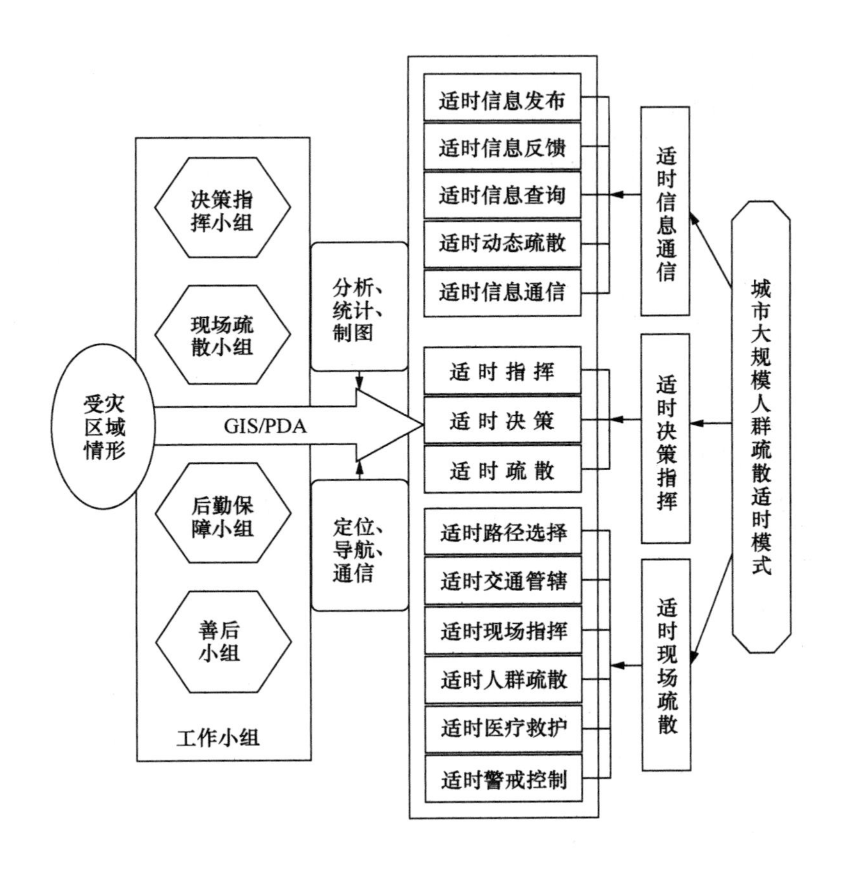

图 5－6　基于 GIS/PDA 的城市大规模人群疏散适时模式

其次，实现适时决策指挥。在城市应急决策指挥中心，集合着各类不同来源、不同比例、不同精度、不同格式的信息，决策者要在最短时间内运用最合适的手段从中提取有用信息并做出最合适的疏散策略，此时，对信息处理能力有着很高的要求。而 GIS 有着强大的查询、分析、定位、可视化以及制图等功能，可为决策者提供相关的地理空间信息并进行分析、预测、绘制相关地图，同时对疏散情况进行实时监控和报警，为应急疏散决策者提供辅助决策。

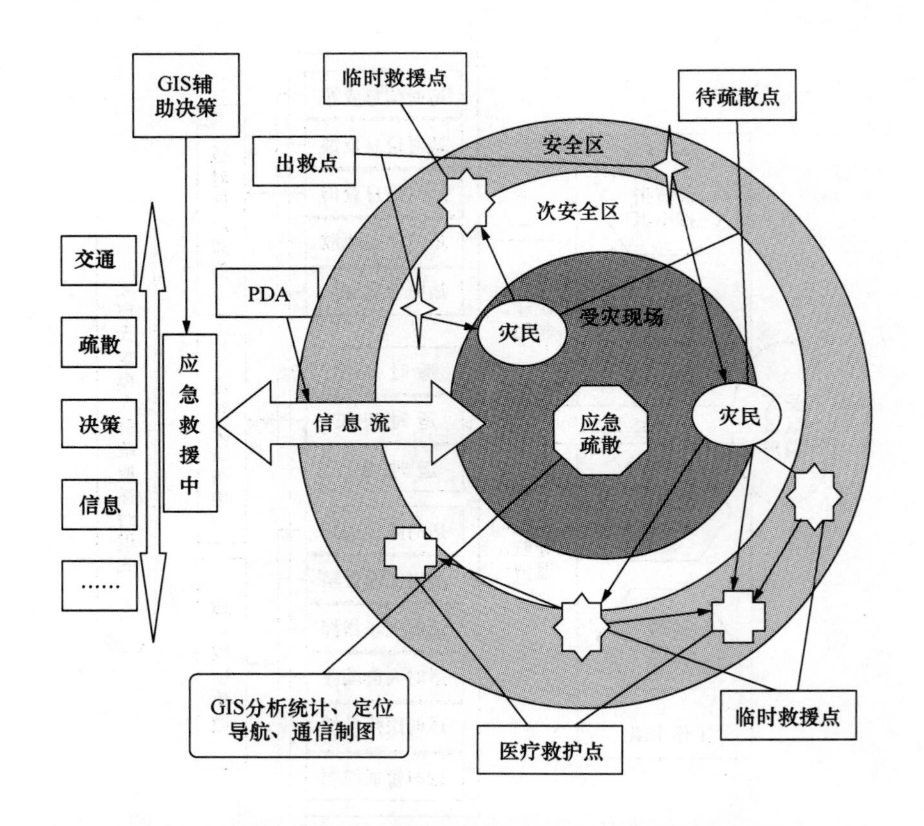

图5－7 基于GIS/PDA的城市应急救援适时模式的应用设计

最后，实现适时现场疏散。现场疏散救援直接体现了疏散行动的成功与否，可以说前面的适时信息通信、适时决策指挥都是为实现最好的现场疏散做准备。在应急疏散现场，承担着人群疏散、医疗救护、交通管辖、警戒控制等具体任务。GIS/PDA可为现场疏散人员提供统计分析、灾情预测、地图绘制、定位导航、辅助决策等功能，实现适时人群疏散、适时医疗救护、适时交通管辖、适时警戒控制，从而提高应急疏散的时间满意度，达到应急疏散时间的最小化，实现适时信息通信、适时决策指挥、适时现场救援，提高城市大规模人群疏散工作的效率。

第二节　基于物联网、云计算的智慧人群疏散模式

一　物联网、云计算技术

1. 物联网技术研究

物联网的建设着眼于传感网络、传输网络、应用网络建设三个方面。传感网络建设关注物品编码、IP 地址编码、物品编码解析、RFID、NFC、WiFi、ZIGbee、蓝牙等技术。传输网络建设关注互联网、电信网、广电网等网络的培植。应用网络建设关注手机、PC 机等终端设备与技术，这方面的技术已经日臻成熟（孙庆峰）。

（1）物联网定义。物联网（The Internet of Things，IOT）是随着 IT 和人工智能的发展应运而生的。广义的物联网是通过射频识别（RFID）、红外感应器、GPS、GIS、激光扫描器等信息传感技术与设备，按约定的协议，实现人与人、人与物、物与物、系统与系统在任何时间、任何地点的连接，进行信息交换和通信，以实现智能化识别、定位、跟踪、监控和管理的一种网络。

物联网从结构上可分为三个层次：一是传感网络，即以二维码、射频标签、传感器为主，实现“物”的识别；二是传输网络，即通过现有的互联网络、广电网络、通信网络，实现数据的计算与传输；三是应用网络，即利用现有手机、PC 机等终端设备来实现。三个层次中，传输网络和应用网络技术已基本成熟，而传感网络的发

展日新月异，国际标准体系也正在构建中。

（2）物联网对智慧应急管理系统的作用。第一，有效解决信息发布、传递、共享问题。中断的地面通信和交通、恶劣的环境等对信息发布、传递、共享产生极大影响。物联网借助天基通信传输网络、地面幸存传感网络、应用终端网络收集、发射、整合、传递信息，进而实现信息的共享。第二，有效解决应急疏散信息系统性问题。物联网的定位、收集、传输技术支持下的应急疏散信息平台，可以最大限度地解决疏散信息缺失、时滞、阻塞、局限等问题，使应急疏散信息更加完整、系统，避免信息失真，提高决策和应急疏散的效率。第三，有效解决应急疏散信息网络协作问题。物联网技术支持下的应急疏散信息平台可以实现网络各节点之间的物理连接，传感网、传输网和应用网实现“三网合一”，确保疏散主体间的疏散信息和资源共享，提高疏散信息网路协作水平如图 5 – 8 所示。

（3）物联网的功能。现代信息技术飞速发展，物联网技术也更加成熟。人们对物联网的功能和应用有了更多的了解。物联网通过射频识别、传感器、二维码、GPS 卫星定位等相对成熟技术感知、采集、测量物体信息；通过无线传感器网络、短距无线网络、移动通信网络等信息网络实现物体信息的分发和共享；通过分析和处理采集到的物体信息，针对具体应用提出新的服务模式，实现决策和控制智能。物联网的具体应用有：①物联网应用于平台和接口；②物联网应用于家庭生活；③物联网应用于环境保护；④物联网应用于工业生产；⑤物联网应用于安全管理。

同时，物联网在其他领域，如仓库管理、智能运输、健康与健身等都有其深入的应用。

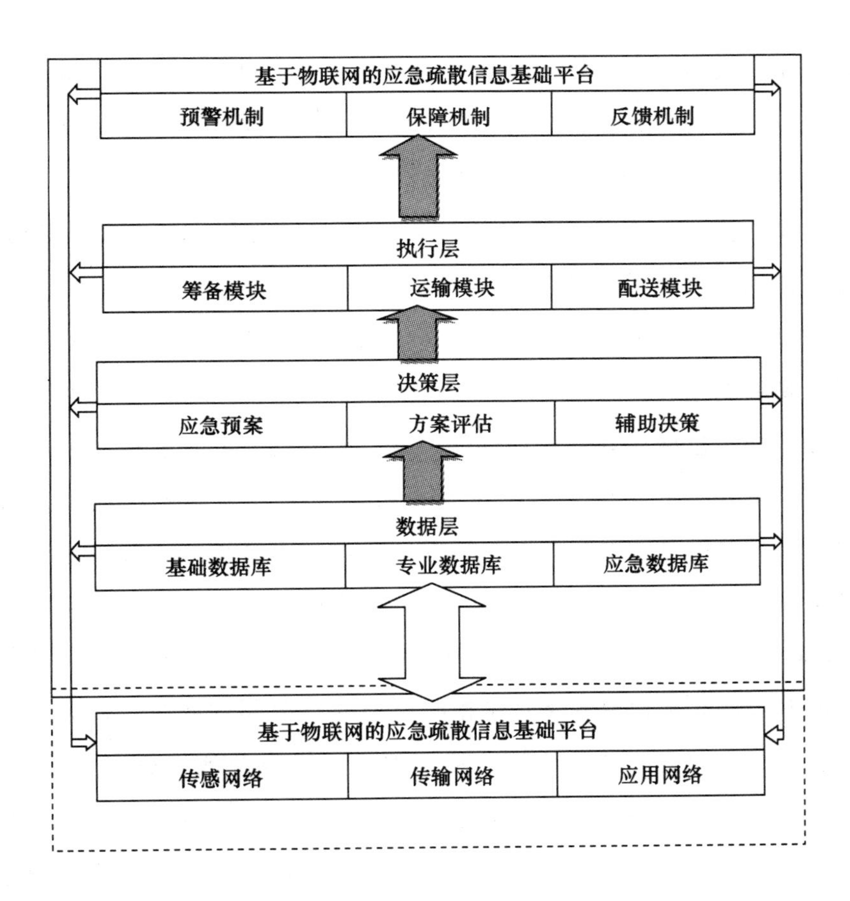

图5-8　基于物联网的智慧型应急管理系统总体架构

2. 云计算技术研究

随着现代信息技术云计算时代的到来，云计算已成为一种有效促进信息资源配置，实现按需而变的新型服务工具，为应急决策服务模式的创新提供了一种切实可行的技术支持。

云计算是近几年来发展起来的一种新的计算形态，它是以互联网为载体进行资源扩展的一种计算方式，主要涉及互联网中资源的供应与需求，以互联网的使用和基础设备作为硬件条件。具体来说，就是借助互联网这一平台进行资源的应用、存储和计算，从而以商品流通的形式估算计算能力的价值，是一种集架构、负载与研发于一体的新型商业运作模式。云计算不仅仅是一种使用和交付互联网基础设施的特有模式，更包括了其他各类服务的使用与交付。云计算的核心思想是将大量用网络连接的计算资源统一管理和调度，构成一个资源池按需向用户提供服务。

（1）云计算的结构。一般而言，云计算体系结构可分为以下三层：基础设施层（In frastructure - as - a - Service，IaaS）：即物理资源层，主要包括计算资源和存储资源，包括计算机、存储器、网络设施、服务器等。整个基础设施也可以作为一种服务项向用户提供。IaaS 向用户提供的不但包括虚拟化的计算资源和存储，还包括外部用户访问使用的网络带宽等。平台资源层（P1 atform - as - a - Service，PaaS）：该层是建立在基础设施层之上的，是整个云计算体系的核心层。平台资源层是将相同类型的资源同构或组合成为资源池，包括存储资源池、计算机资源池、网络资源池、数据资源池、软件资源池等，还包含云计算系统中的资源管理、部署、分配、监控管理、分布式并发控制、安全管理等。平台资源层提供应用程序运行、存储及维护所需要的所有平台资源，也可以把平台资源当作服务，该层能够为程序开发者提供并行开发环境，并且在开发过程中不受应用程序运行所需的资源限制。应用服务层（Software - asa - Service，SaaS）：该层是通过网络浏览器使用互联网上的软件，服务供应商负责维护和管理软硬件设施，并以免费或按需租用的方式向最终用户提供服务。在智慧应急管理中云应急管理平台，如图 5 - 9 所示，在对突发事件情景充分感知和对应急需求充分分析的基础上，动态和智能地生成、调整以及重组应急预案（方案）和应急过程，根据不同的应急需求和应急任务流程调用不同的应急服务（孙庆峰）。

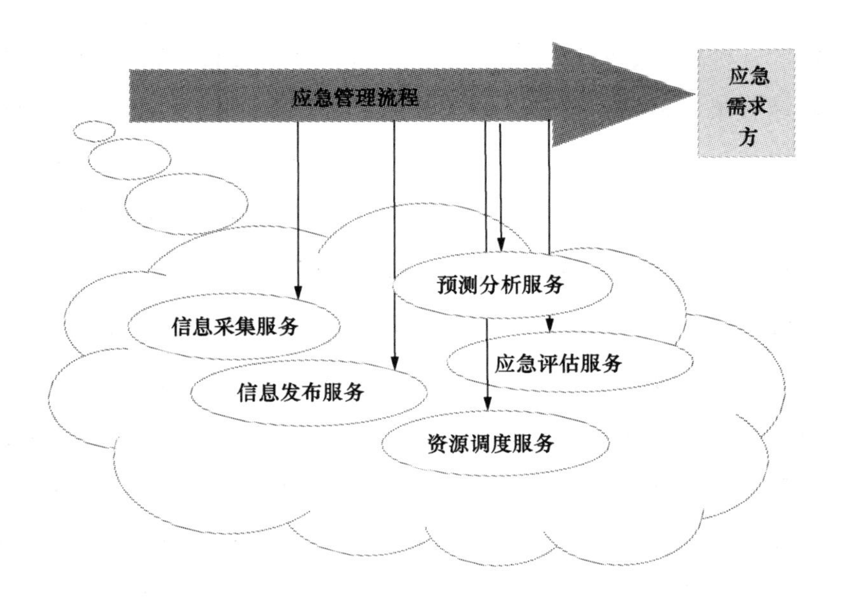

图 5-9　云应急服务平台

（2）云计算的功能。云计算通过使计算分布在大量的分布式计算机上，企业数据中心的运行将与互联网更相似。这使得企业能够将资源切换到需要的应用上，根据需求访问计算机和存储系统。云计算的具体应用有云物联、云安全、云游戏、云计算、云储存等。

二　基于智能系统的智慧人群疏散模式

在城市重特大事故发生后的人群疏散中，不仅要有良好的准备，而且要对突发事件实时发展动态做出快速敏捷的反应。而疏散决策的传递及方案的实施过程对应急救援系统的整体效率要求很高。在整个疏散过程中，决策的准确性、指挥的灵敏性及疏散方案执行的有效性对人群疏散任务的完成异常重要。而决策的准确性很大程度上取决于决策者和供决策者的信息。云应急基于云计算实现了信息、知识的全面整合，可提供智能化的决策支持；通过对各个应急联动部门的救援队伍、设备物资、专家等应急资源的虚拟化汇聚管理，形成了基于智能决策的云应急协同网络，通过对应急资源的按需调配，确保应急管理工作灵活、高效、有序进行。物联网应用终端网络收集、发射、整合、传递信息，进而实现信息的共享。物联网的定位、收集、传输技术支持下的应急疏散信息平台，使应急疏散信息更加完整、系统，提高决策和应急疏散的效率确保疏散主体间的疏散信息和资源共享，提高疏散信息网络协作水平。

在智慧人群疏散过程中，不论疏散决策指挥还是疏散现场，不仅要求有适时可靠的信息，而且要求这些信息能适时地传递到决策救援者手中，并快速地被采用。感知层快速全面获取事件的相关信息，特别是事件现场周边的数据，以及现场动态视频或静态图像，结合专业模型预测突发事件的影响范围、影响方式、持续时间和危害程度等，减少衍生、次生灾害发生，为应急救援决策的制定和实施提供支撑，为疏散工作人员提供现场信息查询、位置导航等；决策层可为人群疏散等提供最佳疏散路线，从而方便决策者制订人群疏散计划，用于车队管理、路径分析等。

首先，在应急疏散决策过程中，智慧应急管理系统发挥定位、信息查询、数据分析、可视化与制图等功能，为应急疏散决策指挥者从海量的应急疏散数据信息中筛选出具有实效性的信息，为决策者提供辅助决策。例如，若温州市某处发生毒气泄漏事件，其感知层便可查询危险源、应急资源以及现场位置信息等，并模拟带风向的毒气泄漏模型图，提供最佳的受灾群众疏散路径和应急救援调度路径，有效辅助决策人员决策指挥。其次，物联网采用实时在线的方式对灾害情况进行不间断的智能化分析，把采集的情况数据传到后面的信息中心，而后用无线传感网、互联网、卫星来进行通信传输，在数据收集之后，技术人员充分利用高性能计算、海量存储、数据挖掘地理信息系统、可视化的工具等技术对数据进行分析、展现和挖掘。物联网技术拥有监控中心，把灾害发生情况监管起来。

同时结合后面综合管理平台，把数据进行加工整理储存，通过应用平台，提供给现场疏散工作人员在疏散现场应用，因而现场救援人员可利用应用平台在第一时间获取疏散信息，大大提高了疏散的效率。最后，物联网技术结合云计算技术，方便信息查询、数据分析、定位导航、信息通信等，适时连接决策指挥中心、疏散现场和被困人员。使决策指挥中心可适时向现场疏散工作人员传达疏散决策信息，大大提高了人群疏散的效率；现场疏散工作人员又可以适时向决策指挥中心反馈现场灾害信息，大大提高了决策指挥的时效性；被困人员可以及时获得灾害情况和疏散路线。从而可实现信息通信、疏散决策指挥、现场疏散的适时高效，在城市重特大事故智慧人群疏散的时间竞争中获得优势。

为方便城市智慧人群疏散适时模式的建立，先将城市应急疏散工作人员进行分组：①决策指挥小组；②现场疏散小组；③后勤保障小组；④善后小组。其中，决策指挥小组成员主要包括应急指挥中心领导、应急专家、分析专家等，负责对整个疏散过程的决策指挥，把握方向，整体控制；现场疏散小组由公安部门、武警支队、消防部门、医疗卫生部门等相关人员组成，负责现场交通管辖、人群疏散、医疗救护、警戒控制等工作；后勤保障小组由财务部门、交通部门等组成，负责资源调度，灾民安置等工作，做好后勤保障工作；善后小组由民政部门、医疗卫生机构、社会救援力量等组成，负责恢复、接待和安置灾民等善后工作。同时各类行动分组指挥，以提高应急响应的灵敏度。

云应急管理模式的实施将在全面信息集成、组织结构、资源保障、管理决策和响应处置五方面实现传统应急管理模式在理念和技术上的转化和突破，展现云应急管理模式的巨大优势，如图5－10所示。信息的全面集成为云应急模式提供了强大的底层技术支持，是云应急管理成功运作的基本保障。云应急服务平台可以更快速、准确地感知突发事件演化，更有效地利用各种信息和模型对情景进行动态分析预测，结合案例库、知识库、预案库和专家经验随时动态调整应急管理方案和流程，进行更为智能化的动态决策。云应急模式打破了部门分割的局面，以动态调整的应急管理方案、过程或任务为主线，由统一的应急资源管理形成一种“虚拟应急组织”的形式来实现各应急联动部门协同工作。云应急模式通过云应急服务平台为应急资源的多渠道接入、统一管理、监控和调配，提供了一种及时、最优、可无限扩展、高伸缩性的资源保障体系，从而使分散在各地的闲置的软应急资源（如计算资源、存储资源、信息、决策模型、案例和预案等）和硬应急资源（救援人员、设备物资、避难场所等）迅速调配使用以满足现行的应急管理需求。云应急模式最终以服务的形式为应急需求方提供敏捷、高效、可重用的解决方案。

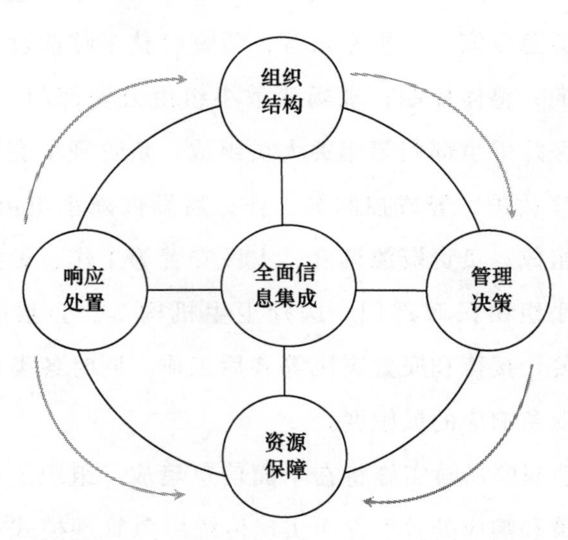

图 5-10 云应急管理模式

第三节　城市重特大毒气泄漏事故人群疏散模式

随着城市工业和经济的快速发展，各类危险化学品在生产、生活中具有越来越重要的作用。各类型城市重特大毒气泄漏事故呈明显上升趋势，已经引起了全世界的广泛关注。城市煤气管道、重大工业危险源、易燃易爆物品等在包装、储存、运输、使用以及废弃处置等环节，一旦发生泄漏事故，将会使人民生命和国家财产遭受重大损失。因此，如何预防和控制城市重特大毒气泄漏事故，在不可避免已经发生事故后，如何做好人群疏散工作，是人民生命财产安全的重要保障。

一　城市毒气泄漏事故研究

随着化学工业的发展，化工装置趋于大型化，化学危险品的运输量也日益增大，化学危险品生产、储存及运输中发生的泄漏造成灾难性事故也随之增加。例如，1984 年，发生在印度博帕尔的毒气泄漏事故造成2500 多人死亡，5 万多人失明，20 万余人受到不同程度的毒害。又如，1998 年 3 月 5 日，西安某液化石油罐泄漏，造成多人死亡。近年来，我国危险化学品泄漏事故呈明显上升趋势，据不完全统计，2002—2004 年，我国共发生危险化学品（不含爆炸品类危险化学品）事故 1091 起，累计造成 977 人死亡，1477 人受伤，例如：2005 年 3 月 29 日在京沪高速公路淮安段发生液氯泄漏事故、2005 年 6 月 15 日陕西杨凌发生液化气泄漏事故、2006 年 10 月 24 日四川乐山市沙湾区省道 103 线顺河路段发生粗苯泄漏事故。这些泄漏事故不仅严重地危害了人民群众的生命和财产安全，而且污染了环境，造成严重的社会影响。因此，有必要对城市有毒化学品泄漏事故进行探讨，从理论上指导应急救援人员实施应急救援和人群疏散行动。

确定应急救援警戒区，即在多大范围内有毒气体的浓度能够致人死亡、伤残或中毒，是消防部队进行化学品泄漏事故救援的核心。由于化学危险品自身物理化学特性的差异，其成灾模型也会有很大差别。而且受多种因素如泄漏面积、部位、周围环境、大气条件等影响。在缺乏实验数据时，只有通过理论分析来确定（董希琳，2007）。

1. 常见有毒化学品的毒性标准

有毒气体潜在危险性的划定或应急救援警戒区的确定，是根据有毒气体对人体的伤害程度来划分的。一般分为重、中、轻三个区域。重度区为半致死区，由某种毒气对人体的半致死剂量 Lct 50 确定；中度区为半失能区，由半失能剂量 Lct 50 确定；同样，轻度区为中毒区，由半中毒剂量 Pct 50 确定。作用时间长，相应浓度较低时，就可能造成较大范围的危害。这三种边界的确立，按消防部队应急救援的准备程度来估算：①在周围居民无任何准备的情况下，对有毒气源需按其储量来估算，或以其最大泄漏时间来确定危险区范围；②居民接到报警后转入防护，然后有序地迁移，危险区域确定需考虑实际情况下毒性剂量超过 Pct 50 的区域。

2. 成灾模型及影响条件

（1）密度的影响。大多数有毒物质泄漏后形成的气云密度比空气密度大，在水平扩散和向下风方扩散的同时，还会向上风方向迁移（若风速较小），或者向低洼处迁移或聚集。少数有毒物质的分子量小，但完全汽化后能够在浮力的作用下浮升，对地面的影响较小。

（2）泄漏环境的影响。有毒物质在有限的空间（如车间、库房等）泄漏，泄漏区将很快达到半致死剂量以上。然后在开口处向外部环境迁移。对远离泄漏点而言，只是时间上有一定的滞后，仍然可按点源连续泄漏来处理。

（3）大气条件稳定度的影响。大气条件主要包括风速和太阳辐射。风速的影响较大。如果在静风条件下，有毒气体以理想的条件扩散呈半球状在地面分布，其边缘可能达到较高的浓度，但危险区域较小。在有一定风速时，有毒物质迁移到下风方向，并不断卷吸空气，使危险区域扩大。就应急救援而言最不利的条件是微风，既有利于毒物的扩散，又不利于毒物与空气混合稀释。太阳辐射强，有利于毒物的扩散，反之亦然。在危险区域确定中，要同时考虑风速和太阳辐射的影响。

（4）地形的影响。在复杂地形条件下，毒物泄漏后穿过建筑群、森林、山地等，受到扰动混合作用，可加剧毒云团的扩散，在泄漏源附近形成较高的浓度，但危害纵深较近，通常只有平坦开阔地带的$\frac{1}{4}$—$\frac{1}{2}$。因此，在应急救援警戒区确定中只考虑平坦开阔地带的毒气扩散。

（5）泄漏特征和泄漏强度的影响。危险品爆炸性的突然释放在救援中可只考虑危险半径，而连续泄漏则必须引用合适的模式来综合分析。泄漏强度直接决定了危险区域的大小。在强源和长时间泄漏时，消防部队的应急救援范围可能扩大，而且警戒区可能呈动态特征不断向下风方扩展。这一特点在应急救援中需要考虑。

二　毒气泄漏事故人群疏散范围

城市毒气泄漏事故发生后，首要任务是确定人群疏散范围，对现场的人员进行疏散，建立人群救援区域。理论上，把灾民疏散的离事故发生地越远越好。然而在现场救援疏散中，除了考虑这一安全因素外，更重要的是如何尽快地处置事故、防止事故的蔓延扩大。因此，需要建立确定毒气泄漏事故人群疏散范围的定量分析方法，该疏散范围既能够满足现场救援疏散的实际需求，又能保证周围的群众及现场应急处置人员的人身安全。

但不同的危险化学品、不同的储存容器、不同的泄漏点位置与口径、不同的物理状态、不同的泄漏量、不同的泄漏速率、不同的自然地理环境等因素都影响危险化学品事故扩散速度、区域，也会造成不同的危害程度。因此，针对不同危险化学品、在不同情况下发生的泄漏事故进行泄漏扩散研究，确定毒气泄漏事故的人群疏散范围，具有重要的理论价值和现实意义。毒气泄漏事故人群疏散范围主要是通过危险化学品泄漏扩散模型来确定的，可从其数学模型和计算机仿真两个方面来叙述（张江华等，2007）。

1. 危险化学品泄漏扩散的数学模型研究

首先是关于危险化学品泄漏扩散方面的数学模型研究，主要分两类：一是“反求源强”模型研究，NARAC（the National Atmospheric Release and Advisory Center）对已知扩散源和未知扩散源两种情况下的危险化学品泄漏问题做了系统的研究。NARAC 通过数据和预测模型的整合，利用贝叶斯方法和随机抽样技术进行反向推断，由此来确定未知源的特点和相关估计的最优未来预测。总的来说，现有的“反求源强”模型一般是求解气体扩散微分方程的反问题，采用最佳摄动法和最优化法进行迭代运算，主要有路径统计模型、基于源传感器矩阵的反算模型、基于伴随矩阵的欧拉扩散模型。

二是关于危险化学品泄漏扩散的数学模型研究，其中包括高斯烟羽模型、高斯烟团模型、BM 模型、Sutton 模型及 FEM3 模型等。BM 模型是由一系列重气体连续泄放和瞬时泄放的实验数据绘制成的计算图表组成，属于经验模型，外延性较差。Sutton 模型是用湍流扩散统计理论来处理湍流扩散问题，但在模拟可燃气体泄漏扩散时误差较大。高斯模型和 FEM3 模型是适用最为广泛且取得较好结果的模型，并且模型又分连续性泄漏和瞬时性泄漏两种情况。其中高斯模型提出的时间比较早，实验数据多，发展到现在已经较为成熟，而且高斯模型简单，易于理解，运算量小，计算结果与实验值能较好吻合。FEM3 模型基于近些年计算机的发展，获得了较快的发展，特点是计算量大，计算结果精确性较高。但高斯模型与 FEM3 模型的应用范围是不一样的，气体密度与空气相差不多的气体或经短时间的空气稀释后密度与空气接近的气体，其泄漏扩散采用高斯模型；气体密度比空气密度大得较多的气体（例如氯气、液化石油气等），应采用 FEM3 模型。

2. 危险化学品泄漏扩散的计算机仿真模拟

各发达国家都很重视危险化学品泄漏扩散的计算机仿真模型的开发和应用。其中危险化学品泄漏扩散的计算机仿真模拟分为两类：一是静态离线仿真模拟，在仿真模拟系统中输入一些初始参数，即使这些数据是来自专用的变量传感器的初始参数，也是通过人机界面手工输入仿真系统，因而缺乏时效性，大多在安全评价中作为定性分析的参考依据，不能辅助灾时应急救援决策；二是实时动态仿真模拟，随着科学技术的发展，世界很多国家已经逐步开展了基于 GIS 和气象状况的实时动态仿真模拟研究，仿真模拟系统中的所有可观测变量来自传感器的实时检测或在线推算，并取得了相当数量的成果，其中偏重于风险管理规划的事故模拟软件有 RISKAT、GRIBS、RISWARE 等；偏重于决策支持的事故模拟软件有 SAFE、SAVE Ⅱ、WHAZAN、EFFECTS、PHAST、RISKCURUE 等。这些成果逐步构成了危险化学品泄漏事故过程系统动态监控预警体系。我国在20世纪90年代初期才开展危险化学品泄漏扩散的研究。原化工部劳动所在“八五”期间开发了毒物泄漏危害分析的仿真软件，一些高校如清华大学、东北大学、南开大学、北京师范大学、南京工业大学也开展了相应的研究。但国内的这些研究在结合GIS、风险分析和实时动态模拟等方面仍很薄弱。

三　毒气泄漏事故人群疏散模式

科学合理的人群疏散模式与疏散策略是保障受灾群众生命安全的第一道防线，我国各城市所制定的应急预案也有相应的应急疏散规划，基本采用以就近疏散的原则。然而，在由城市毒气泄漏灾害发生后，仅就近疏散的原则并不能达到最佳疏散效果。

针对上述问题，假设城市应急管理中心具有GIS、重大危险源管理信息系统、应急资源管理系统等重要城市应急管理信息系统，能提供的相关地理信息、重大危险源分布信息、应急资源信息（包括消防资源信息、医疗救护资源信息、应急车辆资源信息等）、人口分布信息以及气象信息等。

在获取以上应急救援信息的基础上，可采取如下人群疏散模式：

Step1：城市毒气泄漏灾害后，立即启动相关应急预案，及时疏散暴发点灾民。并收集相关信息，包括灾害暴发地的地理信息和周边应急资源、人口以及危险源的分布信息等。如学校、医院、消防中心、加油站等。

Step2：立即调动离灾害发生地最近的消防人员、医护人员、公安民警等赶往救灾，第一时间抢救伤亡人员，将其疏散至最近安全区域。同时，根据相关信息预测灾害发展趋势，预测可能发生的次生灾害、灾害的发展方向、灾害影响范围、灾害发展速度及其对人体造成的伤害程度、人体可承受时间等。

Step3：根据Step2的预测，在安全区域按最近原则设定临时救援点、医疗救护站。并根据灾害发展形势及其时间过程性划分不同时间影响范围，从而划分第一时间疏散区、第二时间疏散区等。

Step4：在灾害影响范围内，采取有效交通管制，保证人群疏散至临时救援点的道路通畅，并求出各疏散点到临时救援点的最小距离。

Step5：以安全疏散时间最短为目标，合理规划应急疏散资源，选取安全疏散路线。

Step6：离灾害发生源越近，群众生命安全威胁越大，因而要求更高的疏散效率。因此，在有效可疏散条件下——即疏散行动可进行且被疏散人群生命可抢救，首先利用最近应急疏散资源第一时间疏散区人群，以此类推。同时进行有效的减灾灭灾，抑制灾害发展，同时为人群疏散争取时间。

Step7：将受灾人群疏散至各临时救援点后，根据群众受伤程度决定是否需要疏散至医疗救护点进一步治疗。

Step8：根据灾害的实时发展信息，合理调整疏散策略。

第四节　城市人口密集场所突发事件人群疏散模式

随着社会的进步、人类的发展，城市人口所占的比例越来越多，城市的规模越来越大，城市的功能越来越全面。随着城市规模的增大和城市功能的增强，在城市中生活的人们面临的安全问题也越来越多、越来越严重。我国各级政府出台各项应急管理措施，意在提高政府保障公共安全和处置突发公共事件的能力，最大限度地预防和减少突发公共事件及其造成的损害，保障公众的生命财产安全，维护国家安全和社会稳定，促进经济社会全面、协调、可持续发展。城市大型商场、超市、体育赛场、电影院、歌舞厅以及其他公共场所聚集了大规模人群，一旦发生重特大事故，将是应急救援和人群疏散的巨大挑战。因此，对城市人口密集场所突发事件的人群疏散模式进行深入研究是必要的。

一 城市人口密集场所突发事件特点

综观国内外突发事件中的人为灾害，大多都发生在人口密集场所，在这些突发事件中，大多数都可归结到由于一些特殊的公共活动、节假日而引发，例如，北京的密云灯会踩踏事件、加纳首都阿克让体育场足球球迷拥挤事件、沙特麦加“射石”活动中朝觐者踩踏事故等。

1. 人口密集场所发生突发事件的原因

究其原因，更多的是人们对这些场所的环境熟悉程度不够、场所的安全设施部署得不够完善、安全评估做得不够合理、安全因素考虑得不够详尽以及人们在紧急事件下的盲从性强、行动不能自主、群聚效应明显。大致可以分为以下几个方面（柳妍，2007）：

（1）城市人口密集场所的安全容纳量的制定不够科学、合理。设计者在事先设计时，按照项目的使用功能，依照有关法律、规范等进行设计，从设计本身来看，并没有什么不当之处，对于容纳量这类硬性指标是符合各项规定的。故这种公共场所的管理者，就很容易忽略了设计中的各种安全指标，面对复杂的社会，面对难以预料的事故，很难做到严把安全关。鉴于这样的现实状况，对于城市人口密集场所的安全容纳量的制定，应该将更多的突发事件因素考虑进去，从城市安全的角度来控制人口的无节制进入。

（2）城市人口密集场所在整个城市中的区域位置认识不够深入、细致。人口密集区往往都分布在城市的交通便利地区，大多数在城市的主要交通干道上，不仅为了大多数市民能够方便地享用公共资源，而且通常作为大多数城市的文化象征或是地域代表性场所。在这些优点的背后，人们也往往忽略了一旦发生突发事件，将会对整个城市的交通带来意想不到的麻烦。当城市的正常交通发生影响时，那么相应的事故救援等措施都没办法进行，甚至会影响城市的对外交通系统。因此，在公共场所选址时，应该多考虑城市的交通条件和状况，避开容易形成交通“瓶颈”的地段。

（3）城市人口密集场所的各类信息资源不够全面和完备。例如，各个标识牌的设立位置不明显，提示内容不够明确，数量也达不到要求等。信息资源的传递也不够迅速，不能让游客在第一时间掌握场所的安全情况。北京密云灯会的踩踏事件，就是由于某位游客摔倒，而身后的游客并不知情，继续往前走，道路狭窄、人员众多、过分拥挤造成了这场悲剧。假设，灯会管理人员能在第一时间用广播或者其他通信手段告诉其他的游客，引导人们安全离开事故现场，结果也就不会那么的惨重。

（4）城市人口密集场所的管理人员缺乏保护游客人身安全意识和缺乏突发事件的应对能力。管理人员应该熟知相关规定和制度，熟悉场所的各类信息，包括地形、设施的分布、人员的岗位设置等。保持良好的警觉性，培养救援意识，积极学习各类救援措施和技术，因为在事故发生后，他们是第一个能了解到事故现场的人员，他们的反应和处理，将会影响到游客的切身利益，也将直接影响到整个事故的解决效率和最终效果。

2. 人口密集场所突发事件的特点

通过以上因素分析，人口密集场所突发事件具有如下特点：

（1）人口密集场所由于事先的设计往往难以满足场所本身发展几年后的需求状况，而由于经济盈利等原因，经营者未能及时对人口密集场所的容纳人数做相应的扩大，在某些特殊日子里，使得人口密集场所容纳的人数大大超过其最大容纳人数，从而产生过度拥挤，极易发生突发事件。

（2）由于人口密集场所往往处在城市中心最繁华地段，一旦发生紧急事件，极易引发其他灾害，以灾害链的形式产生更大的影响，使得应急救援的难度更大。

（3）处于人口密集场所中的人员，往往是顾客、游客等消费者，对场所本身的安全疏散通道、应急救援信息等都不了解，灾害发生后，很容易造成恐慌，使得救援难度更大。这也决定了人口密集场所突发事件发生后的应急救援中，最重要的便是及时进行人群疏散。而且由于从众心理等原因，人群疏散比一般的突发事件更加困难。

（4）人口密集场所的安全人员不多，从业人员往往缺乏应急救援知识和经验。这就使得人口密集场所突发事件发生后的第一时间往往不能得到最恰当的处理，极易错过抢险救灾、人群疏散的最佳时间。

二 人口密集场所突发事件人群疏散模式

在城市人口密集场所突发事件的应对处理工作中，如何成功将人群疏散至安全区域便是首先要解决的重大问题，也成为事故解决成败的关键性问题。人员疏散，可以从两个角度进行分析，一个是被疏散人员；另一个是组织疏散的人员，也可称作救援人员。他们具有如下特点（柳妍，2007）：

第一，从被疏散人员来看，他的行为可以是主动的，也可以是被动的。主动是由于他了解事情的具体状况、熟悉周围环境的各种信息、有主动撤离现场的意识判断力和行动能力。而这一切，来源于事故发生之前的有目的或者无目的的信息积累，以及事故发生后管理人员和周围人群的反应。被动则是由于对事情一无所知，缺乏处理紧急事故的能力，以及周围人群的行为影响。

第二，从组织疏散人员来看，他的行为可以是被动的或主动的。被动是因为他缺乏准确的事故评价力和事故判断力，缺乏相应的执行能力，缺乏突发事故的指挥能力。主动，则恰好相反，他会在最短的时间内意识到事情的严重性，做出最有效、最直接的救援行动，能以最快的速度报告给上级部门，请求更多的支援和决策指挥。而这些是基于事故发生前很长时间的培养和训练，有针对、有目的的准备，也基于城市硬件资源的完备和软件资源的丰富，如通信的快捷、交通的顺畅、指挥决策的可靠等。

因此，人员疏散最有效的对策就是使这个特殊行为的参与者——被疏散人员和救援人员都能够主动地完成这一行为，这样才能把灾害的损失降低到最小，城市以及城市中的各项组成部分所受到的负面影响才会最小。如何使这一最有效的人员疏散对策得以实现，即让被疏散人员和救援人员主动地完成各自的行为，成为要考虑的技术现实。如何从技术层面解决两类人群所面临的问题，是解决整个问题的关键。

基于以上分析，在人口密集场所的人群疏散问题中，对场所内部人员迅速撤离非安全区域和调整好场外已撤离人员的及时疏散是其最重要的两个方面。因此，如何做好疏散准备，确定疏散区域、疏散距离、疏散路线以及全庇护场所，是解决人口密集场所人群疏散问题的关键。

一旦酒店、影剧院、超市、体育馆等人员密集场所发生火灾，疏散救援人员应及时采取以下措施，实行有组织疏散模式：

（1）应急疏散指挥中心，利用 GIS 等信息系统，为现场救援人员提供最佳的人群疏散策略。

（2）根据场所内部人群数量、所需的时间与可利用的时间，为场内人群选择可行出口。在场所出口位置已知并且固定的前提下，应该以就近原则来选择要撤离的出口。根据人口密集场所的出口数量、出口位置、出口宽度、出口的服务能力，将各个出口的服务范围确定出来，再对应到整个场所区域，便将场所划分为几个区域，每一个区域对应一个服务出口。

（3）根据灾害发展形势和灾害现场状况对灾害进行预测，根据所预测危险的范围和扩展方向来确定人群撤离的方向和出口。

（4）为不影响场内人员的继续疏散和不造成场外人员的大量滞留，同时给救援指挥工作提供有效的道路、场所等条件，应将场外人员疏散至更远的安全区域。

（5）对灾害结果进行预测，选择完善的救援设施类型和需求量，通过对救援设施的资源分布信息的分析结果，选择合理的救援点，如消防资源、医疗救护资源、警政资源等。

被疏散人员应密切配合，采取以下措施：

（1）发现初起火灾，应利用楼层内的消防器材及时扑灭。

（2）保持头脑清醒，千万不要惊慌失措、盲目乱跑。

（3）火势蔓延时，应用衣服遮掩口鼻，放低身体姿势，浅呼吸，快速、有序地向安全出口撤离。

（4）尽量避免大声呼喊，防止有毒烟雾进入呼吸道。

（5）按服务方提供的火灾逃生通道图疏散。逃生时千万不要拥挤，不要乘电梯逃生。

三　地铁火灾人群疏散模式

城市轨道交通承担着中心区的大客流运输任务，其车站及列车是人流密集场所，一旦发生突发事故，其社会影响力、政治影响力和国际影响力十分巨大。因此必须提高城市轨道交通的安全程度，确保生命与财产安全。

由于地铁的建筑、设备和运营生产活动都处于地下，并设有大量的机电设备和一定数量的易燃和可燃物质，运行过程中有较多的乘客和工作人员，因此，存在着很多火灾的潜在因素。地铁火灾有下列几个特性（田娟荣，2006）：

（1）烟气扩散迅速。地铁内部空间相对封闭，隧道内更为狭窄，所以烟雾很快会充满车站和区间隧道。

（2）逃生条件差。主要表现在垂直高度深，逃生途径少，逃生距离长。

（3）允许逃生的时间短。试验证明，允许乘客逃生只有5分钟左右的时间。另外，车内乘客的衣物一旦引燃，火势将在短时间内扩大，允许逃生的时间则更短。我国《地下铁道设计规范》（GB 50157—2003）中允许的逃生时间是6分钟。

（4）纵火事件防范难。因为地铁内人员流动性大，加之通风口很多，所以地铁纵火事件突发性强，在没有事故前兆的情况下，乘客很难警觉。

（5）人员疏散避难困难。地铁车站和隧道的空间狭窄，出入口少。但地铁客流量大，高峰时期车站及列车都相当拥挤。发生火灾时，在无人指挥的情况下，乘客容易产生惊慌，相互拥挤而发生挤倒、踏伤或踏死。另外，在地铁火灾发生时，人员的逃生方向和烟气的扩散方向都是从下往上，人员的出入口可能就是喷烟口，所以人员疏散的难度较大。

根据以上分析，假定着火列车靠近前方站台，此时可分以下三种情况：①列车头部着火；②列车中部着火；③列车尾部着火，对其疏散模式进行分析（杨延萍等，2006）：

第一种情况下，列车头部着火，根据背着乘客疏散方向排烟，迎着乘客疏散方向送新风的原则，开启前方站台风机进行排烟，后方站台风机送新风，形成推拉式防排烟系统。在该种火灾疏散模式下，人烟分离好，且火灾烟气就近排出，排烟迅速，效果好。只是人员疏散距离最远，容易造成挤伤；同时，由于能隐约看见前方站台灯光，会有部分人员朝着亮处逃生，反而进入排烟区。因此，要做好人员疏散指引和接应，最好能开通隧道中部联络通道，分散疏散人员。

第二种情况下，列车中部着火，考虑列车前端已经靠近前方站台，在排烟通风模式不变的情况下，采用如下人员疏散模式：列车前部人员通过前端疏散门往前方站台逃生，列车后部人员迎着新风方向往后方站台逃生。此时，列车后部人员的疏散模式是符合规范要求的，而列车前部人员的疏散则与排烟方向一致，但因为靠近前方站台，人员迎着亮处逃生十分迅速，在很短的时间内就能到达前方站台区，基本上能保证在排烟风机启动前完成前部人员疏散到前方较安全区。经过简单计算，笔者认为当列车端头与前方站台的距离在 300 米以下时，可以考虑此种疏散模式。

第三种情况下，列车尾部着火，后方站台风机开启排烟，前方站台风机开启送新风，人员朝前方站台疏散。这样既满足规范背着乘客疏散方向排烟、迎着乘客疏散方向送新风的原则，又满足人烟分离、就近疏散的原则。

同时，在人群疏散中，灾民应主动配合救援人员，注意、执行以下工作：

（1）注意服从车站工作人员的指挥，沿着指定路线有序撤离，不要拥挤冲撞。

（2）列车因停电滞于隧道时，乘客应耐心等待救援人员到来，千万不要扒车门、砸玻璃，甚至跳离车厢。

(3) 救援人员将悬挂临时梯子并打开前进方向右侧的车门，引导乘客顺次下车疏散。

(4) 列车运行中发现可疑物时，应迅速利用车厢内报警器报警，并远离可疑物，切勿自行处置。

(5) 列车运行中如遇到爆炸事故，乘客应迅速使用车厢内报警器报警，并尽可能远离爆炸事故现场。

(6) 地铁发生事故时，不要擅自扒车门，以防造成触电伤亡。如站内停电，可按照导向标志确认撤离方向。

第五节　某市重特大事故应急疏散仿真与案例分析

以我国南方某市为研究对象，对该重特大规模人群疏散机制进行详细调研，详细分析大规模人群疏散中存在的问题。应用 Anylogic 仿真软件，对该市液氨泄漏事故人群疏散进行模拟仿真；借助于“基于 GIS 的城市重大危险源风险管理系统”，对该市的应急疏散机制进行研究，并运用该系统对该市重特大液氯泄漏事故应急救援方案的详细情况进行多方位了解与分析，重点专注于应急疏散方案的研究应用，为毒气泄漏的人群疏散提供了重大参考意义。

一　某市重特大事故应急疏散模拟仿真

为了检查、评价某市重特大事故大规模人群疏散策略的科学性，疏散决策模型的有效性，运用 Anylogic 软件对某化工有限公司爆发液氨泄漏重特大事故应急疏散进行模拟。本次泄漏事故假设为：

一辆装液氨槽罐车（20 吨，1.8MPa）在卸料过程中，因车体位移造成卸料连接管法兰连接处拉断，泄漏管直径为 DG50

(50cm)，出现 50mm × 5mm 的裂缝大量氨气外溢，氨气扩散至附近居民区，导致 2 万余人需紧急疏散（模拟时仅模拟化工厂工人的逃离情况，假设该工厂有 1023 人）。假设事故发生后，处置该事故需 1 小时。重点模拟在这 1 小时之内，人群的死亡率和重伤率，通过这些数据揭示城市重特大事故的危害性和科学疏散策略的重要性。

1. 毒气泄漏范围的确定

有毒气体的大气扩散是与毒气的泄漏方式紧密联系的。毒气的泄漏时间往往较短，可以将毒气的泄漏大致分为三类，即瞬时泄漏、连续泄漏、瞬时泄漏和连续泄漏并存（化工部劳动保护研究所，1996）。此次模拟并未发生爆炸之类的瞬时泄漏，可认为是一种稳定型泄放，属于连续泄漏，可以利用 Gauss 烟羽模式来进行数学描述。在 Gauss 模式的基础上，为简化计算，取泄漏点为坐标原点，x 轴与主导风向一致，垂直于主导风向的水平方向为 y 轴，铅垂方向 z 轴。则地面连续点源的有毒气体浓度公式为（苏建中，1993）：

$$C(x, y, 0) = Q/\pi\mu\sigma_y\sigma_z\exp(-y^2/2\sigma_y^2) \qquad (5-1)$$

其中：C 为在下风向 x 横向水平 y 处地面有毒气体浓度，kg/m^3；Q 为泄漏速度，kg/s；μ 为平均风速，m/s；σ_y，σ_z 分别为水平和垂直扩散系数；y 为与主导风向的水平距离，m。显然，在主导风向下风方地面的有毒物质浓度为：

$$C(x, y, 0) = Q/\pi\mu\sigma_y\sigma_z \qquad (5-2)$$

取中性大气条件（风速为 3 米每秒），水平扩散参数 σ_y 和垂直扩散系数 σ_z 的取值分别为（宇德明，2000）：

$$\sigma_y = 0.08x(1 + 0.0001x)^{-1/2} \qquad (5-3)$$

$$\sigma_z = 0.06x(1 + 0.00015x)^{-1/2} \qquad (5-4)$$

泄漏源速度 Q 则可由流体力学中的伯努利方程给出：

$$Q = K_0 A \sqrt{2\rho_L \Delta p} \tag{5-5}$$

其中：K_0 为泄漏孔口的液流收缩系数；A 为泄漏孔口的面积，m^2；ρ_L 为液体的密度，kg/m^3；Δp 为贮存容器内外的压力差，Pa。

将式（5－3）、式（5－4）和式（5－5）代入式（5－1）和式（5－2）便可得出地面氨气的等浓度曲线。

相关文献（化工部劳动保护研究所，1996）指出历次毒物泄漏事故证明：造成严重伤害的人群接触高浓度的时间一般不超过30分钟，事故的全部影响时间大多在60分钟之内；越接近泄漏源，浓度越高，伤亡越重；重大泄漏事故伤害范围可划成致死区、重伤区、轻伤区和吸入反应区。对各伤害区，定义如下。

致死区（A区）——本区内人员如无防护并未及时逃离，其中半数左右人员中毒死亡。

重伤区（B区）——本区人员将蒙受重度或中度中毒，需住院治疗，个别中毒死亡。

轻伤区（C区）——本区内的大部分人员有中度、轻度中毒或吸入反应症状，门诊治疗即可康复。

吸入反应区（D区）——本区内一部分人有吸入反应症状，一般在脱离接触后24小时内恢复正常。四区以泄漏源为中心按A、B、C、D顺序向外分布，A区的外边界是B区的内边界，其余类推。D区即吸入反应区的外边界，往往没有确定的必要。根据毒负荷的概念，查得氨气轻伤区浓度为14.4 $g \cdot min/m^3$，重伤区浓度为96 $g \cdot min/m^3$，致死区浓度为192 $g \cdot min/m^3$。

以Google卫星地图为背景，根据以上讨论，可得出某化工有限公司液氨泄漏后所形成的致死区、重伤区和轻伤区，如图5－11所示。

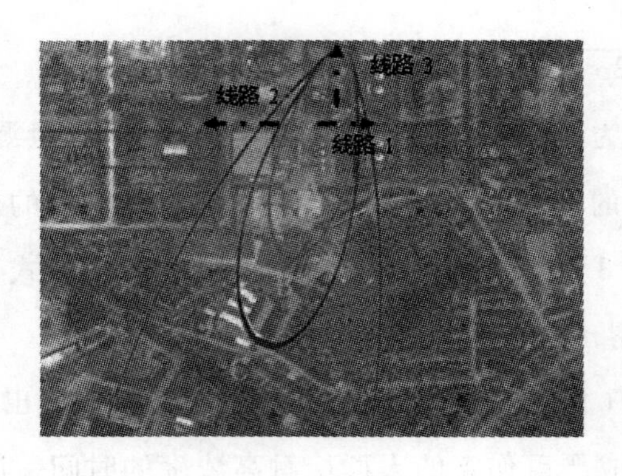

图 5－11　液氨泄漏后所形成区域与疏散路线

2. 人群疏散决策模型

人群疏散是毒气泄漏灾害发生后应急救援的重要内容，在确定了致死区、重伤区与轻伤区之后，结合相关部门 GIS 等辅助系统，各区域内待疏散的人数便随之确定。因此需要根据相关信息得出最佳的疏散策略，即如何在最短时间将危险区域的人员安全疏散到预先设定的疏散地域具有突出的地位，它包括疏散路线选择及疏散人数分配两个方面。以总疏散时间最短为目标函数。建立人群疏散决策模型 M 为：

$$\mathrm{Min}T = \sum_{o \in D} \sum_{p \in E} T_{op} X_{op} \tag{5-6}$$

满足：

$$T_{op} = \frac{Q_{op}}{V_{op}} \quad \forall o \in D, \forall p \in E \tag{5-7}$$

$$\sum_{o \in D} Q_{op} \leqslant Q_p \quad \forall p \in E \tag{5-8}$$

$$\sum_{p \in E} Q_{op} = Q''_o \quad \forall o \in D \tag{5-9}$$

$$X_{op} = 0,1 \quad \forall o \in D, \forall p \in E \tag{5-10}$$

目标函数式（5－6）中，D 为待疏散人群聚集区集，$|D| = n$；E 为临时疏散救援点集，$|E| = m$；T_{op}为重特大事故影响下将待救援

点 o 分配到临时疏散救援点 p 的人员疏散到 p 点的时间（分钟）；X_{op}为从待疏散点 o 分配到临时疏散救援点 p 的决策变量。

约束条件（5-7）为 T_{op}的取值函数，由两点间的待疏散人数 Q_{op}（从待疏散点 o 分配到临时疏散救援点 p 的人数，$Q_{op} \in Z^0$）、疏散速度 V_{op}（从待疏散点 o 到临时疏散救援点 p 的平均速度）决定。

约束条件（5-8）为各个临时疏散救援点接纳的灾民数量不大于该临时疏散救援点的最大容纳人数；约束条件（5-9）为各待疏散救援点的人数等于该点疏散至各个临时疏散救援点的人数之和。其中，Q_p 为临时疏散救援点 p 的总接纳人数。

约束条件（5-10）为决策变量 X_{op}的取值函数，X_{op}取值 1 时表示有从待疏散点 o 疏散人员到临时疏散救援点 p。

3. 仿真模型结构

本书中的城市重特大事故仿真模型采用 Anylogic 中的行人库进行建模，系统结构如图 5-12 所示。

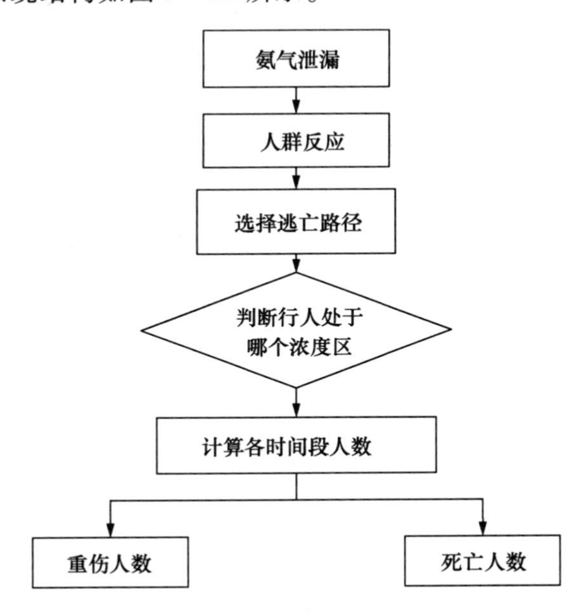

图 5-12　人群疏散系统结构

系统结构按照从事故发生开始，受毒气影响的区域在接到警报后，开始进行疏散，按照行人的真实情况模拟，在这种危机情况下，每个人都尽量选择自己熟悉且距离出口较短的路径，根据浓度划分区域，一旦行人逃出 A、B 区域，即可视为安全逃生，但是由于氨气具有一定的毒性，在浓度较大的 A 区更容易致人死亡，本系统主要研究某化工有限公司的所有工人是否能安全逃离 A 区，当时间到达某一 x（经过一定科学计算 $x=17.5$ 分钟）时，如果行人仍然在 A 区，则因中毒过深而重伤；当时间到达某一 y（经过一定科学计算 $x=48.89$ 分钟）时，如果行人仍然在 A 区，则由重伤转为死亡。

根据行人库自身特点，本系统根据某化工有限公司所处地理位置，选择了四条路径作为行人的出口，来建立模型的仿真结构，具体仿真模型结构如图 5－13 所示。

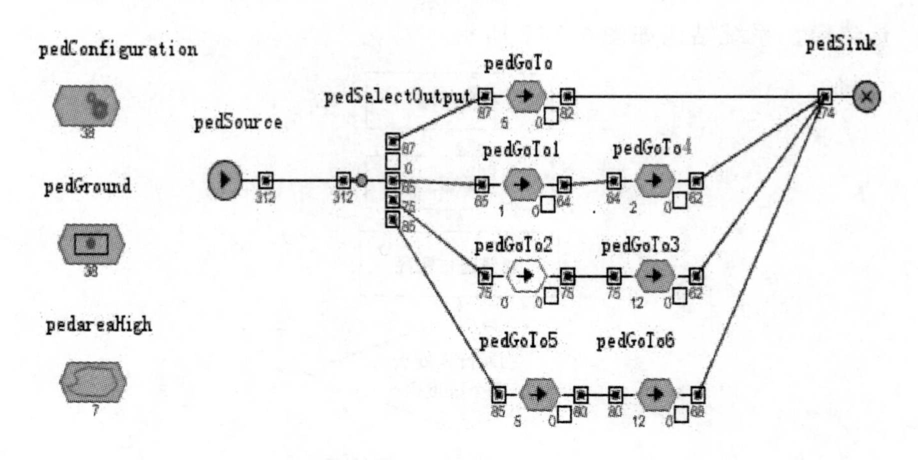

图 5－13 城市重特大事故仿真模型结构

pedConfiguration——为行人的活动定义一个具体的环境，所有的参数及行为都通过这个环境进行传递。

pedGround——定义一个二维的仿真环境，在模型中代表障碍物（墙、房屋、树等）。

pedareaHigh——定义一个特殊的区域，模型中指 A 区域。

pedSource——pedSource 对象用于生成行人。

pedSelectOutput——行人进行路径选择。

pedGoTo——代表行人在某一路径进行逃亡。

pedSink——pedSink 对象用于将进入系统的行人移出系统。这一对象通常用作行人流的终点。

具体流程为：所有行人均在 pedGround 的环境中活动，通过 pedareaHigh 定义致死浓度区域 A。右边为行人流程图，pedSource 产生逃亡人群，给定一个 pedSelectOutput 对象，定义人群随机选择的逃亡路线，由 pedGoTo 引导行人最终的逃亡方向，进入 pedSink 后认为行人进入安全区域。

4. 仿真实现与数据收集

（1）仿真实现。本系统通过两个事件实现仿真的动态运行，如图 5 - 14 所示。

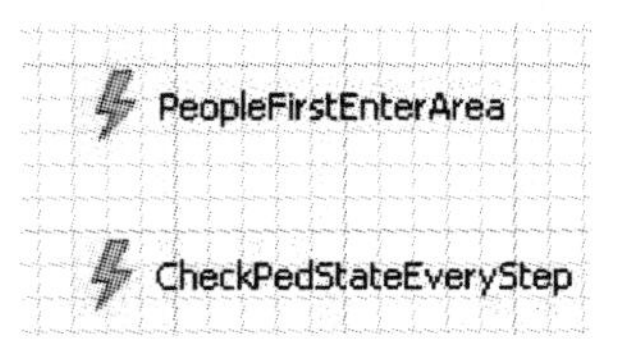

图 5 - 14　实现仿真事件

PeopleFirstEnterArea：通过此事件定义行人产生方式，本系统中首先定义行人在十分钟后才能从化工厂开始逃出，然后定义每分钟可以逃出 20 个行人，具体程序实现如图 5 - 15 所示。

图 5－15　行人产生方式

CheckPedStateEveryStep：通过此事件对 A 区域的行人进行正常、重伤以及致死的区分。具体程序实现如图 5－16 所示。

图 5－16　正常、重伤、死亡的行人划分

（2）数据收集。数据集能够存储 double 型的二维（X，Y）数据，并能够保存到当前时刻为止的每个维度中出现的最大值和最小值。数据集只能保存一定数量的最新数据项。数据集的采集和分析主要通过 Anylogic 的“Analysis”库中的工具来实现，“Model”库中的 Collective Variable 也可以实现一定的数据收集功能。数据采集工

具主要有“DataSet”“Statistics”“Histogram Data”“Histogram 2DData”“Collective Variable”；数据分析主要采用一系列的分析图表来展示。

本系统运用一些变量对相应的数据进行实时收集，并采用两个Data - Set对重伤总人数及死亡总人数进行收集，然后应用Time - Plot时间线性图对数据进行分析，具体如图5 - 17、图5 - 18所示。

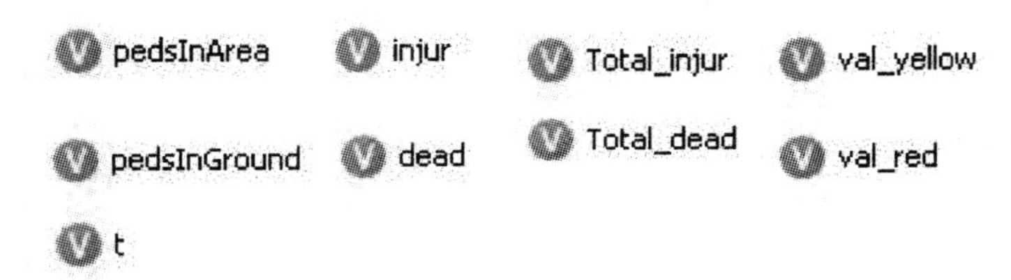

图5 - 17　数据变量

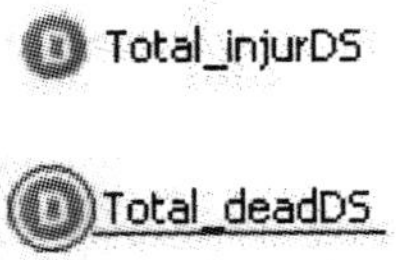

Total_injurDS

Total_deadDS

图5 - 18　数据收集

表5 - 1　各变量含义

pedsInArea	A区域	injur	重伤人数	Total_ dead	总死亡人数
pedsInGround	整个环境	dead	死亡人数	val_ yellow	由绿色变黄色的行人数
t	时间	Total_ injur	总重伤人数	val_ red	由绿色变红色的行人数

注：绿色代表正常，黄色代表重伤，红色代表死亡。

5. 仿真结果分析

鉴于仿真目的是为验证人群疏散策略和模型的科学性和有效性，以及本次事故影响范围并不广，待疏散人群可通过步行疏散至安全区域。因此，为简化计算，仿真中假设人群疏散只通过人群步行进行（步行速度为 1 米/秒）；人群开始疏散后，假设行人可选择线路 1、路线 2、路线 3 三条不同的路线疏散至安全区域，而且各临时疏散救援点没有人数限制。其中，线路 1 长 170 米、线路 2 长 260 米、线路 3 长 380 米。基于以上假设，通过模型 M 计算出的疏散策略如表 5 – 2 所示。

表 5 – 2　　由模型 M 得出的疏散策略

疏散路线	线路 1	线路 2	线路 3
疏散人数	441	351	231

根据毒负荷的概念，相关文献（化工部劳动保护研究所，1996）指出氨气毒负荷的计算公式为：$TL = C^2 \cdot t$，氨气致死毒负荷为 1.05×10^9 ppm · min，重伤毒负荷为 3.76×10^8 ppm · min。根据致死区内氨气的浓度，可计算得出处于致死区域内的人，在滞留时间达到 17.5 分钟时，人会出现头晕、恶心等症状，即为重伤状态；在滞留时间达到 48.89 分钟，人会因中毒太深而致死。

基于以上分析，在确定了本次液氨泄漏事故的影响范围后，通过对致死区内的人群（主要是工厂工人），分无组织情况下和在应用本书所探讨的策略及模型 M 所得出的疏散方案的情况下进行模拟仿真。利用 Anylogic 自带数据分析工具，获得在无组织的情况下，A 区域人群的死亡人数和重伤人数的变化曲线，如图 5 – 19 所示。

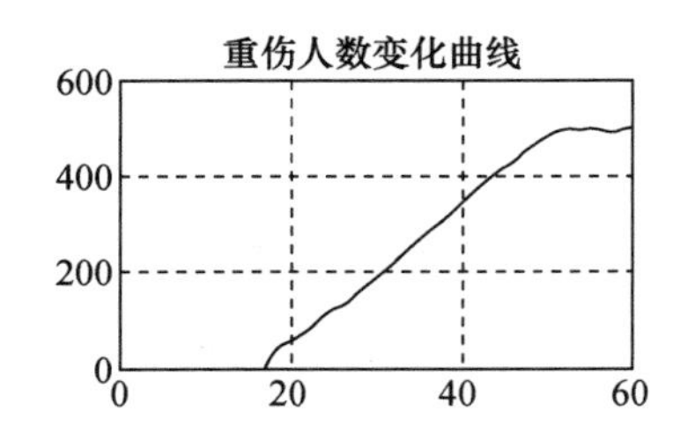

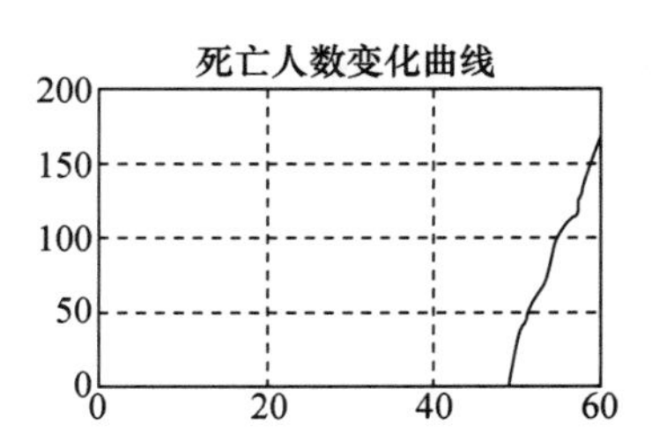

图 5－19　无组织模式伤亡人数变化曲线

两种模式下，致死区域人群的疏散仿真结果数据如表 5－3 所示。

表 5－3　两种疏散模式结果对比

疏散方式	疏散时间	死亡人数	死亡率（%）	重伤人数	重伤率(%)
无组织模式	1 小时	167	16.32	501	48.97
应用策略模式	18 分钟 11 秒	0	0	303	29.62

显然，在本次液氨泄漏事故发生后，如果不能及时、有效地采取适当的疏散策略对中毒人群进行疏散，泄漏事故将会致使众人丧失生命，酿成巨大的悲剧。然而，在毒气泄漏发生后，若各生产、应急相关部门能协同合作，采用有效的疏散策略，则可大大降低此次液氨泄漏所造成的生命财产损失，体现了重特大事故应急疏散策略在人群疏散中的重要性。

二　某市液氯泄漏重特大事故应急疏散案例分析

为提高城市应对突发事件的实战能力，考验应急预案的可行性，提高人们的忧患意识，某城市应急管理部门应当积极开展突发事件的预案演练工作，总结实战中存在的问题，逐步完善预案内容，使得该城市的应急管理能力更上一层楼。该部分将详细分析某市某化工有限公司液氯泄漏重特大事故的应急疏散策略。

1. 基本情况介绍

根据实战演练的方案，当某化工有限公司液氯大量外泄事故发生后，得知液氯已扩散出厂区范围。城市应急管理中心进入报警与接处警程序，公司总经理迅速向演练总指挥汇报，请求市政府的支援。城市应急管理中心总指挥部，对事故情况评估，决定立即启动市级重特大事故应急救援预案。

现场总指挥长接到总指挥命令后，一方面迅速组织市安监局、公安局、消防局、卫生局等单位的救援人员奔赴现场进行应急救援，一方面请专家组对事故影响程度及影响范围进行实时模拟评价。专家组根据现场指挥长指令，运用基于 GIS 的城市重大危险源风险管理系统，迅速有效地展开工作。

2. 应急救援过程

城市应急救援成功的关键在于，应急管理各部门根据需要，在城市应急管理中心的指导下，实现资源集聚、信息集聚。在多主体的协同合作下，城市突发事故得以控制。为实现资源、信息集聚于城市应急管理中，我们必须以部门之间的合作为基础。

城市突发事件发生后，城市应急指挥中心需要了解一系列事故信息，制订适宜的救援行动方案，并做出指挥决策。决策考虑的要素有：地点要素、时间要素、气象要素、交通要素、案发地点周围环境要素、救援设备要素等。这些要素是应急决策的能量，作为应急救援的重要组成部分之一的应急疏散工作，在指挥中心和各成员部门的协助下，通过基于 GIS 的城市重大危险源风险管理系统，实现可视化人群疏散的流程如图 5 - 20 所示。

3. 应急疏散预案

由于现代城市人口众多、财富集中，因此各种突发性灾害事故发生概率较大，研究如何正确选择疏散路线，设置合理的疏散次序，安排科学的人防工程对于保证人们的生命安全具有重要意义（湛永松等，2008）。为此，在发生重大公共危机事件时，需根据全局最优化原则，尽快确定最佳疏散策略，包括疏散路线选择、时间安排、人群疏散次序及目的地分配等。近些年来，随着 GIS 技术的快速发展，把其应用于应急疏散中，实现可视化的结果显示。

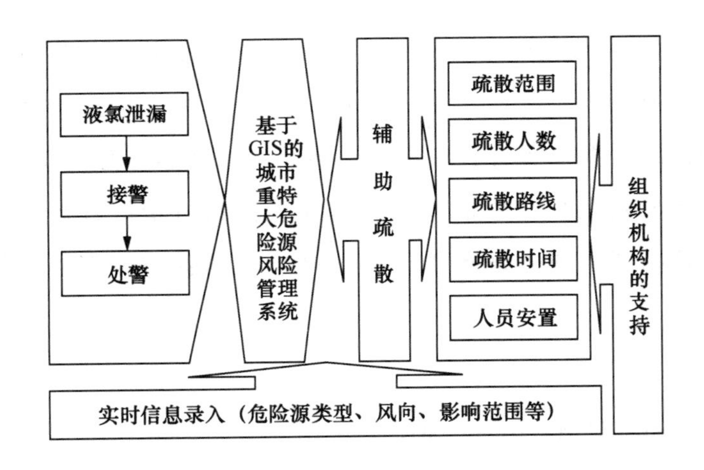

图 5－20　基于 GIS 的城市重特大事故应急疏散流程

应急预案为城市应急救援提供参考，是城市应急管理的基础。面对大量液氯泄漏的情况，受灾人群的心理处于一种非理智状态，拥有及时、有效的应急疏散预案意义重大。应急疏散预案主要包括以下几个方面：单位的基本情况、组织机构、报警与接处警程序、应急疏散的组织程序和措施等内容（王辉，2008）。

（1）单位的基本情况。第一，调查了解单位的位置、周边情况。确定危险源单位的地理位置，并了解单位周围的交通情况、医疗状况、消防资源的分布等相关信息。根据危险源引发的灾害情况，避免次生灾害的发生，选择最优的疏散策略，最小化灾害的影响。第二，调查场内的危险源。明确危险源的泄漏位置，确定泄漏物质的物理性质和化学性质。以此，有利于寻找科学、合理的救援方案，发布有效的自救信息。

（2）组织机构。应急疏散预案是城市重特大事故应急预案的一部分（虞汉华，2005），是对人群疏散方面的细化，因此，其组织机构的设置在宏观上与城市重特大事故应急预案的机构设置相同（如图5－21所示）。城市重特大事故应急救援指挥部负责指挥、协调重特大事故应急救援工作。负责组织全市重特大事故应急救援演练，并监督检查各部门、各系统、各区县应急演练工作。重特大事故发生后，总指挥或总指挥委托副总指挥赶赴事故现场进行现场指挥，成立现场指挥部，批准现场救援方案，组织现场应急救援。

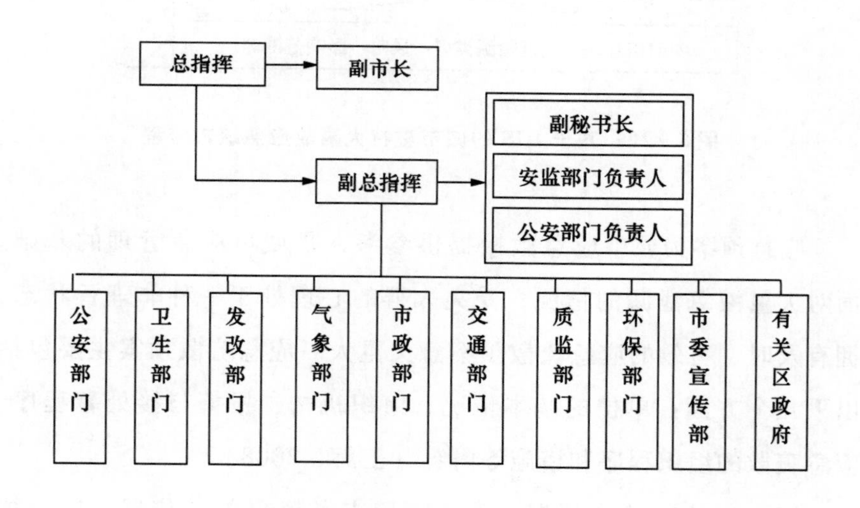

图5－21　组织机构设置

以上是宏观方面的介绍，微观上，城市应急疏散由领导小组、安全疏散组、安全警戒组、通信联络组、安全防护救护组及其他必要的小组组成。下面仅对部分小组展开叙述：

①安全疏散组：由区（县）政府负责，市公安部门协助。负责对现场及周围人员进行防护指导、人员疏散及周围物资转移等工作。由区政府、市公安部门、事故单位安全保卫人员和当地政府有关部门人员组成。

②安全警戒组：由市公安部门负责。负责布置安全警戒，禁止无关人员和车辆进入危险区域，在人员疏散区域进行治安巡逻。该组由市公安交管部门、治安分部门等组成。

（3）报警与接处警程序。危险源泄漏后，单位发生报警的动作，报警时应说明以下情况：着火单位、着火部位、着火物质及有无人员被困、单位具体位置等。接警后，按预案规定内部报警的方式和疏散的范围，组织指挥初期的应急救援与人员疏散工作。

（4）应急疏散的组织程序和措施：第一，人员疏散与安置。当事故现场周围地区人群的生命受到威胁时，要考虑及时疏散人群到安全区域，以减少人员伤亡。是否需要疏散人员、疏散人员的数量、疏散的范围距离、疏散人员的安置等由应急救援指挥部根据事故的严重程度请示市政府后做出决定。由区（县）政府负责组织实施。为妥善照顾已疏散人群，区（县）政府应负责为已疏散人群提供安全的临时安置场所，并保障其基本生活需求。第二，确定科学的疏散路线。化学物质的泄漏，特别是有毒的、易扩散的物质的泄漏往往会引致人员中毒甚至死亡等严重后果。因此，如果组织疏散不力，就会造成重大伤亡事故。在制订安全疏散方案时，根据泄漏物质的特点，以及气体的流动方向，结合人员的分布情况，设计出安全的疏散路径，做好正确的疏散引导工作。第三，疏散通报。发生重特大事故后，由市或区（县）应急救援指挥部决定，何时、如何向事故区域内的公众发出警报。在发出警报的同时，应进行紧急通告，传递紧急事故的有关重要信息，如重大危险源的危害、自我保护措施、如何实施疏散、疏散路线和庇护所等（Claycamp，2006）。

（5）状态监测与评估。状态监测与评估分别由市环保部门、卫生部门负责。发生重特大事故后，由市环保部门、卫生部门组织监测仪器，对事故现场周围的影响进行动态监测，为事故的抢险、公众的就地保护和疏散、应急人员的安全、人群的返回等提供决策依据。

4. 基于GIS的城市重大危险源风险管理系统的人群疏散

（1）基本信息准备。根据报警信息（事故发生地和事故类型等信息）立即查出事故单位的基本信息。图5－22为泄漏物质——氯气相关物性参数查询情况。

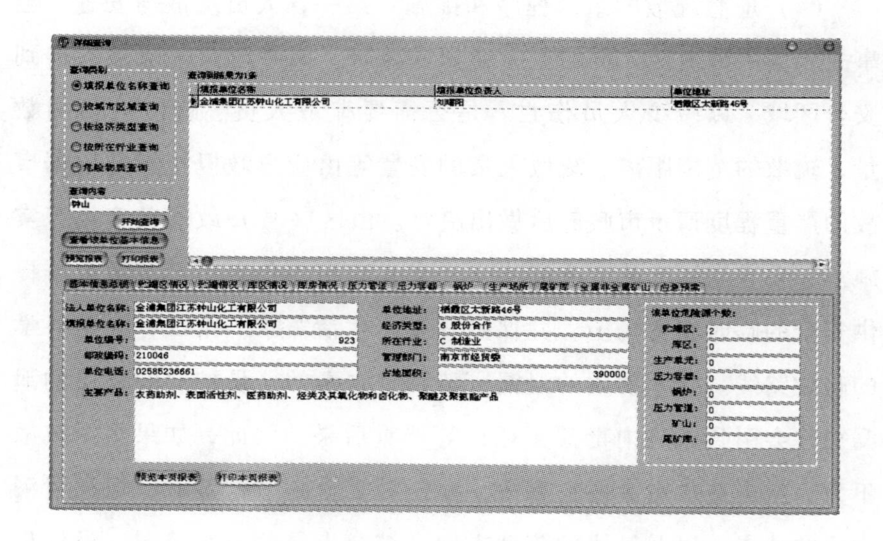

图5－22　（a）事故发生地基本情况

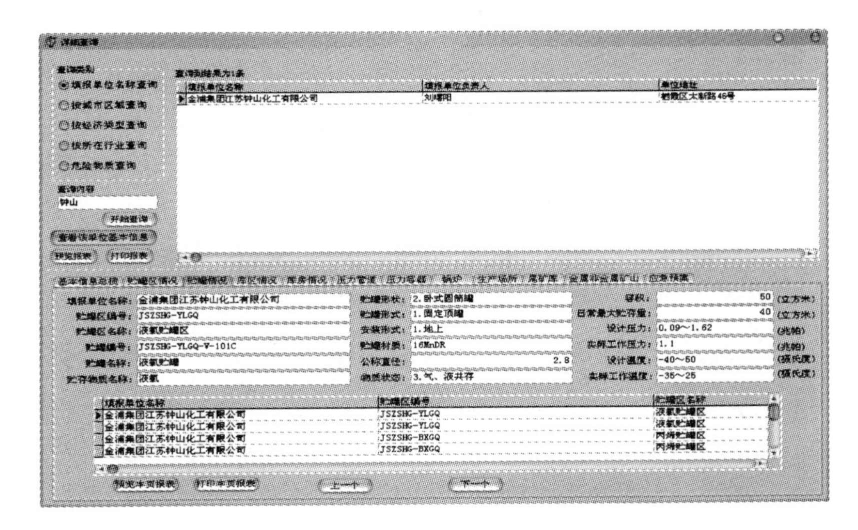

图 5 – 22　（b）泄漏罐基本情况

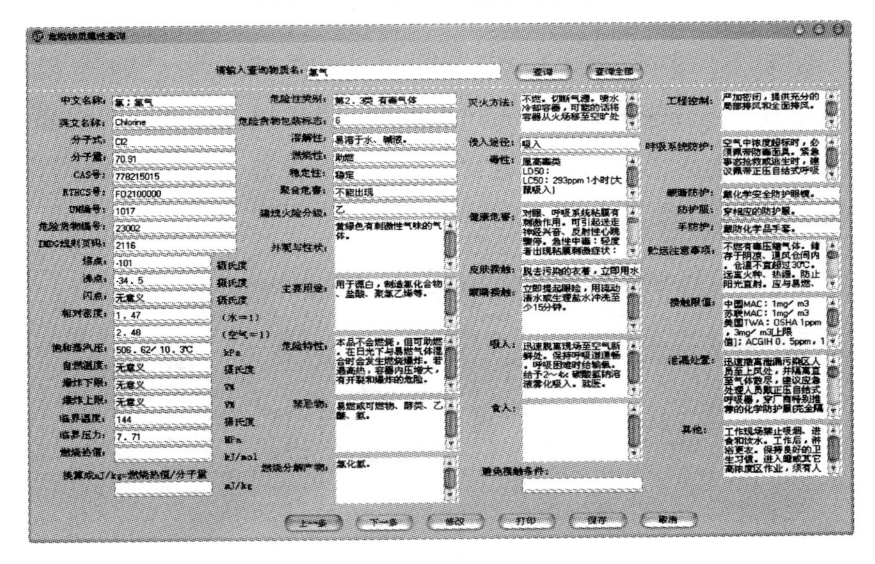

图 5 – 22　（c）氯气物性参数

（2）疏散范围确定。根据设定条件及当时的自燃状况，采用系统内风险评估模型进行风险评估。

事故发生时当地的风向，如图 5 – 23（a）所示。

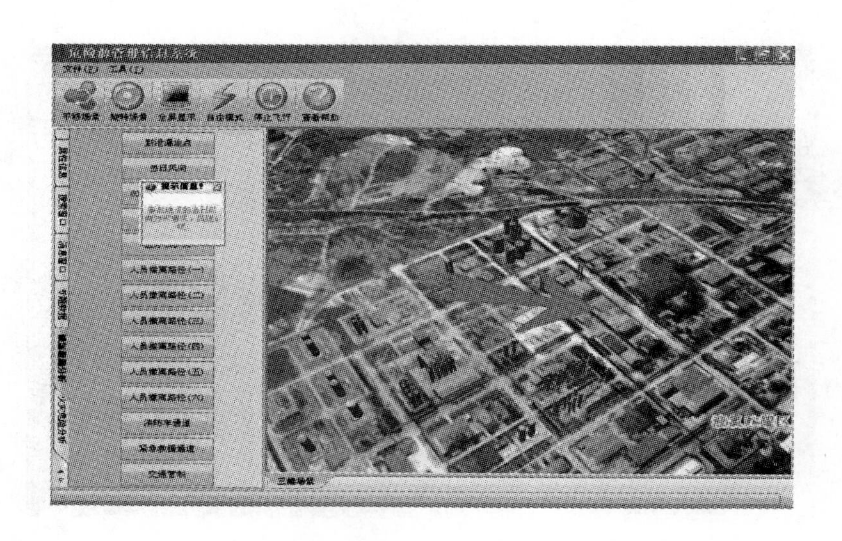

图 5 – 23 （a）事故发生时风向表示

在毒气泄漏中，气象信息对救援工作的影响重大。根据气象部门从事故当地传来的数据，把风向数据信息录入到系统中，综合考虑事故发生地的各种数据信息，确定出氯气泄漏后的影响区域，如图 5 – 23（b）所示。

5 – 23 （b）氯气泄漏风险评估计算结果（60 分钟后的影响区域）

（3）路障设置。现场指挥部按照事故风险分析的结果，运用基于 GIS 的城市重大危险源风险管理系统辅助液氯泄漏重特大事故应急救援决策。辅助事故影响区域道路交通管制决策如图 5－24 所示。

（4）辅助事故影响区域人员紧急疏散决策如图 5－25 所示。

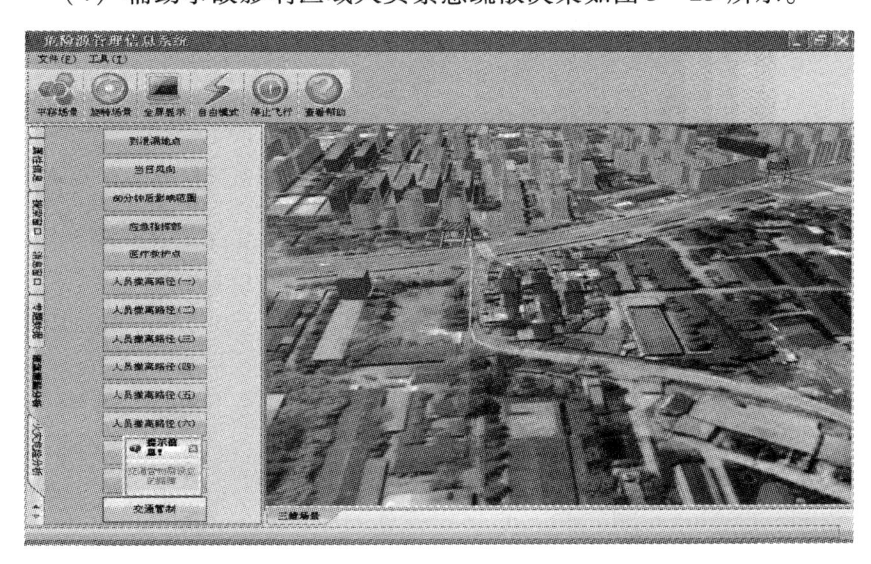

图 5－24　氯气泄漏区域路障设置

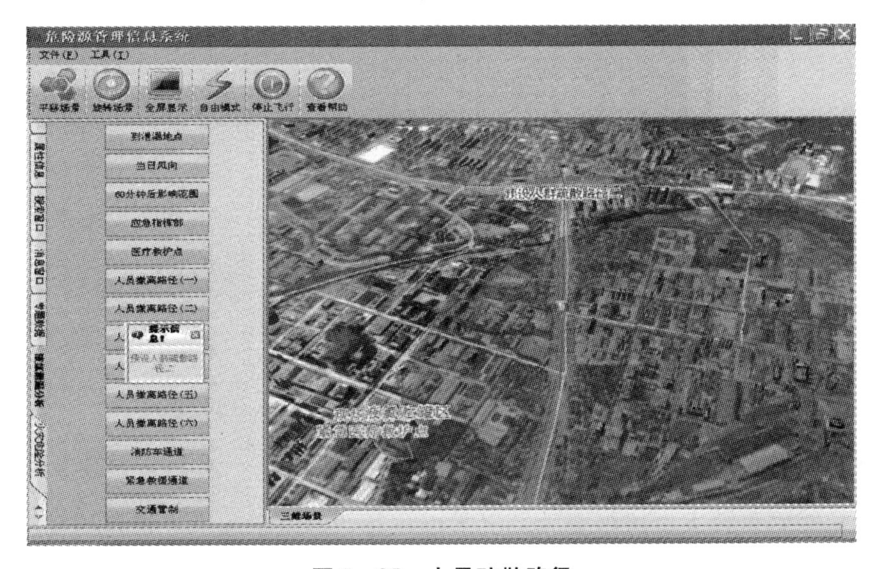

图 5－25　人员疏散路径

（5）辅助最优化路径决策。根据情况可以查询出事故附近的应急资源信息，比如消防力量、医疗急救力量。同时提供路径，指导救援力量快速到达救援现场。如图 5－26 所示。

图 5－26 急救路径

（6）辅助应急救援指挥部和医疗救护点设置决策。在现场指挥部和医疗应急救护点，分析应急救援现场需要设置后可得出指挥部和救护点的位置。如图 5－27 所示。

这次演练顺利完成了所有规定的项目，基于 GIS 的城市重大危险源风险管理系统在演练中发挥了重要作用。

5. 演练问题总结

（1）快速反应机制。应急救援工作的重要特性就是时效性。一旦发生事故，应急救援工作必须快速、有序地展开，不能有丝毫的耽误。接到重特大事故报警后，应急指挥要马上组织起来。快速的反应机制能为应急救援争取到宝贵的救援时间。

图 5－27　救援指挥中心和救护所

（2）事故现场设定过于简单。事故设定是预案制定的关键环节之一，对救援力量部署、施救对策等起着决定性的作用。如果事故设定过于简单，如只确定一个事故点或是不设置事故发展变化中易引起的次生灾害（如危险化学品的泄漏燃烧、压力容器的爆炸、建筑物的倒塌、人员连续伤亡、被困情况变化等），整个预案就显得过于简单，没有起到打大仗、硬仗、恶仗的准备作用，对平时的应急救援训练工作的指导意义也就不强。

（3）事故应急救援步骤制定格式化。在制定各级预案时容易出现的问题是在制定救援对策时，往往将各救援力量在现场的救援行动交代得过细，如救援中心的力量什么时候到达现场，现场救人采取什么样的方法，救援时哪些人利用哪个救援工具等。问题布置得太具体，看起来就像是在演戏，而忽略事故现场的瞬息万变和计划指挥与临场指挥的关系，预案反而失去了实际意义。

第六章

城市重特大事故大规模人群疏散决策基础

城市重特大事故大规模人群疏散是一项复杂的活动，不仅需要城市发展和城市应急管理的理论方法和知识，还需要运用人群疏散方法和方式，更需要我们对重特大事故大规模人群疏散决策问题进行深入的分析和探讨。在应对城市重特大事故大规模人群疏散模式和决策的研究和发展方面，西方各国早已形成一套有效的城市保障机制，大大提高了城市的应急能力和人群疏散能力，尤其是美国“9·11”事件以后，世界各国对城市安全问题更加重视，城市安全应急体系得到了进一步的发展，应急疏散效率也得到了提高。人群疏散作为城市重特大事故应急救援当中的重要环节，人群疏散决策的效率对应急疏散的效能有着关键作用。本章将对本书研究的基础知识进行分析，主要有城市重特大事故大规模人群疏散基础、人群疏散决策基础和人群疏散决策理论基础三个方面。

第一节　城市重特大事故大规模人群疏散基础

在城市重特大事故大规模人群疏散中，人群疏散行为规律、人群疏散关键信息、人群疏散决策关键因素与人群疏散决策指挥流程是决策人员做出科学、有效的应急疏散方案的重要依据。通过对上述内容的简述可找出城市重特大事故大规模人群疏散决策模型建立的基础。

一　人群疏散关键信息

城市重特大事故发生后，应急救援部门、救援人员要根据事故背景、灾害级别、发生区域信息、人口密度、交通状况、警力分布、资源分布等做出科学、有效的应急疏散方案并立即实施，以确保灾害发生地人们的生命安全。城市重特大事故大规模人群疏散关键信息主要有以下几个方面：

1. 在人群疏散决策指挥方面

城市应急决策指挥中心需要了解一系列灾区信息，制订适宜的救灾行动方案，并做出指挥决策。决策考虑的要素有：地点要素、时间要素、气象要素、交通要素、案发地点周围环境要素、救援设备要素等。只有全面考虑这些要素，所做的决策才是周密、完整的。人群疏散主要决策要素有以下几点：

（1）潜在灾害类型及分布。潜在灾害类型及分布是建构城市公共安全数据库的基础。依据历史灾情库和环境特征，将该地区可能发生的灾害进行辨认，并将其空间分布导入应急决策的知识库，从而确定人群疏散范围等。

（2）实质环境状况。实质环境状况是引发城市灾害的物质基础，是判别灾害潜力的依据，尤其在那些灾害频发的敏感地区。

（3）关键设施状况。包括政府机构、教育机构、重要公共场所及水、电、气、热、交通、通信等各类城市生命线，从而确定人群疏散方向和地点。

（4）应急救援力量。包括公安、消防、医疗、环境、防疫等重要应急机构的数量及空间分布，从而合理分配、组织疏散人员进行疏散工作。

（5）社会经济因素。主要包括产业结构、流通结构、人口分布等。不同社会经济条件下发生同种程度的灾害，可能产生截然不同的后果。

2. 在人群疏散方案实施方面

在有计划地组织大规模人群疏散过程中，需要根据灾害现场信息和疏散进展情况实时调整方案，以达到最佳的疏散效果。人群疏散实施主要包括以下几个要素：

（1）现场人群疏散。根据疏散方案在灾害现场执行人群疏散。

（2）现场交通管辖。在人群疏散过程中，所采用的疏散路线，必须确保疏散通畅，因此，必须对疏散路线进行良好的交通管辖。

（3）现场救灾抢险。在组织人群疏散的同时，有效遏制灾害发展，才是应急救援的根本。

（4）现场资源调度和医疗救护。在毒气泄漏等事故中，疏散现场难免会出现部分人晕倒等，需要用到医疗资源，以确保灾民的人身安全。

因此，在本书所建立的人群疏散决策模型中，我们假设决策者可通过 GIS、应急管理信息系统等先进科学技术手段获取实时的灾害信息和救援信息等。在所建立的决策模型中，我们假设现场人群可顺利被组织疏散、现场交通管辖良好、人群被疏散至安全点后便能得到合适的医疗救治等。重点是通过模型可以得出合理的路径选择策略和资源配置策略。

二　人群疏散决策指挥流程

本书研究的主要内容是城市重特大事故大规模人群疏散决策，通过建立和求解决策模型得出人群疏散策略。因此，了解人群疏散决策指挥流程对模型的建立和策略的获取有着不可取代的作用。

城市重特大事故大规模人群疏散决策指挥流程主要有接警、灾害确认、出警、人群疏散决策、现场人群疏散等，以及疏散日志备案以供以后查询（如图 6－1 所示）。

（1）事故接警与应急响应。应急指挥中心一旦接到事故报警，接警员向报警人员询问与事故相关的重要情况，记录事故发生时间、地点、类型、环境情况等信息。报警数据库中新增事故报警记录。根据报警人提供的情况，应急向导将对事故作初步分析，判断事故等级，并根据事故等级启用不同的通报程序（廖光煊等，2005）。

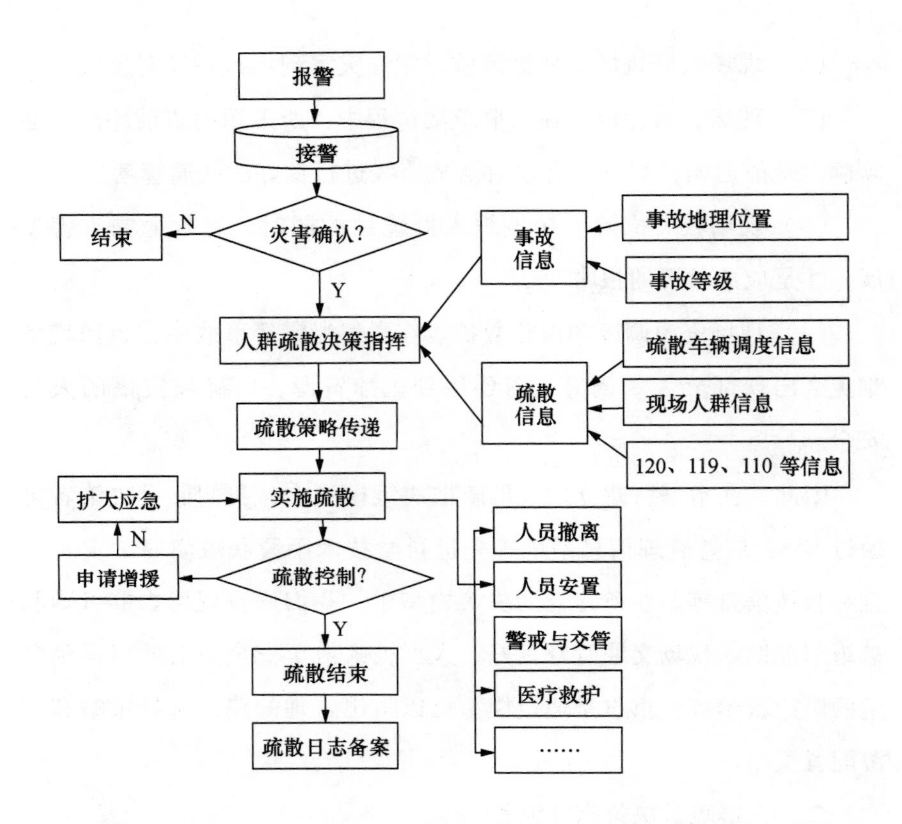

图6-1 城市重特大事故大规模人群疏散决策指挥流程

(2) 应急疏散资源调度。类似疏散车辆资源的调度，如交通、公安、急救力量的调度。根据事故报警情况，首先对需要进行疏散车辆资源需求分析。由于临近的每个消防中队都不能完全满足疏散需求，所以判断需要多个中队联合疏散，并对每个中队所需要出动的消防力量进行分析，同时根据道路网的情况，对每个消防中队的调度路线进行分析，并在地图上给出最佳车辆疏散路径。

(3) 疏散策略决策。在城市重特大事故大规模人群疏散过程中，根据灾害现场实时信息，制定合理的人群疏散策略是非常重要的，它通常包括人群疏散路径选择、疏散人数分配、疏散车辆资源配置、警力分配、疏散方向和地点的确定等。

（4）疏散结束和疏散日志备案。在本次应急疏散结束后，记录好应急救援疏散的日志以供查询。

在上述人群疏散决策指挥流程中，应急疏散资源调度和策略决策是模型需要获取的。其中，应急资源调度主要为车辆资源调度，通过模型求解得出车辆资源的最优配置，以使疏散出的人数最多；而人群疏散策略则包括疏散路径选择及其人数分配等，都对人群疏散的有效开展有着重要的指导意义。

三　城市重特大事故大规模人群疏散路径选择

选择有效的疏散路径对于减轻灾害或事故损失，保证人民生命财产安全具有重要意义。关于疏散路径选择问题已经有国内外的学者开展了相关研究并提出了一系列基于网络理论的模型与算法，然而这些研究绝大多数是在疏散网络中各弧段上的通行速度恒定或分时段恒定的假设下进行的，很少有文献考虑灾害扩散对疏散网络中各弧段通行状况的实时影响。相关研究表明，许多灾害的扩散是随时间逐渐进行的，并且不同的地理位置受到灾害的影响程度也不同，如火灾、毒气泄漏事故中烟、气的扩散以及飓风等灾害的逐渐蔓延都具有这样的性质。因此，在疏散计划中只考虑恒定的通行速度或者预测单一的灾害扩散影响下的通行速度并不能很好地反映灾害扩散对疏散过程的实时影响。

1. 人群疏散路径选择模型

袁媛等（2008a）考虑灾害扩散的实时影响，建立了应急疏散路径选择问题的数学模型。模型以通过疏散路径所需的总疏散时间最短为优化目标，将疏散网络中各弧段上的通行速度表示为随时间的连续递减函数。而且由于通行速度的时变性，疏散者在各弧段上的通行时间也将不是常数，这就使问题呈现出与经典最短路问题不同的性质。

在应急疏散过程中，时间是最主要的考虑因素。与传统最短路问题不同的是，由于受到灾害扩散的实时影响，疏散网络中各弧段上的通行速度将随时间不断下降，因此通过各弧段所需的时间也不是常数。应急疏散路径选择就是要确定一条从被疏散者所在的疏散源结点到安全地带所在的疏散目的结点的总通行时间最短的路径。因而许多学者通过路径所需的疏散时间最短为优化目标，建立考虑灾害扩散实时影响的应急疏散路径选择问题的数学模型。

然而，在人群疏散过程中，不仅受到灾害本身的影响，应急救援资源也是有限的。而人群疏散的最大目标是能够在最短的时间内疏散出最多的人。因此，可以在允许范围内，在资源约束的条件下，以疏散出的人数最多为目标函数，建立人群疏散路径选择决策模型。

同时，在紧急情况下的人群会处于高度恐慌的状态，这将严重影响他们的心理和行为，使得应急管理的难度加大，因而在应急管理的相关问题中必须考虑人群的应急心理与行为。而在应急疏散中，如果疏散路线过于复杂，将增加疏散者的恐慌程度，从而影响他们通过疏散指令寻找合适疏散路径的能力（Lo et al.，2004）。因此，疏散路径应尽可能简单地以使疏散者更容易跟从。相关研究表明，应急疏散中大多数的阻塞和恐慌都发生在疏散路径上各弧段间的转换或过渡中。例如，在建筑物疏散中，疏散者在空间出口处的移动要比在自由平面空间中的移动复杂得多，在楼梯的转折点处也更容易发生群体拥挤踩踏事件；而在区域疏散中，大部分的交通拥塞都发生在道路的转弯或交叉路口处。因此可以认为，疏散路径中所包含的弧段数目越少，疏散者越容易跟从。

根据以上所述，袁媛等（2008b）考虑更多的应急疏散环境下的实际情况，为使高度恐慌下的疏散者更容易地跟随疏散指令寻找疏散路径，将路线复杂度最低作为应急疏散路径选择问题的优化目标之一，建立了同时最小化疏散时间和最小化疏散路线复杂度的应急疏散路径选择双目标优化模型。

2. 交通路径选择原则

由于城市突发事件的突然性和紧急性特点，救援交通路线的选择应该遵循以下三个原则（柳妍，2007）：

（1）最短路径原则。救援设施点到事故发生地所经过的路线长度最短，保证救援车辆能在最短的时间内赶到出事地点。突发事件的严重程度各不相同，对救援设施的类型和数量的需求也就各不相同，应根据突发事件的危险等级，以及各个社会服务设施部门的服务能力，选择合理的救援设施。根据救援设施点到事故发生地的地理方位和距离的远近，确定救援的方案。根据 GIS 相关软件，在城市道路网络中利用软件的网络分析功能，确定研究范围内距离事故发生地点的最近设施。目的是在网络路径上找出距离某一位置最近的设施，并设计到达这些设施的最近路线。根据需要，最近设施可以是一个或多个。

（2）疏散道路与救援道路的避让原则。人员疏散工作和应急救援工作应该同时进行，为了避免发生道路的抢用拥堵，应该做到人车分流、互相避让。

（3）城市交通对人员撤离路线的避让原则。城市突发事件的不可预见性使得城市的通信、交通等很多方面在事件发生的一瞬间就开始发生改变，为了减轻对城市正常交通的影响，应该在突发事件发生之时对城市的交通系统进行合理的调整。首先，突发事件影响区域内的城市交通应该尽可能地避让人员的撤离和救援的执行。其次，可以直接进入突发事件影响区域的车辆，应该尽可能地绕行，避开此区域，减轻区域内的交通负担。最后，应视事件的严重程度，适当调整原来的交通规则。例如，对某些路段实行临时禁行、单行等交通管制，以此缓解给城市交通带来的负面影响。

3. 人群疏散对城市道路交通运输系统的要求

城市道路交通运输系统在城市突发事件发生时的应急救援能力、水平和功能，应该从系统的各个组成要素以及各要素之间的关系等方面考虑（柳妍，2007）。

第一，城市内部交通运输系统要形成拓扑网络，对外交通运输道路至少要有两个以上的出入口，并与城市外部交通干线衔接。

第二，城市必须有系统的消防、医疗等事故应急救援道路系统，不被占用，维护良好，保持通畅。

第三，对重要的交通枢纽、交通指挥中心和主要交通干线要重点保护。

第四，应急救援设备时刻处于完好状态。

第二节　城市重特大事故大规模人群疏散决策基础

人群疏散决策模式直接影响疏散救援行动的效率，而疏散模式主要是根据灾害和疏散资源等要素确定的。国内外的疏散模式研究基本是根据洪水、飓风等自然灾害以及建筑物火灾、毒气泄漏等特定事故的特点进行疏散（Tang et al.，2008）。Yi 等（2007）提出了两阶段的人群疏散模式，本书第三章在两阶段疏散模式的基础上进行建模求解，来获得城市重特大事故大规模人群疏散的路径选择和人数分配决策；同时，鉴于应急疏散的动态性，第四章对应急疏散车辆资源的配置采用动态模式，运用动态规划理论进行建模求解，以获取车辆资源的配置方案。本节将在讨论灾害发生、发展的时间差和人群疏散的重要约束条件进行深入讨论的基础上，对两阶段疏散决策模式和动态疏散模式进行概述。

一　灾害发展时间过程性

在城市重特大事故灾害及其次生灾害的发生、发展过程中，灾害是随时间不断发生发展的，影响也是随时间不断扩大的，具有先后的顺序，即具有时间过程性，如图 6－2 所示。

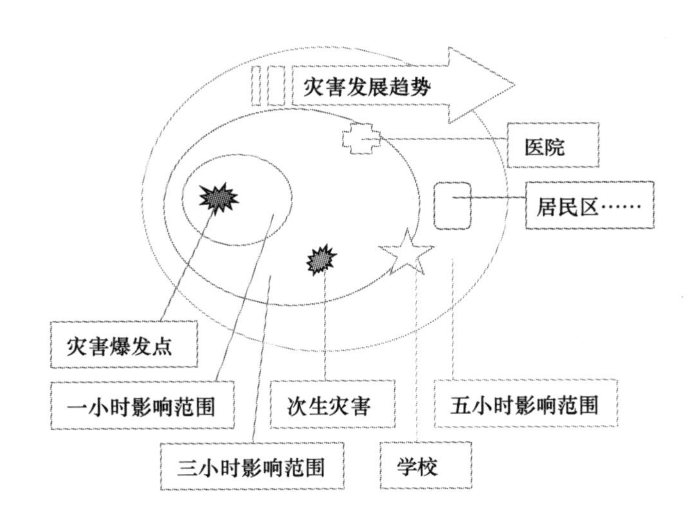

图 6－2　灾害发生发展的时间过程性

因此，我们的目标便是在应急资源有限的条件下，选择最合理的应急疏散策略，发挥有限的应急资源的最大效益，最大限度地减少人群伤亡。在以就近疏散原则为基本疏散策略原则的前提下，利用灾害发生发展的时间过程性，根据应急疏散资源情况，适当调整就近疏散的原则，只要能保障群众生命安全，可将部分灾民疏散至较远、医疗救治资源较少的临时疏散点。本书第四章所建立的动态决策模型便是基于灾害发生发展所具有的时间过程性。

二　人群疏散时间和资源约束

在城市灾害应急疏散过程中，疏散行为与时间的有限性及其与应急资源的有限性之间的矛盾是应急疏散过程中的两对最重要矛盾。只有充分考虑时间和资源的约束性，才能使疏散决策科学、有效。

1. 人群疏散时间约束

根据突发事件发生后，城市应急管理部门的响应规程，可以将应急救援程序分为接警、确认、处警、现场救援、恢复、结束六个阶段。从接警到应急救援结束，其中可用于有效人群疏散的时间是有限的。例如在毒气泄漏事故中，设毒气泄漏开始时间为 T_0，结束对人群造成伤害的时间为 T_1，应急部门接警并采取有效救援需要的时间为 ΔT（包括反应时间），则留给人群疏散的时间仅为（T_1-T_0）$-\Delta T$，是一个有限的时间，其中真正达到有效疏散的时间更是有限。

同时，在城市重特大灾害中，人群能承受的等待被救援的时间也是有限的。在毒气泄漏事故中，处于泄漏区的人群在吸入一定量的毒气后便会有中毒现象。现已有的卫生学资料都证明，中毒程度与毒物浓度、接触时间呈正相关关系（化工部劳动保护研究所，1996）。前人据此提出毒负荷（Toxic Load）的概念，它是毒物浓度和接触时间的函数。根据人群所处区域的毒气浓度和该毒气的毒负荷，可以算出该区域人群可等待救援的时间，从而可以划分不同区域待疏散人群的疏散紧急程度，合理调度应急疏散资源，最大限度地减少灾害损失。

2. 人群疏散资源约束

在城市重特大事故大规模人群疏散中，可供调度的应急疏散资源总是有限的。易知，在应急疏散中，如果待疏散人数确定的话，在相同的救援条件下，可供调度的资源越多，则完成疏散任务需要的时间越短，救援效率越高。然而，在现实人群疏散过程中，可供调度应急资源有限，使得以上假设不成立。灾害发生后，应急疏散资源总是显得不够多。因此，对有效人群疏散来说，资源的有限性很大程度上约束了应急疏散的效率和效果。

为能缓解以上讨论的人群疏散与时间和资源的两大约束，本书采取两阶段疏散模式和动态疏散模式，分别获取人群疏散的路径选择、人数分配和资源配置策略。

三 两阶段疏散决策模式

城市重特大事故的公共危机具有分布范围广、工作状态复杂的特点，严重威胁着人们的生命财产安全。人群疏散是城市重特大事故发生后应急救援的重要内容，因此如何在最短时间内将危险区域的人员安全疏散到预先设定的疏散地域具有突出的地位，它包括疏散路线选择及其疏散人数分配两个方面。

结合城市重特大事故灾害对人群疏散造成的影响和城际间的大规模人群疏散问题，本书根据 Yi 等（2007）提出的两阶段疏散模式，建立临时疏散点并对疏散人员按受伤程度的不同等级的伤员采取不同的疏散和救援措施，采用两阶段人群疏散模式：首先将灾区人群疏散至安全区域的临时疏散救援点；其次从临时疏散救援点将重伤员继续疏散至医院等专业救治点，而正常人员和轻度伤员则留在临时疏散救援点接受相应的救治和安置，如图6－3 所示。这样可以充分利用车辆等应急资源，同时不会让医院的压力过大，把医疗落到真正需要的人员身上。并在约束条件中加入时间满意度，体现不同受灾点的紧急状态，从而为有效地开展人群疏散，增强医院的救治能力，提高应急救援效率提供决策方案。

在疏散过程中，由于灾害所产生的交通路线毁坏等，使得疏散难以进行。由图6－3 可知，各个待疏散人群聚集区可以根据各可行路径将人群疏散至任何一个临时疏散救援点，但每个临时疏散救援点的总接纳人数是有限的，疏散至该救援点的人数不能超过其总接纳人数；各临时疏散救援点的重伤员可根据需求向任何一个救治医院疏散，每个医院所接纳的重伤人员也不可超过其总接纳人数。在以上两个条件下，根据两阶段疏散模式，以寻求总疏散时间最小为目标函数，可建立城市重特大事故大规模人群疏散决策模型。

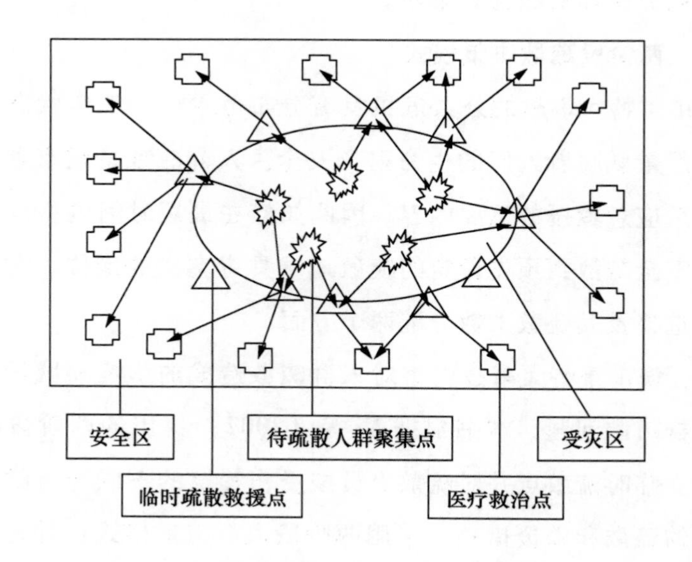

图 6－3　城市重特大事故两阶段人群疏散示意

四　动态疏散决策模式

诸多事故表明，良好的应急疏散策略是减少灾害人员伤亡的重要保障。因此，如何做出这样的决策，即在有限的时间内，发挥有限应急资源的最大效益，在人群疏散时间和资源两个约束条件下，从灾害现场成功疏散出最多的灾民，便成了城市灾害应急疏散中的首要问题。如图6－4 所示，在城市灾害发生后，其影响区域是随时间逐渐扩大的，应急指挥中心在获取相关的灾害信息后，对灾害的发展做出预测，从而确定可供疏散的时间和所要疏散的人群范围和数量；再根据所拥有的应急资源做出疏散决策并开展疏散。根据灾民等待疏散的紧急程度选择最合理的疏散方式和资源调度模式，在某些不可救的情况下甚至可放弃部分灾民，从而在时间约束下，将有限的应急资源应用到最需要的地方，发挥其最大效益，疏散出最多的灾民。

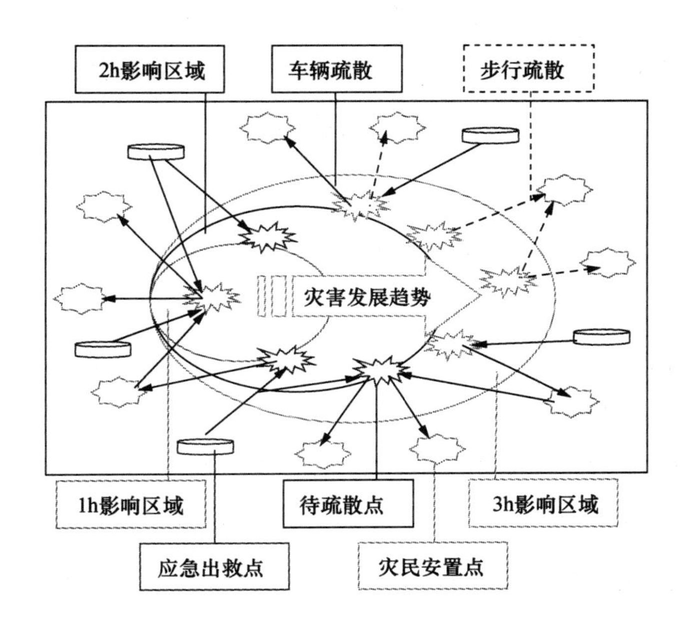

图 6－4　动态人群疏散解析

如图 6－4 所示，灾害发生后，根据灾害、地理以及气候条件等信息预测灾害发展趋势，划分各个时段的受灾区范围，从而估算各待疏散点内等待疏散的人数及其采用步行或车辆疏散到最近灾民安置点所需的时间，分别设为 t_1、t_2（不妨设 $t_2 < t_1$）；再估算出各个待疏散点人群等待疏散的最大时间 t_0；根据 t_1、t_2 和 t_0 的大小确定疏散方式：若 $t_1 \leqslant t_0$，则采用步行疏散方式；若 $t_2 \leqslant t_0 \leqslant t_1$，则采用车辆疏散方式；若 $t_0 \leqslant t_1$ 且 $t_0 \leqslant t_2$，则放弃疏散；然后，根据可供调度的车辆资源数量、采用车辆疏散的疏散点数及到其最近灾民安置点所需的时间 t_2，应用动态规划理论选取合理的车辆分配方案，如图

6－5 所示。

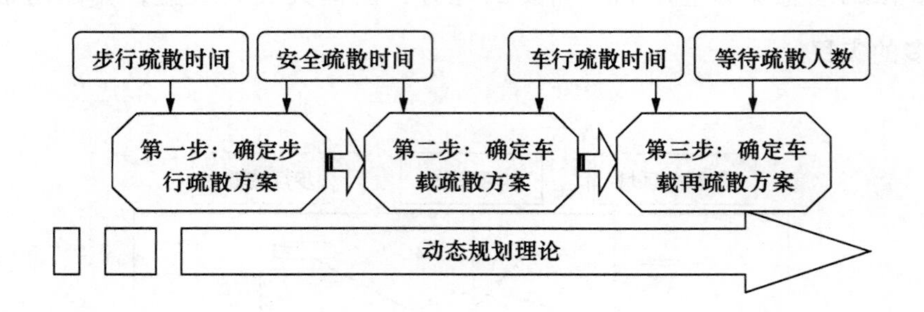

图 6－5　动态疏散方案确定模式

由图 6－5 可知，要获取最终的人群疏散方案，首先需要确定步行疏散方案。它由各个待疏散点到其灾民安置点的步行疏散时间及其安全疏散时间确定。若待疏散点 i 步行疏散到其灾民安置点的时间小于其安全疏散时间，则采取步行疏散方式；若大于其安全疏散时间，则只采取车载疏散方式；对于可采用步行疏散方式，在安全疏散时间内不能全部疏散完成的点，再适当采用适量的车载疏散方式。

同时，为在整个疏散过程中疏散出最多灾民，需要合理规划车辆在各个待疏散点的配置方案。首先，由步行疏散模型可以求出各个待疏散点需要车载疏散的人数，再根据待疏散点 i 的安全疏散时间、车载疏散至灾民安置点的时间、等待车载疏散的人数和车载疏散速度，应用动态规划理论，以在所限制的时间内，疏散出最多的灾民为目标，可建立第一次车载配置方案；其次，由于各个待疏散点的安全疏散时间不一，因此根据所得出的配置方案，在某些待疏散点的车载疏散任务完成后，必有其他待疏散点的疏散任务还未完成，此时，需对已完成疏散任务的车辆进行再规划。根据以上讨论，可建立城市重特大事故大规模人群疏散动态决策模型。

第三节　城市重特大事故大规模人群疏散决策理论基础

城市重特大事故大规模人群疏散是城市应急救援的重要组成部分，为能使人群疏散有效率、有效能地开展，良好的应急疏散决策是关键。在人群疏散决策中，如何根据人群疏散特点正确地选择人群疏散路径以及合理地分配每条路径上的人数、科学有效地配置人群疏散可调度资源和选择合理的安全疏散模式，对良好有序地开展应急人群疏散，在有限的应急时间内，最大限度地疏散出最多的灾民有着重要的作用。

要建立上述的城市重特大事故两阶段大规模人群决策模型和城市重特大事故大规模人群疏散动态决策模型，需要运用运筹学中非线性规划理论、动态规划理论等。同时由于所建立的两阶段模型类似于集覆盖问题，并不能用常规方法求解，因此需要用到进化算法。本节将对模型的理论基础：运筹学理论、动态规划理论、进化算法理论进行简单分析。

一　运筹学理论

在城市重特大事故大规模人群疏散中，人群疏散决策是非常重要的，它主要包含三个方面的内容：首先是人群疏散路径，即如何选择最优的人群疏散路径，使疏散行为能顺利进行并达到最佳疏散目的；其次是多条疏散路径各自的疏散人数，即决定每条疏散路径上的疏散人数，使整体疏散效果最佳；最后是疏散资源（主要是车辆资源）的配置，即如何合理分配、利用人群疏散资源，发挥有限资源的最大效益来达到最佳疏散结果。要获取以上三个方面的决策策略，需要进行系统建模并求解。因此，应用运筹学理论来建立城市重特大事故大规模人群疏散决策模型，是必需的和可行的。

运筹学是一门有关运用、筹划的学问。它是为决策机构在对其控制下的业务活动进行决策时，提供以数量化为基础的科学方法。运筹学在解决大量实际问题过程中形成了自己的工作步骤（展丙军，2005）。

1. 提出和形成问题。

形成运筹学的问题，必须满足以下要求：

（1）问题的陈述必须有明确的目标。

（2）问题必须含有机动成分。

（3）问题的叙述必须含有约束条件。

2. 建立模型。

模型是对研究对象的一种描绘，它是从对象中把有关的重要部分抽象出来的。运筹学中的模型一般都是数学模型。建立模型主要靠经验与技巧，尚无一定的方法。下列几点仅供参考。

（1）分析哪些因素会影响问题的目标，哪些因素是主要的，哪些因素是次要的或可有可无的。去掉可有可无的因素（依赖于其他因素的非独立的因素），如果有影响的因素太多，则可去掉一些次要因素，而只要考虑那些关系最大的主要因素。

（2）检查影响主要因素中哪些是可控的，哪些是不可控的。厘清各因素之间的相互影响关系。

（3）把各种因素的关系用数学表达式关系图等表示出来即成为模型。

3. 求解。

根据模型的特点，采取适当的方法求解。

4. 模型的检验与控制

运筹学模型的一般数学形式可以用下列表达式描述（钱颂迪，2005）。

目标的评价准则：

$$U = f(x_i, y_j, \xi_k) \tag{6-1}$$

约束条件：

$$g(x_i, y_j, \xi_k) \geqslant 0 \tag{6-2}$$

其中：x_i 为可控变量；y_j 为已知变量；ξ_k 为随机因素。

目标的评价准则一般要求达到最佳（最大或最小）、适中、满意等。准则可以说是单一的，也可以说是多个的。当 g 是等式时，即为平衡条件。当模型中无随机隐私时，称它为确定性模型，否则称为随机模型。随机模型的评价准则可用期望值，也可用方差，还可以用某种概率分布来表示。当可控变量只取离散值时，称为离散模型，否则称为连续模型。也可按使用的数学工具将模型分为代数方差模型、微分方程模型等。也可用求解方法来命名，如最优化模型、启发式模型等。还可按用途分，如分配模型、运输模型等。

本书所要解决的问题是：对城市重特大灾害发生后，根据受灾点与救援点之间的关系，对人群疏散路径、人数分配和资源配置进行决策。因此要建立人群疏散决策模型，通过适当的方法对模型求解来获取相关决策方案。其中，两阶段模型以总的疏散时间最短为目标函数，建立非线性规划模型。而动态决策模型中，则以疏散出的人数最多为目标函数，建立模型动态规划模型。

二　动态规划理论

在城市重特大事故大规模人群疏散中，疏散车辆等资源的配置是疏散决策的一个重要方面，可利用灾害发生、发展的时间过程性，根据受灾点的不同紧急程度，将受灾点的出救划分为一个接一个的阶段，从而应用动态规划理论进行建模和求解。动态规划是运筹学的一个分支，它是解决多阶段决策过程最优化的一种数学方法。动态规划广泛应用于最优路径问题、资源分配问题、生产调度问题等，是现代决策的一种重要方法。相关文献（钱颂迪，2005）给出了动态规划理论的系统建模和求解方法。

1. 动态规划的基本思想

（1）动态规划方法的关键在于正确写出基本的递推关系式和恰当的边界条件（简称为基本方程）。一般情况下，k 阶段和 $k+1$ 阶段的递推关系式可写为：

$$f_k(s_k) = \operatorname*{Min}_{u_k \in D(s_k)} \{v_k(s_k, u_k(s_k)) + f_{k+1}(u_k(s_k))\}, \quad k = n, n-1, \cdots, 1 \tag{6-3}$$

边界条件为：

$$f_{n+1}(s_{n+1}) = 0 \tag{6-4}$$

（2）在多阶段决策过程中，动态规划方法是既把当前一段和未来各段分开，又把当前效益和未来效益结合起来考虑的一种最优化方法。因此，每段决策的选取是从全局来考虑的，与该段的最优选择答案一般是不同的。

（3）在求解整个问题的最优策略时，由于初始状态是已知的，而每段的决策都是该段状态的函数，故最优策略所经过的各段状态便可逐次变换得到，从而确定了最优决策。

要做到以上三点，必须先将问题的过程分成几个相互联系的阶段，恰当地选取状态变量和决策变量以及定义最优值函数和状态转移方程，从而把一个大问题化成一组同类型的自问题，然后逐个求解。即从边界条件开始，逐段递推寻优，对每一个子问题的求解，均利用了它前面的子问题的最优化结果，依次进行，最后那个子问题的最优解，就是整个问题的最优解。因此，给一个实际问题建立动态规划模型时，必须做到下面五点：

（1）将问题的过程划分成恰当的阶段；

（2）正确选择状态变量 s_k，使它既要描述过程的演变，又要满足无后效性；

（3）确定决策变量 u_k 及每个阶段的允许决策集合 $D(s_k)$；

（4）正确写出状态转移方程；

（5）正确写出指标函数 $V_{k,n}$ 的关系，它应满足下面三个性质：

第一，是定义在全过程和所有后部子过程上的数量函数。

第二，要具有可分离性，并满足递推关系。即：

$$V_{k,n}(s_k, u_k, \cdots, s_{n+1}) = \psi_k[s_k, u_k, V_{k+1,n}(s_{k+1}, u_{k+1}, \cdots, s_{n+1})] \tag{6-5}$$

第三，函数 $\psi_k(s_k, u_k, V_{k+1,n})$ 对于变量 $V_{k+1,n}$ 要严格单调。

2. 动态规划方法

动态规划方法有逆序解法和顺序解法之分，关键在于正确写出动态规划的递推关系式，故递推关系式有逆推和顺推两种方式。一般地说，当初始状态给定时，用逆推比较方便；当终止状态给定时，用顺推比较方便。

如图 6－6 所示的 n 阶段决策过程：

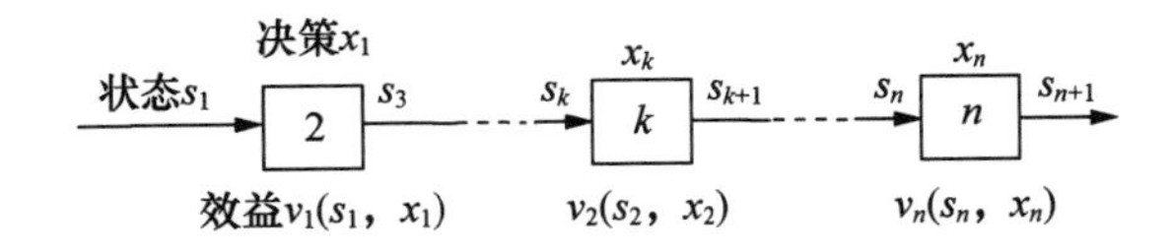

图 6－6　n 阶段决策过程

其中：取状态变量为 s_1，s_2，…，s_{n+1}；决策变量为 x_1，x_2，…，x_{n+1}。在第 k 阶段，决策 x_k 使状态 s_k（输入）转移为状态 s_{k+1}（输出），

设状态转移函数为：

$$s_{k+1}=T_k(s_k+x_k),\ k=1,\ 2,\ \cdots,\ n \tag{6-6}$$

假定过程的总效益（指标函数）与各阶段效益（效益指标函数）的关系为：

$$V_{1,n}=v_1(s_1,\ x_1)*v_2(s_2,\ x_2)*\cdots*v_n(s_n,\ x_n) \tag{6-7}$$

其中：记号“*”可都表示为“+”或者都表示为“×”。问题为使 $V_{1,n}$ 达到最优化，即求 opt$V_{1,n}$，为简单起见，不妨此处就求 Max$V_{1,n}$。

根据不同待疏散点的紧急程度不一及其安全疏散时间有长有短，本书将不同待疏散点的疏散救援行动看成一个过程的不同阶段，建立城市重特大事故大规模人群疏散动态决策模型，应用动态规划理论对其进行系统建模求解。

三　进化算法理论

进化算法（Evolutionary Algorithms，EAs）是一个模拟生物进化过程与机制来解决问题的自适应人工智能技术。它的核心思想源自这样的基本认识：从简单到复杂、从低级到高级的生物进化过程本身就是一个自然的、并行发生的、稳健的优化过程，这一过程的目标是对环境的适应性，生物种群通过“优胜劣汰”及遗传变异来达到进化的目的。进化算法就是基于这种思想发展起来的一类随机搜索技术，它们是模拟出一个群体的学习过程，其中每个个体表示给定问题搜索空间的一点。进化算法从选定的初始解出发，通过不断迭代逐步改进当前解，直至最后搜索到最优解或满意解。在进化过程中，从一组解出发，采用类似于自然选择和有性繁殖的方式，在继承原有优良基因的基础上，生成具有更好性能指标的下一代解的群体。采用进化算法求解优化问题的一般步骤为（刘静，2004）：

（1）随机给定一组初始解；

（2）评价当前这组解的性能；

（3）若当前解满足要求或进化过程达到一定代数，计算结束；

（4）根据（2）的评价结果，从当前解中选择一定数量的解作为基因操作对象；

（5）对所选择的解进行基因操作（交叉和变异），得到一组新解，转到（2）。

目前研究的进化算法主要有四种：遗传算法（Genetic Algorithms，GAs）、进化规划（Evolution programming，Ep）、进化策略（Evolutionstrategy，Es）和遗传编程（Genetic Programming，GP）。前三种算法是彼此独立发展起来的，最后一种是在遗传算法的基础上发展起来的一个分支。虽然这几个分支在算法的实现方面具有一些细微差别，但它们具有一个共同的特点，即都是借助生物进化的思想。

其中，遗传算法是一种应用最广泛的智能优化算法。它主要由美国 Michigan 大学的 John Holland 教授提出，并由 John Holland 教授与其同事、学生进一步研究发展，从而最终形成遗传算法理论与应用基本框架。在遗传算法中，借用了很多生物学中的概念（术语）。这些概念如下（姜昌华，2007）：

（1）基因（gene）：染色体的基本组成单元。

（2）染色体（chromosome）：待优化问题的解的一种表现形式。

（3）个体（individual）：待优化问题的一个解。

（4）适应度（fitness）：用来度量解（个体、染色体）的优劣程度。

（5）遗传型（genotype）：染色体的编码形式。

（6）表现型（Phenotype）：问题解空间中的解。

（7）编码与解码（codinganddecode）：首先需要将问题的解编

码成基因型，在需要确定染色体的优劣时，再将其解码到解空间进行评估。染色体编码方案的设计、选择是遗传算法设计中的重要一环，也是遗传算法中一个重要的创新点。

（8）种群（Population）：是遗传算法的参数之一，种群规模的设置可能会影响遗传算法的优化效果。

（9）代（generation）：遗传算法运行时的最大迭代次数。

（10）遗传算子（geneticoperators）：指作用在染色体上的各种遗传操作。主要包含三种基本的遗传算子：选择算子、交叉算子和变异算子。

以上是采用遗传学中的术语来命名遗传算法的基本用语，对这些基本用语的理解可以更好地理解遗传算法。基于以上基本概念，便可讨论遗传算法的基本流程。在整个进化过程中，遗传算法的遗传操作是随机的，但它所呈现出的特性并不是完全随机搜索，它能有效地利用历史信息来推测下一代期望性能有所提高的寻优点集。遗传算法所涉及的五大要素为参数编码、初始种群的设定、适应度函数的设计、遗传操作的设计和控制参数的设定。我们通常采用的遗传算法工作流程通常是标准遗传算法，它的运行过程是一个迭代过程，其必须完成的工作内容和步骤如下（邓方安，2008）：

（1）选择编码策略，把参数集合 X 域转换为位串结构空间 S。

（2）定义适应度函数 $f(X)$。

（3）确定遗传策略，包括选择群体大小 n，选择、交叉、变异方法，以及确定交叉概率 P_c、变异概率 P_m 等遗传参数。

（4）随机选择初始化生产群体 P。

（5）计算群体中个体位串解码后的适应度值 $f(X)$。

（6）按照遗传策略，运用选择、交叉和变异算子作用于群体，形成下一代。

按照遗传算法的工作流程，当利用遗传算法时，必须在目标问题实际表示与遗传算法的染色体位串结构之间建立联系，即确定编码和解码运算。一般来说，参数集及适应度函数是与实际问题密切联系的，往往由用户斟酌确定。另外，遗传算法所涉及的遗传算子——选择、交叉、变异，这里就不再叙述，具体请看参考文献（邓方安，2008）。

本书所建立的两阶段模型类似于集覆盖模型，而且在决策时还考虑两点间的流量问题，因此，比普通集覆盖问题要复杂。集覆盖模型是 NP – Hard 问题，已有多种不同的算法，如基于对偶的启发式算法、次梯度优化法和拉格朗日松弛算法结合、遗传算法等。Beasley 和 Chu（1996）的计算结果证明遗传算法在求解 SCLP 时可以取得高质量的解。Anderson 和 Ferris（1994）及 Bean（1994）等的计算实验表明如果遗传算法在解决一个问题时能够得到高质量的解，那么它在应用相同或相近的遗传操作策略求解同类或相似的问题时也可以得到高质量的解。因此，本书采取遗传算法求解该模型。

鉴于本书的两阶段模型求解中包含了所选路径上的人数分配。由于待疏散点人数大，而且各个待疏散点灾民数量不一，难以将算法编码精确到具体的人上。因此，本书将各个待疏散点的灾民系统地分成 15 个组成部分，虽然计算相对较为粗糙，却大大增加了编码的便利性和实用性。所以文章采用 16 进制的编码方案。

第七章

城市重特大事故两阶段大规模人群疏散决策方法

为在城市重特大事故应急救灾中给决策人员提供最优的人群疏散方案，提高抢险救灾能力，根据第六章第三节所讨论的两阶段疏散模式，将疏散过程分为两个阶段——先将灾民疏散至临时疏散救援点，再根据灾民受伤的严重程度有选择地将其疏散至定点医院进行救治。综合考虑灾害对人群疏散造成的影响，将道路危险系数等参数加入目标函数中，将灾区按灾害程度赋予不同的优先疏散系数并反映在时间满意度上，以总疏散时间最小为目标函数，应用运筹学理论建立疏散模型，并应用遗传算法进行求解。最后，通过MATLAB进行仿真计算，并将所建立的模型运用于毒气泄漏事故人群疏散实例中。研究结果表明：模型和算法给出的疏散策略是有效的。

第一节　两阶段决策模型

一　问题描述

根据本书第六章第三节的两阶段疏散模式，建立临时疏散点并对待疏散人员按受伤程度的不同等级的伤员采取不同的疏散和救援措施，采用两阶段人群疏散模式：首先将灾区人群疏散至安全区域的临时疏散救援点；其次从临时疏散救援点将重伤员继续疏散至医院等专业救治点，而正常人员和轻度伤员则留在临时疏散救援点接受相应的救治和安置。

二　模型假设

文中只从整体上静态地研究城市重特大事故大规模人群疏散问题，目的在于找出疏散中最佳的人员分配和路径选择策略。为了简化模型，假设在疏散过程中人数不变，不考虑疏散和转移过程中的各种车辆等资源的数量约束。其他参数说明如下：

D：待疏散人群聚集区集，$|D|=n$；

E：临时疏散救援点集，$|E|=m$；

H：医疗救治点集，$|H|=l$，一个医疗救治点可以拥有多所医院等专业救治机构；

M：疏散用车型集；

Z^0：非负整数集；

T_{op}：重特大事故影响下将待救援点 o 分配到临时疏散救援点 p 的人员疏散到 p 点的时间；

T'_{pq}：城市重特大事故影响下将临时疏散救援点 p 分配到医疗救治点 q 的人员疏散到 q 点的时间；

Q_p：临时疏散救援点 p 的总接纳人数，$Q_p \in Z^0$；

Q_p^0：临时疏散救援点 p 的已接纳人数，$Q_p^0 \in Z^0$；

Q'_p：医疗救治点 q 的总接纳人数，$Q'_q \in Z^0$；

Q'^0_q：医疗救治点 q 的已接纳人数，$Q'^0_q \in Z^0$；

Q''_o：待疏散点 o 的待疏散总人数，$Q''_o \in Z^0$；

Q_{op}：从待疏散点 o 分配到临时疏散救援点 p 的人数，$Q_{op} \in Z^0$；

Q'_{pq}：从临时疏散救援点 p 分配到医疗救治点 q 的人数，$Q'_{pq} \in Z^0$；

Q_{mop}：从待疏散点 o 可分配到临时疏散救援点 p 的第 m 种车辆数，$Q_{mop} \in Z^0$；

Q'_{mpq}：从临时疏散救援点 p 可分配到医疗救治点 q 的第 m 种车辆数，$Q'_{mpq} \in Z^0$；

C_m：第 m 种车辆的承载能力；

D_{op}：从待疏散点 o 到临时疏散救援点 p 的距离；

D'_{pq}：从临时疏散救援点 p 到医疗救治点 q 的距离；

V_{op}：从待疏散点 o 到临时疏散救援点 p 的平均速度；

V'_{pq}：从临时疏散救援点 p 到医疗救治点 q 的平均速度；

r_{op}：从待疏散点 o 到临时疏散救援点 p 的疏散路线的路阻系数；

r'_{pq}：从临时疏散救援点 p 到医疗救治点 q 的疏散路线的路阻系数；

P_o：待疏散点 o 的优先疏散系数；

ρ_p：临时疏散救援点 p 的总接纳人数可扩展率；

ρ'_q：医疗救治点 q 的总接纳人数可扩展率。

三　模型建立

以总疏散时间最短，即以将灾民从各个待疏散区疏散至临时疏散救援点的总时间与将各个临时疏散救援点的重伤员转至医疗救治点的总时间之和为目标函数。建立人群疏散决策模型 M1 为：

$$\text{Min}\left(\sum_{o\in D}\sum_{p\in E}T_{op}+\sum_{p\in E}\sum_{q\in H}T'_{pq}\right) \tag{7-1}$$

满足：

$$T_{op}=\frac{Q_{op}}{\sum_{m\in M}Q_{mop}\cdot C_m}\cdot\frac{D_{op}}{V_{op}}\cdot(1+r_{op})\quad \forall o\in D,\forall p\in E \tag{7-2}$$

$$T'_{pq}=\frac{Q'_{pq}}{\sum_{m\in M}Q'_{mpq}\cdot C_m}\cdot\frac{D'_{pq}}{V'_{pq}}\cdot(1+r'_{pq})\quad \forall p\in E,\forall q\in H \tag{7-3}$$

$$\alpha_o P_o\leqslant \underset{p\in E}{\text{Max}}F(T_{op}/60)X_{op}\quad \forall o\in D \tag{7-4}$$

$$\sum_{o\in D}Q_{op}\leqslant Q_p\cdot\rho_p-Q_p^0\quad \forall p\in E \tag{7-5}$$

$$\sum_{p\in E}Q'_{pq}\leqslant Q'_q\cdot\rho'_q-Q'^0_q\quad \forall q\in H \tag{7-6}$$

$$\sum_{p\in E}Q_{op}=Q''_o\quad \forall o\in D \tag{7-7}$$

$$\sum_{q \in H} Q'_{pq} = Q_p \quad \forall p \in D \tag{7-8}$$

约束条件（7－2）和（7－3）为 T_{op} 与 T'_{pq} 的取值函数，由两点间的疏散人数、疏散能力、疏散速度和道路路阻系数决定。在应急救援中，根据灾害程度进行优先级设置对有效开展救援活动有着积极意义（Carlos et al.，2008）。因此，在约束条件（7－4）中将待疏散点根据灾情进行优先等级划分并与时间满意度相结合，确保待疏散点 o 的疏散时间满意度在 $\alpha_o P_o$ 之上时才认为该点被救援。其中，$\alpha_o(0 \leqslant \alpha_o \leqslant 1)$ 为满意度水平。

约束条件（7－5）为各个临时疏散救援点接纳的灾民数量不大于该临时疏散救援点的最大容纳人数；约束条件（7－6）为各个医疗救治点接纳的重伤员数量不大于该医疗救治点的最大容纳人数；约束条件（7－7）为各待疏散救援点的人数等于该点疏散至各个临时疏散救援点的人数之和；约束条件（7－8）为各临时疏散救援点的重伤员人数等于该点转移至各个医疗救治点的人数之和。

在城市重特大事故中，阻碍人群疏散的一个重要客观因素是交通，因此，在约束条件（7－2）和约束条件（7－3）中加入道路路阻系数 r_{op} 和 r'_{pq}，来体现城市重特大事故对疏散过程的影响。r_{op} 和 r'_{pq} 取值越大，说明从待疏散点 o 分配到临时疏散救援点 p 的疏散路线受阻越严重，其取值范围为 $0 \leqslant r_{op}$，$r'_{pq} \leqslant \infty$。

其中约束条件（7－4）中 P_o 的取值应与待疏散人数、疏散距离和道路路阻系数成正比；而与疏散车辆数量及其承载能力和疏散速度成反比。而其中的时间满意度函数 $F(T_{op}/60)$ 的计算，采用马云峰等（2006）给出的降对数 Sigmoid 函数。如约束条件（7－9）所示，β 是时间敏感系数，参数 β 越大，函数越敏感；L_i 为待疏散点 i 满意时所能接受的最长等待时间。

$$F(t_{ij}) = \begin{cases} 1 & t_{ij} \leqslant L_i \\ \dfrac{2e^{-\beta(t_{ij}-L_i)}}{1+e^{-\beta(t_{ij}-L_i)}} & t_{ij} > L_i \end{cases} \tag{7-9}$$

第二节　模型数值求解分析

一　模型结构分析

在疏散过程中，Q_{mop}、Q'_{mpq}以及 C_m 三者体现了两点间的疏散资源的多少。不考虑资源对疏散策略的影响，为简化计算，将三者结合，并用疏散能力的大小来体现。其中，C_{op}表示从待疏散点 o 到临时疏散救援点 p 的疏散能力，C'_{pq}表示从临时疏散救援点 p 分配到医疗救治点 q 的疏散能力。其中：

$$C_{op} = \sum_{m \in M} Q_{mop} \cdot C_m \tag{7-10}$$

$$C'_{pq} = \sum_{m \in M} Q'_{mpq} \cdot C_m \tag{7-11}$$

而 D_{op}、D'_{pq}、V_{op}、V'_{pq}、r_{op}以及 r'_{pq}都体现了两点间疏散难度的大小，在计算中用 Ch_{op}和 Ch'_{pq}分别表示从待疏散点 o 到临时疏散救援点 p 的疏散难度和从临时疏散救援点 p 到医疗救治点 q 的疏散难度。其中：

$$Ch_{op} = \frac{D_{op}}{V_{op}} \cdot (1 + r_{op}) \tag{7-12}$$

$$Ch'_{pq} = \frac{D'_{pq}}{V'_{pq}} \cdot (1 + r'_{pq}) \tag{7-13}$$

再者，研究的目的是通过模型 M1 来寻求最佳疏散策略，其目标函数的构造是基于疏散的两个阶段，在静态情况下，可以看成两个独立的过程。因此，模型 M1 的目标函数式（7－13）等价于式

(7-14)。

$$\text{Min}\sum_{o\in D}\sum_{p\in E}T_{op} + \text{Min}\sum_{p\in E}\sum_{o\in H}T'_{pq} \tag{7-14}$$

根据上述分析，可以将模型 M1 的求解分两步进行，第一步，通过求解模型 M2 来获取第一阶段的最佳策略；第二步，通过求解模型 M3 来获取第二阶段的最佳策略。其中模型 M2 为：

$$\text{Min}\sum_{o\in D}\sum_{p\in E}\frac{Q_{op}\cdot Ch_{op}}{C_{op}} \tag{7-15}$$

满足：

$$\alpha_o P_o \leqslant \underset{p\in E}{\text{Max}}F\left(\frac{Q_{op}\cdot Ch_{op}}{60\cdot C_{op}}\right) \quad \forall o\in D$$

$$\sum_{o\in D}Q_{op} \leqslant Q_p\cdot\rho_p - Q_p^0 \quad \forall p\in E$$

$$\sum_{p\in E}Q_{op} = Q''_o \quad \forall o\in D$$

$$X_{op} = 0,1 \quad \forall o\in D, \forall p\in E \tag{7-16}$$

模型 M3 为：

$$\text{Min}\sum_{p\in E}\sum_{q\in H}\frac{Q'_{pq}\cdot Ch'_{pq}}{C'_{pq}} \tag{7-17}$$

满足：

$$\sum_{p\in E}Q'_{pq} \leqslant Q'_q\cdot\rho'_q - Q'^0_q \quad \forall q\in H$$

$$\sum_{q\in H}Q'_{pq} = Q_p \quad \forall p\in D$$

$$Y_{pq} = 0,1 \quad \forall p\in E, \forall q\in H \tag{7-18}$$

而且这两种模型几乎是一样的，只是参数不同，而且模型 M2 多了一个时间满意的约束条件。因此，下面只给出用遗传算法进行求解模型 M2 最佳疏散策略的算法设计。模型 M3 可以运用同一算法进行求解。

二 求解算法设计

为便于编码，首先对 o 点的待疏散总人数 Q''_o 进行如下处理：

$\forall o \in D$，将数 Q''_o 分成 15 份，第 i 份的人数为：

$$Q''_{oi} = \begin{cases} \lfloor Q''_{oi}/15 \rfloor & i = 1, \cdots, 14 \\ Q''_{oi} - 14 \cdot \lfloor Q''_{oi}/15 \rfloor & i = 15 \end{cases} \tag{7-19}$$

因而，决策变量 Q_{op} 的值为 $Q''_{oi}(i = 1, \cdots, 15)$ 中的若干份。考虑在大规模人群疏散过程中，由于疏散距离远，往往以车队的形式疏散，故将各点疏散人数分组，虽然会降低精度，但可使得编码方案可行的同时，提高计算效率。

1. 编码方案与适应度函数

综合考虑 Jong（1975）提出的两个实用编码规则和模型本身，本书采用十六进制整数编码方案，染色体长度为临时疏散点个数乘以待疏散点的个数，即 $m \times n$ 个，设第 j 个基因码为 $A_j(0 \leqslant A_j \leqslant 15)$，表示第 o（$o = \lfloor j/m \rfloor + 1$）个待疏散点向第 $p(p = j\% m)$ 个临时疏散救援点疏散 $\sum_{i=1}^{A_j} Q''_{oi}$ 个人。这样，只需在基因码中使 $\sum_{i=1}^{m} A_{km+i} = 15$（$k = 0, \cdots, n-1$），便满足疏散至各个临时疏散点的人数之和与该待疏散点的总人数相等。再令 $\beta_{op} = \begin{cases} 0 & A_j = 0 \\ 1 & A_j \neq 0 \end{cases}$ 则 A_j 的取值需满足：

$$\sum_{o=1}^{m} A_{km+o} = 15, k = 0, \cdots, n-1 \tag{7-20}$$

$$\sum_{k=0}^{n-1} \sum_{i=1}^{A_{km+p}} Q''_{oi} \leqslant Q_p - Q_p^0, p = 1, \cdots, m \tag{7-21}$$

$$\alpha_o \cdot P_o \leqslant \underset{1 \leqslant p \leqslant m}{\mathrm{Max}} F\left(\frac{Q_{op} \cdot Ch_{op}}{60 \cdot C_{op}}\right) \cdot \beta_{op} \tag{7-22}$$

适应度函数采用第一阶段的目标函数式（7-15）。

2. 交叉操作

采用两点交叉法。在交换两点间的基因码后，判断 $\sum_{i=1}^{m} A_{km+i} = 15, k = 0, \cdots, n-1$ 是否成立。若成立，则交叉操作结束；若不成立，则交换父辈染色体中未被交换的某些基因码，使其成立。这样可以增加交叉操作的成活率。其操作步骤如下：

①随机选取 j'，$j''\in[1, nm]$（$j'\neq j''$，不妨设 $j'<j''$），并记 $b_0=j''-j'$，记 $m'_0=\lfloor j'/m\rfloor\cdot m$，$m''_0=\lfloor j''/m\rfloor\cdot m$，$m'=j'\%m$，$m''=j''\%m$；

②交换父辈染色体 $P1$，$P2$ 的第 j' 到 j'' 的基因码；

③若 $m'=0$ 且 $m''=1$，则交叉操作结束；

④若不然，若 $m'_0=m''_0$，则 $m'_0\leqslant j'<j''\leqslant m''_0+m$，计算：

$$c_0=\left|\sum_{i=m'}^{m''}(P1_{m'_0+i}-P2_{m'_0+i})\right| \tag{7-23}$$

若 $c_0=0$，则交叉操作结束；若 $c_0>0$，记 $J=\{m'_0: j'-1, j''+1: m''_0\}$，则 $\exists j1, j2, \cdots, js\in J$，$s\leqslant|J|$，s. t. $\left|\sum_{i\in J}P1_i-P2_i\right|=c_0$，将 $P1_{ji}$，$i=1, \cdots, s$ 与 $P2_{ji}$，$i=1, \cdots, s$ 对换；

⑤若不然，若 $m'_0\neq m''_0$，则 $m'_0<j'\leqslant m'_0+m<m''_0<j''\leqslant m''_0+m$，计算：

$$d'_0=\left|\sum_{i=j'}^{m'_0+m}(P1_i-P2_i)\right| \tag{7-24}$$

$$d''_0=\left|\sum_{i=m''_0+1}^{j''}(P1_i-P2_i)\right| \tag{7-25}$$

若 $d'_0=0$，则交叉操作结束；若 $d'_0>0$，记 $J'=\{m'_0+1: j'-1\}$，则 $\exists j1, j2, \cdots, js'\in J'$，$s'\leqslant|J'|$，s. t. $\left|\sum_{i\in J'}P1_i-P2_i\right|=d'_0$，将 $P1_i$，$i\in J'$ 与 $P2_i$，$i\in J'$ 对换；

若 $d''_0=0$，则交叉操作结束；若 $d''_0>0$，记 $J''=\{j''+1: m''_0+m\}$，则 $\exists j1, j2, \cdots, js''\in J''$，$s''\leqslant|J''|$，s. t. $\left|\sum_{i\in J''}P1_i-P2_i\right|=d''_0$，将 $P1_i$，$i\in J''$ 与 $P2_i$，$i\in J''$ 对换。

3. 变异操作

以一定的概率 p_m 对基因进行变异。对进行变异操作的基因，随

机选取的 n 个位置（分别位于两点间对应的位置）上的基因码，随机产生另一个基因码取代它，然后判断 $\sum_{i=1}^{m} A_{km+i} = 15(k = 0,\cdots,n-1)$ 是否成立。若成立，则变异操作结束；若不成立，则交换父辈染色体中未被交换的某些基因码，使其成立。这样可以增加变异操作的成活率。其操作步骤如下：

①对基因进行变异操作，即 $\forall i=0,\cdots,n-1$，随机从 $\{A_j \mid im+1\leqslant j\leqslant im+m\}$ 中选出 1 个基因码 A_{ji}，共 n 个，然后随机选择 $a\in\{0:15\}$，令 $A_{ji}=a(i=0,\cdots,n-1)$；

②然后对 $\{A_j \mid im+1\leqslant j\leqslant im+m\}(i=0,\cdots,n-1)$ 进行调整，令 $a_i=A_{ji}-a$；

③若 $a_i>0$，则随机选择 $A_{j0}\in\{A_j \mid km+1\leqslant j\leqslant km+m$，且 $j\neq ji\}$，并记 $A_{j0}=A_{j0}+a_i$；

④若 $a_i\leqslant 0$，则随机选择 $A_{j1}\in B$，$B=\{A_j \mid km+1\leqslant j\leqslant km+m$，且 $j\neq ji\}$，并记 $A_{j1}=A_{j1}+a_i$，又若 $A_{j1}<0$，则记 $A_{j1}=0$，$a_i=A_{j1}+a_i$，$B=B/A_{j1}$，并记 $a_i=A_{j1}+a_i$。然后重复步骤④，直至 $A_{j1}\geqslant 0$。

4. 选择策略

采用期望值法和最优个体保留策略。

5. 染色体可行性操作

不论是交叉还是变异产生的子个体，都有可能产生不可行解。当出现这种情况时，随机生成一个初始基因个体取代此不可行个体。

6. 种群规模和初始种群

Jong（1975）的研究结果表明：种群规模在染色体长度的 1 倍到 2 倍是较好的，综合考虑种群的多样性要求和计算效率，本书使用染色体长度的 2 倍为种群规模数。为提高算法效率，同时考虑到一个待疏散点只需往两三个临时救援点疏散，初始种群中的每个待疏散点对应的基因段只随机生成 1 个、2 个、3 个或 4 个大于 1 的数，其余为零。

7. 迭代终止策略

设定最大迭代次数 N_{Max}。当迭代次数达到此值时，输出最优个体。

第三节　数值仿真分析

一　相关参数设置

本节设定如下场景进行人群疏散决策模拟。如图 6－3 所示，在重特大灾害受灾区内，共有 5 个待疏散救援点，可向周围 10 个临时疏散救援点疏散，而医疗救治点有 15 个。其他参数设置如下（为表示方便，采用向量和矩阵的形式）：

$\rho_p = 1.3$，$p \in E$，$\rho_q = 1.2$，$q \in H$，$\beta = 2$；

$\vec{P} = \{P_i,\ i \in D\} = (0.6,\ 0.4,\ 0.5,\ 0.6,\ 0.5)$；

$\vec{\alpha} = \{\alpha_i,\ i \in D\} = (0.3,\ 0.5,\ 0.3,\ 0.4,\ 0.5)$；

$\vec{L} = \{L_i,\ i \in D\} = (8.5,\ 9.2,\ 9.8,\ 10,\ 9.4)$；

$\vec{Q} = \{Q_p,\ p \in E\} = (2.3,\ 1.6,\ 2.1,\ 2.6,\ 3.1,\ 2.7,\ 2.7,\ 2.4,\ 3.3,\ 2.5)$（千人）；

$\vec{Q}_0 = \{Q_p^0,\ p \in E\} = (0.6,\ 0.1,\ 0.4,\ 0.7,\ 0.7,\ 0.4,\ 0.1,\ 0.1,\ 0.2,\ 0.3)$（千人）；

$\vec{Q}'' = \{Q''_o,\ o \in D\} = (3.000,\ 5.400,\ 4.200,\ 5.805,\ 4.107)$（千人）；

$\vec{Q}' = \{Q'_q,\ q \in H\} = (3.0,\ 2.9,\ 3.4,\ 2.6,\ 4.1,\ 3.3,\ 2.7,\ 4.3,\ 2.8,\ 3.2,\ 3.7,\ 2.8,\ 4.9,\ 2.8,\ 2.5)$（百人）；

$\vec{Q}'_0 = \{Q'^0_q,\ q \in H\} = (0.7,\ 1.2,\ 0.8,\ 1.5,\ 1.0,\ 0.5,\ 0.7,\ 1.3,\ 0.6,\ 0.8,\ 1.3,\ 0.2,\ 1.1,\ 0.2,\ 0.3)$（百人）；

$C_{op} = 900,\ \forall o \in D,\ p \in E;\ C'_{pq} = 800,\ \forall p \in E,\ q \in H;$

$$Ch = [Ch_{op}]_{5\times10} = \begin{bmatrix} 37 & 18 & 31 & \infty & 85 & 20 & 54 & \infty & 17 & 68 \\ \infty & 38 & 21 & 47 & \infty & 17 & 37 & 15 & 89 & \infty \\ 63 & \infty & 21 & 48 & \infty & \infty & 16 & 87 & 74 & 20 \\ 21 & \infty & \infty & 27 & 20 & 79 & 75 & \infty & \infty & 22 \\ 23 & 98 & \infty & 19 & 55 & \infty & 65 & 69 & 20 & 49 \end{bmatrix};$$

$$Ch' = [Ch'_{pq}]_{10\times15} = \begin{bmatrix} 35,\ 33,\ 42,\ 25,\ 53,\ 64,\ 33,\ 80,\ 36,\ 20,\ 58,\ 71,\ 89,\ 19,\ 34 \\ 43,\ 97,\ 64,\ 30,\ 42,\ 56,\ 23,\ 87,\ 69,\ 56,\ 49,\ 21,\ 79,\ 57,\ 49 \\ 72,\ 22,\ 28,\ 18,\ 58,\ 36,\ 21,\ 30,\ 59,\ 47,\ 78,\ 61,\ 37,\ 46,\ 28 \\ 27,\ 33,\ 40,\ 50,\ 76,\ 58,\ 21,\ 49,\ 46,\ 28,\ 39,\ 51,\ 57,\ 72,\ 23 \\ 58,\ 64,\ 47,\ 57,\ 19,\ 80,\ 27,\ 22,\ 48,\ 26,\ 23,\ 36,\ 52,\ 83,\ 29 \\ 38,\ 26,\ 47,\ 50,\ 62,\ 44,\ 36,\ 42,\ 52,\ 96,\ 18,\ 93,\ 32,\ 68,\ 58 \\ 24,\ 29,\ 26,\ 47,\ 48,\ 69,\ 51,\ 23,\ 68,\ 38,\ 113,\ 22,\ 68,\ 63,\ 42 \\ 23,\ 38,\ 22,\ 91,\ 42,\ 21,\ 50,\ 39,\ 29,\ 78,\ 28,\ 80,\ 78,\ 40,\ 67 \\ 32,\ 25,\ 68,\ 28,\ 68,\ 39,\ 79,\ 38,\ 22,\ 32,\ 52,\ 47,\ 21,\ 61,\ 57 \\ 96,\ 40,\ 110,\ 21,\ 30,\ 30,\ 68,\ 76,\ 31,\ 45,\ 38,\ 30,\ 69,\ 15,\ 19 \end{bmatrix}。$$

二　仿真结果分析

经过300次迭代，得出第一阶段总疏散时间为435.7467分钟的最优疏散策略，其基因码为：

[0 8 0 0 0 0 0 0 7 0 0 0 0 0 0 8 0 7 0 0 0 0 0 0 0 0 0 11 0 0 4 5 0 0 0 7 0 0 0 0 3 0 0 0 5 0 0 0 0 10 0]

在此基础上，设其中受伤人员概率为0.31，重伤率为0.16，可以得到各个临时救援点需要转移到医疗救治点的重伤人员数量为：

[309, 256, 0, 219, 433, 300, 492, 403, 662, 365]

从而得出第二阶段总疏散时间为80.2475分钟的最佳疏散策略，其基因码为：

[0, 0, 0, 2, 0, 0, 0, 0, 0, 13, 0, 0, 0, 0, 0, 0, 0, 0, 0, 0, 2, 0, 0, 0, 0, 13, 0, 0, 0, 0, 0, 0, 0, 0, 0, 0, 0, 0, 0, 0, 0, 0, 0, 0, 0, 0, 0, 8, 0, 0, 0, 0, 0, 0, 0, 7, 0, 0, 0, 0, 11, 0, 0, 4, 0, 0, 0, 0, 0, 0, 0, 0, 6, 0, 0, 0, 0, 0, 0, 0, 9, 0, 0, 0, 0, 5, 0, 3, 0, 0, 0, 0, 0, 7, 0, 0, 0, 0, 0, 0, 3, 0, 5, 0, 0, 7, 0, 0, 0, 0, 0, 0, 0, 0, 0, 0, 0, 0, 0, 0, 0, 5, 0, 0, 0, 0, 10, 0, 0, 0, 0, 0, 3, 0, 0, 0, 0, 0, 0, 0, 0, 0, 8, 4]

根据编码规则将以上最佳疏散策略基因码反过来计算，容易得出模型M1的具体疏散策略如表7－1、表7－2所示。表7－1说明在第一阶段的疏散过程中，从待疏散点1分别疏散1600人、1400人到临时疏散点2、9；待疏散点2分别疏散2880人、2520人到临时疏散点6、8；待疏散点3分别疏散3080人、1120人到临时疏散点7、10；待疏散点4分别疏散1935人、2709人和1161人到临时疏散点1、5和10；待疏散点5分别疏散1365人、2742人到临时疏散点4、9。表7－2说明在第二阶段的疏散过程中，从临时疏散点1分别疏散40人、289人到救治点4、10；从临时疏散点2分别疏散35人、221人到救治点7、12；从临时疏散点4分别疏散112人、107人到救治点7、15；从临时疏散点5分别疏散308人、125人到救治点5、8；从临时疏散点6分别疏散120人、180人到救治点2、11；从临时疏散点7分别疏散160人、96人、236人到救治点1、3、9；从临时疏散点8分别疏散78人、130人和295人到救治点1、3和6；从临时疏散点9分别疏散220人、442

人到救治点 8、13；从临时疏散点 10 分别疏散 72 人、192 人和 101 人到救治点 4、14 和 15。

表 7－1　　模型 M2 的疏散策略

q点 / o点	1	2	3	4	5	6	7	8	9	10
1	0	1600	0	0	0	0	0	0	1400	0
2	0	0	0	0	0	2880	0	2520	0	0
3	0	0	0	0	0	0	3080	0	0	1120
4	1935	0	0	0	2709	0	0	0	0	1161
5	0	0	0	1365	0	0	0	0	2742	0

表 7－2　　模型 M3 的疏散策略

q点 / p点	1	2	3	4	5	6	7	8	9	10	11	12	13	14	15
1	0	0	0	40	0	0	0	0	0	289	0	0	0	0	0
2	0	0	0	0	0	0	35	0	0	0	0	221	0	0	0
3	0	0	0	0	0	0	0	0	0	0	0	0	0	0	0
4	0	0	0	0	0	0	112	0	0	0	0	0	0	0	107
5	0	0	0	0	308	0	0	125	0	0	0	0	0	0	0
6	0	120	0	0	0	0	0	0	0	0	180	0	0	0	0
7	160	0	96	0	0	0	0	0	236	0	0	0	0	0	0
8	78	0	130	0	0	295	0	0	0	0	0	0	0	0	0
9	0	0	0	0	0	0	0	220	0	0	0	0	442	0	0
10	0	0	0	72	0	0	0	0	0	0	0	0	0	192	101

让 MATLAB 记录各代最优个体的适值，并绘出各代精英个体的适值变化图，如图 7－1 和图 7－2 所示（分别为模型 M2 和模型 M3 的各代最优个体适值变化图）。从图中可以看出随着迭代次数的增大，每代精英个体的适值不断减小，迭代到第 150 代左右后适值不再变化，亦即精英个体不再变化，下面的迭代没有找到更优的个

体，直到迭代结束后系统输出此最优个体。最后趋于稳定，这一过程说明所用的遗传算法是收敛的。

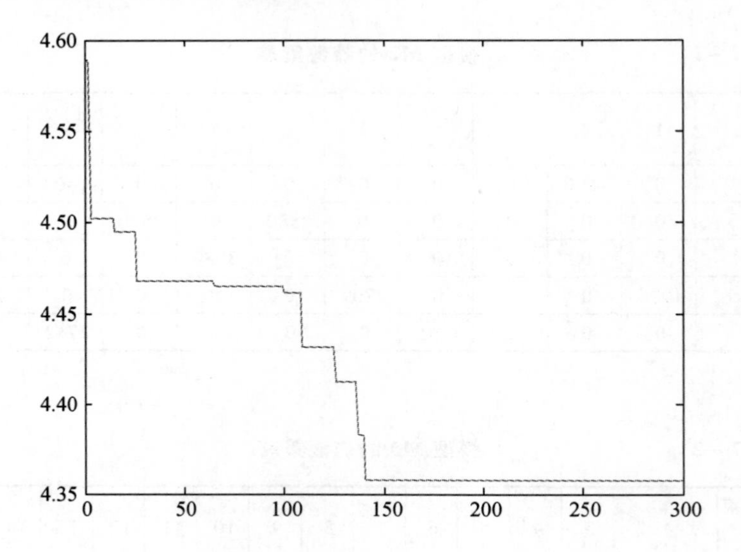

图 7－1　模型 M2 各代最优个体的适值变化

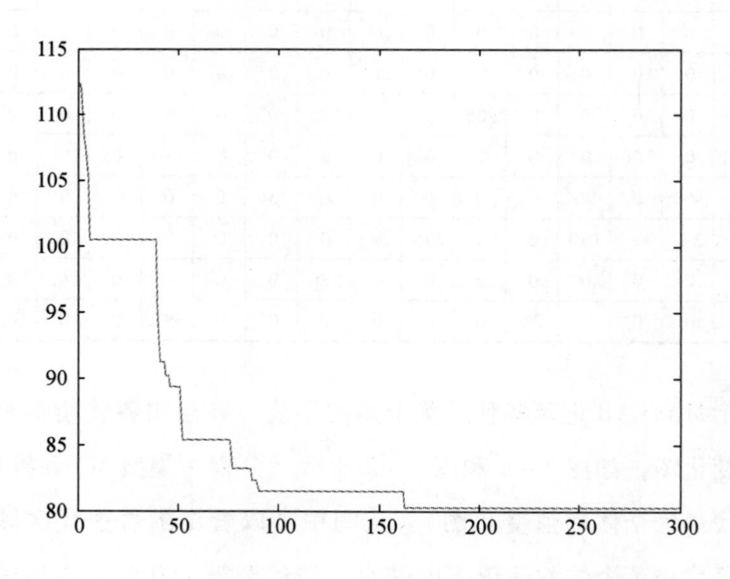

图 7－2　模型 M3 各代最优个体的适值变化

第八章

城市重特大事故
大规模人群疏散
动态决策方法

城市重特大事故大规模人群疏散决策包括疏散路径选择、各条路径上的人数分配和应急疏散资源配置三方面。第三章所建立的两阶段大规模人群疏散模型可以设计疏散路径选择和人数分配两方面的决策方案。根据第二章所分析的灾害发展时间过程性、人群疏散时间和资源约束和动态疏散模式，本章将运用动态规划理论建立城市重特大事故大规模人群疏散动态决策模型，通过动态规划逆序解法对其求解，以获取人群疏散决策的第三个方案：疏散资源配置。

第一节　动态决策模型

一　问题描述

从本书第六章的叙述中可知，良好的应急疏散策略是减少灾害人员伤亡的重要保障。因此，如何做出这样的决策，即在有限的时间内，发挥有限应急资源的最大效益，在人群疏散时间和资源两个约束条件下，从灾害现场成功疏散出最多的灾民，便成了城市灾害应急疏散中的首要问题。城市灾害发生后，其影响区域是随时间逐渐扩大的，应急指挥中心在获取相关的灾害信息后，对灾害的发展做出预测，从而确定可供疏散的时间和所要疏散的人群范围和数量；再根据所拥有的应急资源做出疏散决策并开展疏散。根据灾民等待疏散的紧急程度选择最合理的疏散方式和资源调度模式，在某些不可救的情况下甚至可放弃部分灾民，以在时间约束下，将有限的应急资源应用到最需要的地方，发挥其最大效益，以疏散出最多的灾民为目标函数，可以建立人群疏散动态决策模型。

二　模型假设

本模型是在城市重特大灾害发生后，根据灾民所能承受的最大应急疏散时间，在应急资源有限的条件下，寻求分配应急疏散车辆资源的最佳策略。因此，假设疏散是在有组织的情况下顺利进行的，不考虑人群拥挤、恐慌等因素造成的影响；模型中只考虑两种类型的疏散方式，即步行疏散和车载疏散，每辆车的承载能力一样，且灾民都具备步行疏散能力；步行疏散与车载疏散不冲突，可同时进行；疏散过程中以平均车行速度和人行速度为准，不考虑人群伤亡对疏散造成的影响；灾民在安全时间到达前被车载疏散即可；每个待疏散点的灾民只疏散到与其最近的灾民安置点上，且灾民安置点的可容纳人数不限；忽略灾民上车所用的时间。其他参数设置如下：

Z^0：非负整数集；

D：待疏散点集，$|D|=n$；

E：出救点集，$|E|=m$；

H：灾民安置点集，$|H|=l$；

Q_i：待疏散点 i 的等待疏散人数，$i\in D$ 且 $Q_i\in \mathbf{Z}^0$；

Q_i^0：待疏散点 i 需要车载疏散的人数，$i\in D$ 且 $Q_i^0\in \mathbf{Z}^0$；

Q'_i：待疏散点 i 采取步行疏散的人数，$i\in D$ 且 $Q'_i\in \mathbf{Z}^0$；

Q''_i：待疏散点 i 采取第一次车载疏散方案疏散的人数，$i\in D$ 且 $Q''_i\in \mathbf{Z}^0$；

Q'''_i：待疏散点 i 采取后续车载疏散方案疏散的人数，$i\in D$ 且 $Q''_i\in \mathbf{Z}^0$；

N'_j：出救点 j 的车辆数量，$j\in E$ 且 $N'_j\in \mathbf{Z}^0$；

N'_{ji}：出救点 j 分配到待疏散点 i 的车辆数，$j\in E$，$i\in D$ 且 $N'_{ji}\in \mathbf{Z}^0$；

N_0：一车一次载人数量，$N'_0 \in \mathbf{Z}^0$；

T_i^0：待疏散点 i 的安全疏散时间，即灾民等待疏散的最大时间，$i \in D$；

T_{ji}：从出救点 j 到待疏散点 i 的车行时间，$j \in E$，$i \in D$；

T'_{ki}：从灾民安置点 k 到待疏散点 i 的车行时间，$i \in D$，$k \in H$；

T_i：待疏散点 i 到其最近灾民安置点的车行时间，$i \in D$；

T'_i：待疏散点 i 到其最近灾民安置点的步行时间，$i \in D$；

V：待疏散点灾民的平均步行疏散速度。

三　模型建立

基于以上讨论和假设，在各个待疏散点的安全疏散时间内，以疏散出的总人数最多为目标函数，建立基于多出救点的城市重特大事故大规模人群疏散动态决策模型如下：

目标函数：

$$\mathrm{Max}\left[\sum_{i \in D}(Q'_i + Q''_i + Q'''_i)\right] \tag{8-1}$$

约束条件：

$$Q'_i = \begin{cases} \mathrm{Min}\{T_i^0 \cdot V, N_i\} & T_i^0 \geq T' \\ 0 & T_i^0 < T'_i \end{cases} \tag{8-2}$$

$$Q''_i = \begin{cases} \mathrm{Min}\{\sum_{j \in E}[\lfloor (T_i^0 - T_{ji})/(2T_i) \rfloor + 1] \cdot N'_{ji} \cdot N_0, Q_i^0\}, T_i^0 \geq T_{ji} \\ 0 \quad T_i^0 < T_{ji}, \forall j \in E \end{cases} \tag{8-3}$$

$$Q_i^0 = Q_i - Q'_i \tag{8-4}$$

$$N'_j = \sum_{i \in D} N'_{ji} \tag{8-5}$$

$$N'_{ji} \geq 0 \tag{8-6}$$

目标函数式（8－1）为各个待疏散点采用车载疏散的人数之和，其中后续车载人数需在第一次车载方案的基础上计算得出，计算方式为：已知当某车辆疏散完成时所处的位置为某灾民安置点，对某些提前完成疏散任务的车辆的再配置如下：首先，计算出根据动态疏散模型得出的车辆配置方案不能在安全时间内完成车载疏散任务的待疏散点，即若 $Q''_i < Q_i^0$，则待疏散点 i 未能在第一次配置方案中完成任务；其次，在未完成疏散任务的待疏散点中，可同第一次车载疏散方案模型类似来选取待疏散点，并立即前往进行再次疏散；依次类推，直至完成所有疏散任务或者安全时间已过。

约束条件式（8－2）为待疏散点 i 采用步行疏散到其灾民安置点的人数；约束条件式（8－3）可以计算出待疏散点 i 第一次车载疏散的人数；约束条件式（8－4）为待疏散点 i 需要采用车载疏散的人数的取值函数；约束条件式（8－5）为分配至待疏散点 i 的车辆数之和应为该出救点的车辆总数；约束条件式（8－6）为分配车辆数的非负约束。

第二节　模型求解分析

从模型结构可以看出，目标函数值为步行疏散人数与车载疏散人数之和，车载疏散建立在步行疏散的基础之上，因此可以分步求解。首先，根据相应公式求得步行疏散方案；其次，在步行疏散的基础上，根据动态规划求得第一次车载方案；最后，再加上后续车载方案，共同求出车载疏散人数。本节重点阐述应用动态规划求解第一次车载方案的方法。

一　动态规划解法分析

模型本质为资源配置问题，应用动态规划求解，取待疏散点数为级数；状态变量则是在各个待疏散点开始疏散时可供投入使用的车辆数，它为各个出救点当时可供分配的车辆数之和，因此是一个 m 维向量；而各个待疏散点分配的车辆数为决策变量，由各个出救点分配到该待疏散点的车辆数决定，因此也是一个 m 维向量；依此可做出分级决策模型如图 8－1 所示。

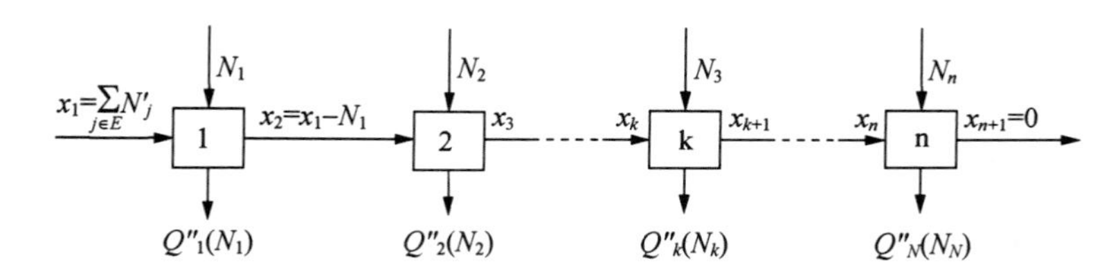

图 8－1　动态规划求解方法

其中：动态规划分级数为各个待疏散点数 n；

决策变量为各个待疏散点分配到的车辆数：

$$N_i = \sum_{j \in E} N_{ji} (i \in D) \tag{8-7}$$

状态转移方程为：

$$x_{k+1} = x_k - N_k \tag{8-8}$$

状态变量 $x_k (k=1, 2, \cdots, n)$ 为投入 k 级到 n 级的总车辆数，它由各个出救点分配到待疏散点的车辆数组成，并有：

$$x_1 = \sum_{j \in E} \sum_{i \in D} N'_{ji} \tag{8-9}$$

$$x_{k+1} = x_k - N_k (k = 1, 2, \cdots, n-1) \tag{8-10}$$

$$x_{n+1} = 0 \tag{8-11}$$

定义 $f_{k,n}(x_k) \triangleq$ 为从第 k 个待疏散点疏散的人数到第 n 个待疏散点疏散的人数的最大值。

由此可建立本模型的动态规划递推公式为：

$$f_{k,n}(x_k) = \mathrm{Max}[Q''_k(N_k) + f_{k+1,n}(x_k - N_k)] \tag{8-12}$$

$$f_{n,n}(x_n) = Q''_n(N_n) \tag{8-13}$$

二 动态规划逆序解法

基于以上讨论，可知初始状态为 $x_1 = \sum_{j \in E} N'_{j1}$，最优值函数 $f_{k,n}(x_k)$ 表示第 k 个阶段的初始状态为 x_k，从 k 阶段到 n 阶段的最大效益。

从第 n 阶段开始，则有：

$$f_{n,n}(x_n) = \underset{N_n \in D_n(x_n)}{\mathrm{Max}}\ Q''_n(x_n,\ N_n) \tag{8-14}$$

其中：$D_n(x_n)$ 是由状态 x_n 所确定的第 n 阶段的允许决策集合。求解此极值问题，便可得最优解 N_n 和最优值 $f_{n,n}(x_n)$。

在第 $n-1$ 阶段，有：

$$f_{n-1,n}(x_{n-1}) = \underset{N_{n-1} \in D_n(x_{n-1})}{\mathrm{Max}} [Q''_{n-1}(x_{n-1},\ N_{n-1}) + f_{n,n}(x_n)] \tag{8-15}$$

其中：$x_n = x_{n-1} - N_{n-1}$；求解此极值问题，便可得到最优解 N_{n-1} 和最优值 $f_{n-1,n}(x_{n-1})$。

在第 k 阶段，有：

$$f_{k,n}(x_k) = \underset{N_k \in D_n(x_k)}{\mathrm{Max}} [Q''_k(x_k,\ N_k) + f_{k+1,k+1}(x_{k+1})] \tag{8-16}$$

其中：$x_{k+1} = x_k - N_k$，解得其最优解 N_k 和最优值 $f_{k,n}(x_k)$。

以此类推，直到第一阶段，有：

$$f_{1,n}(x_1) = \underset{N_1 \in D_n(x_1)}{\mathrm{Max}} [Q''_1(x_1,\ N_1) + f_{2,n}(x_2)] \tag{8-17}$$

其中：$x_2 = x_1 - N_1$，解得其最优解 N_1 和最优值 $f_{1,n}(x_1)$。

由于初始状态 x_1 已知，且 $x_1 = \sum_{j \in E} \sum_{i \in D} N'_{ji}$，故 N_1 和 $f_{1,n}(x_1)$ 是确定的，从而 $x_2 = x_1 - N_1$ 也可以确定；同理，N_2 和 $f_{2,n}(x_2)$ 也可以确定。这样，按照上述递推过程相反的顺序推算下去，便可逐步确定出各个阶段的决策及其效益，也即得出各个待疏散点车辆的分配方案和疏散出来的人数。

第三节　数值仿真分析

一　相关参数设置

本节设定如下场景进行人群疏散数值仿真。假设灾害发生后，受灾人群聚集在三个待疏散点，与其分别对应的有三个灾民安置点，有两个出救点的救援车辆可供调度，出救点1、2都可向待疏散点1、2、3调度车辆，某个待疏散点的疏散任务完成后，完成任务的车辆将继续往未疏散完成的待疏散点调度，如图8-2所示。

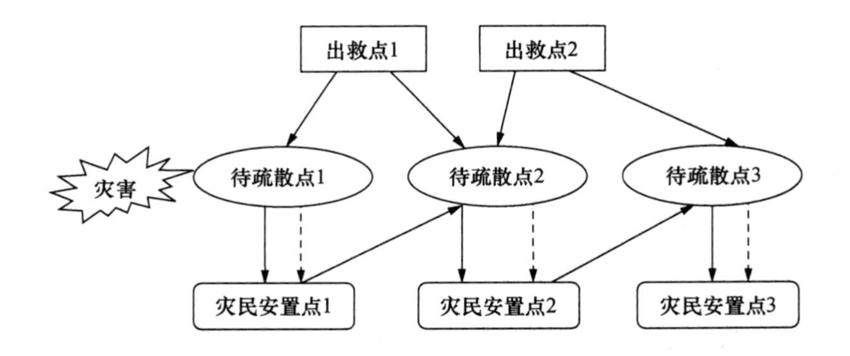

图8-2　出救与疏散示意

具体参数设置如下：

待疏散点的等待疏散人数：$\vec{Q}=\{Q_1, Q_2, Q_3\}=\{1300, 1000, 1200\}$（人）；

出救点的车辆数量：$\vec{N'}=\{N'_1, N'_2\}=\{2, 3\}$（辆）；

一车一次载人数量：$N_0=50$（人）；

待疏散点的安全疏散时间：$\vec{T^0}=\{T_1^0, T_2^0, T_3^0\}=\{60, 80, 90\}$

（分钟）；

出救点到待疏散点的车行时间：$\vec{T}=\begin{Bmatrix}T_{11}, & T_{12}, & T_{13}\\ T_{21}, & T_{22}, & T_{23}\end{Bmatrix}=\begin{Bmatrix}5, & 15, & 30\\ 20, & 5, & 10\end{Bmatrix}$（分钟）；

从灾民安置点 k 到待疏散点 i 的车行时间：$\vec{T'}=\begin{Bmatrix}T'_{11}, & T'_{12}, & T'_{13}\\ T'_{21}, & T'_{22}, & T'_{23}\\ T'_{31}, & T'_{32}, & T'_{33}\end{Bmatrix}=\begin{Bmatrix}5, & 15, & 20\\ 15, & 10, & 20\\ 30, & 20, & 5\end{Bmatrix}$（分钟）；

待疏散点 i 到最近灾民安置点的步行时间：$\vec{T''}=\{T'_1, T'_2, T'_3\}=\{30, 60, 30\}$（分钟）；

待疏散点灾民的平均步行疏散速度：$V=0.2$ 人/秒；

由此可求出，各个出救点出动一辆车分别到各个待疏散点在其安全时间内能救出的人数：

$$\vec{Q}^*=\begin{Bmatrix}Q_{11}^*, & Q_{12}^*, & Q_{13}^*\\ Q_{21}^*, & Q_{22}^*, & Q_{23}^*\end{Bmatrix}=\begin{Bmatrix}300, & 150, & 300\\ 250, & 200, & 450\end{Bmatrix}\text{（人）；}$$

待疏散点采取步行疏散的人数：$\vec{Q'}=\{Q'_1, Q'_2, Q'_3\}=\{360, 240, 720\}$（人）；

待疏散点 i 需要车载疏散的人数：$\vec{Q''}=\{Q''_1, Q''_2, Q''_3\}=\{940, 760, 480\}$（人）；

二　二维离散动态规划求解过程

由于本数值仿真中，有两个出救点，因此，车辆出救方案是一个二维向量。模型中的第一次车载疏散方案问题可以用二维离散动态规划问题方法求解，其递推方程和各级收益应该如表 8－1 所示。

表 8－1　　**递推方程与各级收益**

$Q''_1 = Q''_1(N'_{11}, N'_{21})$		$Q''_2 = Q''_2(N'_{12}, N'_{22})$		$Q''_3 = Q''_3(N'_{13}, N'_{23})$	
$N'_{21}N'_{11}$	0　1　2	$N'_{22}N'_{12}$	0　1　2	$N'_{23}N'_{13}$	0　1　2
0	0　300 600	0	0　150 300	0	0　300 480
1	250 550 850	1	200 350 500	1	450 480 480
2	500 800 940	2	400 550 760	2	480 480 480
3	750 940 940	3	600 750 760	3	480 480 480

（1）首先计算第 3 级疏散人数：

$$f_{3,3}(x_{13}, x_{23}) = \underset{\substack{N'_{13}=0,1,2\\N'_{23}=0,1,2,3}}{\text{Max}} [Q''_3(N'_{13}, N'_{23})]$$

$$= \text{Max}\{Q''_3(0, 0), Q''_3(0, 1), Q''_3(0, 2), Q''_3(0, 3), Q''_3(1, 0), Q''_3(1, 1), Q''_3(1, 2), Q''_3(1, 3), Q''_3(2, 0), Q''_3(2, 1), Q''_3(2, 2), Q''_3(2, 3)\}$$

$$= \text{Max}\{0, 450, 480, 480, 300, 480, 480, 480, 480, 480, 480, 480, 480\}$$

$$= 480 \quad (8-18)$$

（2）计算从第 2 级到第 3 级的总疏散人数：

$$f_{2,3}(x_{12}, x_{22}) = \underset{\substack{N'_{12}=0,1,2\\N'_{22}=0,1,2,3}}{\text{Max}} [Q''_2(N'_{12}, N'_{22}) + f_{3,3}(x_{12} - N'_{12}, x_{22} - N'_{22})] \quad (8-19)$$

当$(x_{12}, x_{22}) = (2, 3)$时，$f_{2,3}(2, 3)$可求之如下：

$$f_{2,3}(2,3) = \underset{N'_{12},N'_{22}}{\text{Max}} \{Q''_2(0, 0) + f_{3,3}(2, 3), Q''_2(0, 1) + f_{3,3}(2, 2), Q''_2(0, 2) + f_{3,3}(2, 1), Q''_2(0, 3) + f_{3,3}(2, 0), Q''_2(1, 0) + f_{3,3}(1, 3), Q''_2(1, 1) + f_{3,3}(1, 2), Q''_2(1, 2) + f_{3,3}(1, 1), Q''_2(1, 3) +$$

$$f_{3,3}(1,0),\ Q''_2(2,0)+f_{3,3}(0,3),\ Q''_2(2,1)+f_{3,3}(0,2),Q''_2(2,2)+f_{3,3}(0,1),Q''_2(2,3)+f_{3,3}(0,0)\}$$

$$=\text{Max}\{480,\ 680,\ 880,\ 1080,\ 630,\ 830,\ 1030,\ 1050,\ 780,\ 980,\ 1210,\ 760\}$$

$$=1210 \tag{8-20}$$

用相同的方法可以计算出不同的（x_{12}，x_{22}）组合（共有 12 种）的最大疏散人数，计算结果如表 8 - 2 所示。

表 8 - 2　　第 2 级各种不同组合的最大收益

(x_{12}, x_{22})	(0, 0)	(0, 1)	(0, 2)	(0, 3)	(1, 0)	(1, 1)
$f_{2,3}(x_{12}, x_{22})$	0	450	650	850	300	600
最佳策略	(00)(00)	(00)(01)	(01)(01)	(02)(01)	(00)(10)	(10)(01)
(x_{12}, x_{22})	(1, 2)	(1, 3)	(2, 0)	(2, 1)	(2, 2)	(2, 3)
$f_{2,3}(x_{12}, x_{22})$	850	1000	480	750	950	1210
最佳策略	(02) (10)	(12) (01)	(10) (01)	(20) (01)	(21) (01)	(22)(01)

注：(02) (10) 表示的疏散策略为：从第 1 个出救点配置 0 辆车到待疏散点 2、2 辆车到待疏散点 3；从第 2 个出救点配置 1 辆车到待疏散点 2、0 辆车到待疏散点 3。

（3）计算从第 1 级到第 3 级的总疏散人数：

$$f_{1,3}(x_{11},\ x_{21})=\underset{\substack{N'_{11}=0,1,2\\N'_{21}=0,1,2,3}}{\text{Max}}[Q''_1(N'_{11},\ N'_{21})+f_{2,3}(x_{11}-N'_{11},\ x_{21}-N'_{21})] \tag{8-21}$$

当给定$(x_{12},\ x_{22})=(2,\ 3)$时，有：

$$f_{1,3}(2,\ 3)=\underset{N'_{11},N'_{21}}{\text{Max}}\{Q''_1(0,0)+f_{2,3}(2,3),\ Q''_1(0,1)+f_{2,3}(2,2),\ Q''_1(0,2)+f_{2,3}(2,1),\ Q''_1(0,3)+f_{2,3}(2,0),\ Q''_1(1,0)+f_{2,3}(1,3),\ Q''_1(1,1)+f_{2,3}(1,2),\ Q''_1(1,2)+f_{2,3}(1,1),\ Q''_1(1,3)+$$

$$f_{2,3}(1,0),\ Q''_1(2,0)+f_{2,3}(0,3),\ Q''_1(2,1)+$$
$$f_{2,3}(0,2),\ Q''_1(2,2)+f_{2,3}(0,1),\ Q''_1(2,3)+$$
$$f_{2,3}(0,0)\}$$
$$=\mathrm{Max}\{1210,\ 1200,\ 1250,\ 1230,\ 1300,\ 1400,$$
$$1400,\ 1240,\ 1450,\ 1500,\ 1390,\ 1240\}$$
$$=1500 \qquad (8-22)$$

其中：最佳策略为 $N'_{11}=2$，$N'_{21}=1$；$N'_{12}=0$，$N'_{22}=1$；$N'_{13}=0$，$N'_{23}=1$。即从出救点 1 配置 2 辆车到待疏散点 1、0 辆车到待疏散点 2、0 辆车到待疏散点 3；从出救点 2 配置 1 辆车到待疏散点 1、1 辆车到待疏散点 2、1 辆车到待疏散点 3。

三　数值仿真结果

根据第一次车载疏散方案，待疏散点 1：在安全疏散时间 60 分钟内步行疏散 360 人、车载疏散 550 人，共疏散 910 人，还有 390 人未能及时疏散；待疏散点 2：在安全时间 80 分钟内步行疏散 240 人、车载疏散 350 人，共疏散 590 人，还有 410 人未能及时疏散；待疏散点 3：在安全疏散时间 90 分钟内步行疏散 720 人、车载疏散 450 人，共疏散 1170 人，还有 30 人未能及时疏散。

因此，3 个待疏散点都未能在安全时间内完成疏散任务。而 60 分钟过后，分配到待疏散点 1 的车辆已经不需要再回去疏散，因此可以在 60 分钟后进行后续配置。此时，灾民安置点 1 有 3 辆车等待分配至待疏散点 2、3。与第一次车载分配方案算法类似，可算出后续车载分配方案为：从灾民安置点 1 分配 3 辆车到待疏散点 2；从灾民安置点 1 分配 0 辆车到待疏散点 3。这样，可在待疏散点 2 的安全疏散时间内再救出 150 人。此后，由于从灾民安置点 2 至待疏散点 3 需要 20 分钟，而剩余的时间仅有 10 分钟，因此无须再进行车辆配置。从以上分析可知，在本次城市重特大灾害大规模人群疏散过程中，可步行疏散 1320 人、车载疏散 1350 人、未能疏散 830 人，疏散结果如表 8－3 所示。

表 8－3　　数值仿真疏散结果

待疏散点	步行疏散人数	第一次车载疏散人数	第二次车载疏散人数	总疏散人数	未能疏散人数
1	360	550	0	910	390
2	240	200	150	590	410
3	720	450	0	1170	30
总人数	1320	1200	150	2670	830

第四节　Anylogic 模拟仿真分析

为验证本章建立的动态决策模型及其求解方法和结果，本节将运用 Anylogic 仿真软件，应用模型得出的疏散车辆资源配置方案，模拟第三节的疏散情景，并将数值疏散结果和 Anylogic 模拟疏散结果进行对比，以验证模型的科学性和准确性。

一　模拟仿真流程

在第八章第三节所述情景下，可根据第六章第四节的人群疏散决策流程确定本节 Anylogic 仿真流程：首先，在灾害确认后，根据所获取的灾害信息应用动态决策模型，得出相应的步行疏散和车载疏散配置方案；其次，根据所得疏散策略对人群进行疏散，两个出救点的车辆资源按照配置方案前往待疏散点进行车载疏散，同时三个待疏散点的部分灾民进行步行疏散；再次，分别跟踪记录各个待疏散点采取步行疏散和车载疏散的疏散人数；最后，90 分钟后整个模拟过程结束，分析所记录的数据并与数值仿真结果对比。整个流程如图 8－3 所示。

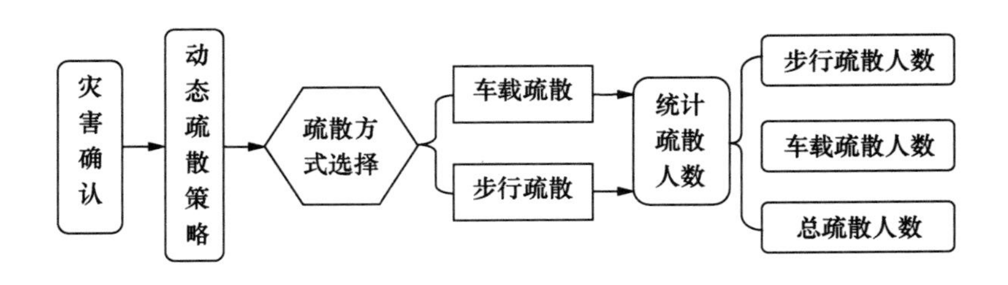

图 8－3　Anylogic 仿真流程

如图 8－3 所述的仿真流程，根据三个不同待疏散点建立三个疏散仿真流程。第一个为待疏散点 1 的仿真，首先根据动态疏散策略，共有三辆车被分配至该点，其中出救点 1 两辆、出救点 2 一辆，灾害确认后，可供灾民选择的疏散方式有自行步行疏散和等待车辆疏散两种，仿真中的原则是在车辆未到之前尽可能地采取步行疏散，一旦车辆到达便首选车辆疏散，直至疏散任务完成；第二个为待疏散点 2 的仿真，根据动态疏散策略，一开始只有出救点 2 分配一辆车至该点，同时，在待疏散点 1 的疏散任务完成后，分配至待疏散点 1 的车辆便前往该点进行疏散，Anylogic 仿真流程如图 8－4 所示；第三个为待疏散点 3 的仿真，根据动态疏散策略，从头到尾仅有出救点 2 分配一辆车至该点，该点灾民疏散的方式主要为步行疏散。

其中，configuration 为 pedconfiguration 对象，是 Anylogic 使用行人库的必需对象；ground 为 pedGround 对象，是为行人的活动定义一个具体的环境，所有的参数及行为都通过这个环境进行传递；pedArea1 为 pedArea 对象，定义了区域行人速度规则和约束条件；

pedSource3 为 pedSource 对象，可在系统中生成行人；pedAssemble3 为 Ped Group Assemble 对象，用于行人聚集；pedGoTo22 为 pedCmd-GoTo 对象，为行人指定疏散方向；pedWait 为 pedCmdWait 对象，指示行人等待；pedSink 对象可将进入系统的行人移出系统。

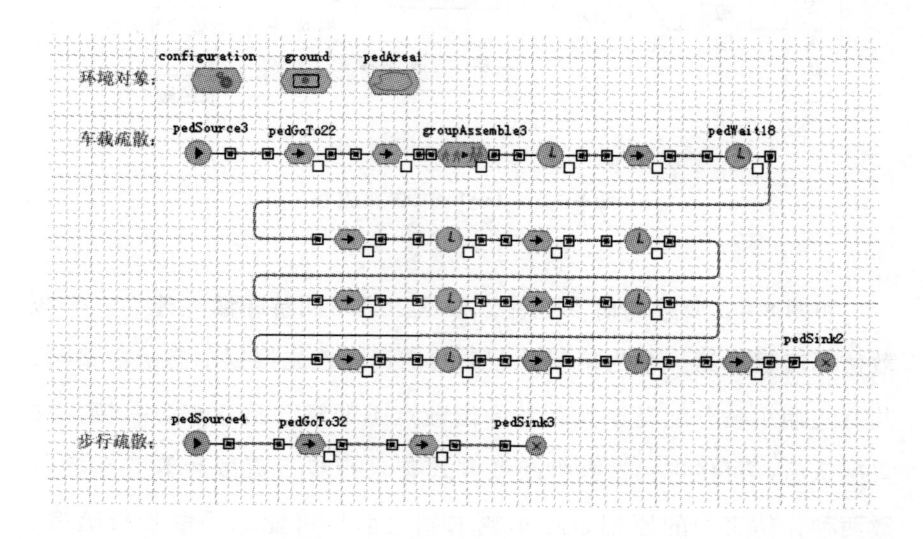

图 8－4　Anylogic 模拟仿真 Object

仿真开始后，被分配到待疏散点 2 的车辆从出救点出发前往目的待疏散点 2，到达后即开始将灾民疏散至其安置点，来回待疏散点 2 与其灾民安置点间进行疏散直至疏散任务结束，等待下一步疏散指令；同时，待疏散点 2 的部分灾民进行步行疏散。系统记录疏散人数。

二　模拟仿真过程

模拟仿真开始后，分别截取系统运行在 6 分钟、40 分钟、60 分钟和 80 分钟的疏散场景图像，如图 8－5 所示。

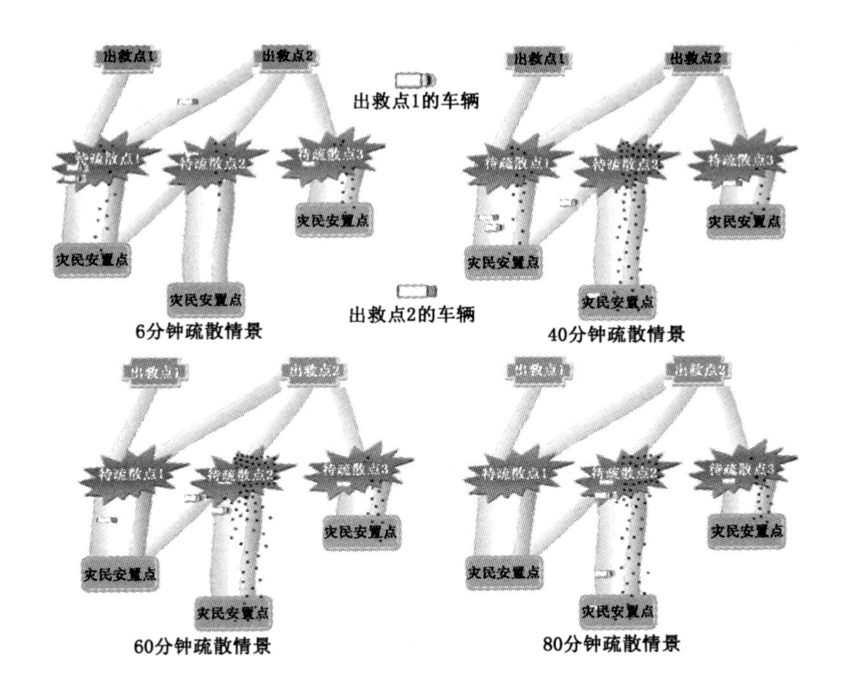

图 8－5　系统在不同时间点的疏散情景

从图 8－5 中可以看出，系统开始运行 6 分钟时，出救点 1 分配到待疏散点 1 的车辆已经到达目的地并开始执行疏散任务，此时出救点分配至待疏散点 1 的车辆还在途中，未到达目的地，而分配至待疏散点 2、3 的车辆已经到达并开始执行疏散任务；在疏散行动进行到 40 分钟时，出救点 1 分配至待疏散点 1 的一辆车已经完成疏散任务，开始前往待疏散点 2，执行下一个疏散任务；在疏散任务执行到 60 分钟的时候，待疏散点 1 的任务已经基本完成，分配至该点的车辆都前往待疏散点 2 执行下一个疏散任务；在系统运行到 80 分钟时，待疏散点 2 的安全疏散时间已到，其疏散任务也基本执行完毕，其后，由于从灾民安置点 2 到待疏散点 3 的时间过长，已完成疏散任务的车辆即便赶往待疏散点 3 也不能执行疏散任务，故车辆到达灾民安置点 2 后便不再调动。

三 模拟仿真结果

利用 Anylogic 自带的 Collective Variable 可以实现的数据收集，记录系统仿真过程中各待疏散点在不同时间的疏散人数。其中，所采用的数据变量如图 8－6 所示。

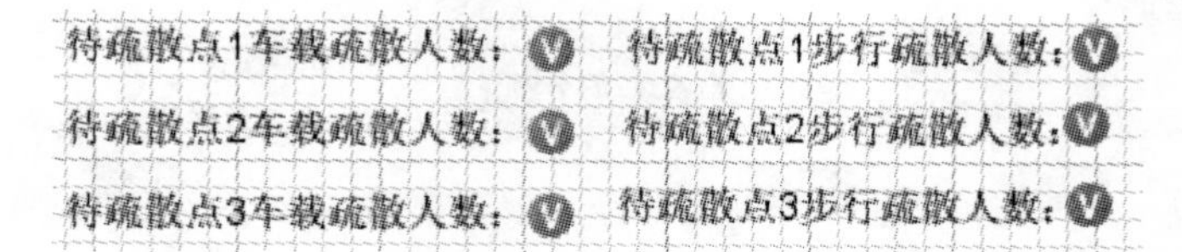

图 8－6 用于记录疏散人数的数据变量

根据以上各个变量对各个待疏散点车载疏散数和步行疏散人数的统计，可用 plot 对象对所记录的数据用图 8－7 表示出来。

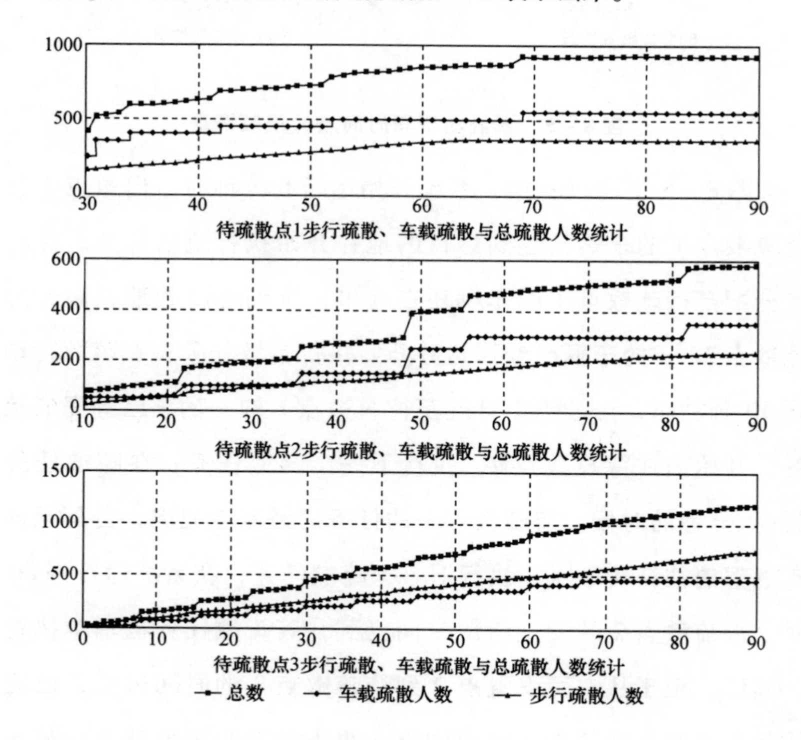

图 8－7 各待疏散点疏散人数统计

从图8－7可以看出，待疏散点1在63分钟以后，疏散人数已经没有变化，说明此后疏散不再进行；待疏散点2在84分钟以后疏散人数曲线趋于平稳，该点疏散任务完成；待疏散点3则疏散至90分钟。疏散人数与数值仿真疏散人数的对比如表8－4所示。

表8－4　　两种仿真方式疏散结果对比

待疏散点	仿真方式	车载疏散	步行疏散	总疏散人数	疏散结束时间
1	数值仿真	550	360	910	60分钟
	Anylogic	550	336	886	63分钟
2	数值仿真	350	240	590	80分钟
	Anylogic	350	217	567	84分钟
3	数值仿真	450	720	1170	90分钟
	Anylogic	450	678	1128	90分钟

因此，从表8－4中可以看出，应用Anylogic进行的模拟仿真疏散与数值仿真疏散相比：Anylogic模拟的步行疏散效率相对低一些，造成这种差异的原因是在Anylogic仿真系统的行人库是基于社会力模型的，它考虑了疏散过程中某些对行人步行疏散的影响，而数值仿真则是假设步行疏散是顺利、有效进行的；而两者的车载疏散人数则是一样的。因此，所建立的模型和运用动态规划算法得出疏散策略是合理的。

第 九 章

重特大事故疏散人群的生活保障物资配置决策方法

在地震等重特大灾害发生后，势必要对受灾城市和乡村的灾民进行紧急疏散，因其受灾范围广，疏散人群规模大，完成疏散后，还需要为被疏散人群提供大量粮食、水、棉被以及医疗救助药品等物资。因此，大规模人群疏散必须有充足的应急救援物资供应，而灾区的生活保障物资储备往往不能满足大规模疏散人群的需求，必须从其他地区调度。本章将对支持大规模人群疏散的应急救援物资配置决策问题进行研究。应急救援物资配置是一项不确定环境下的多物资、多运输方式、多运输工具模型，在考虑物资供应量限制的条件下同时还需考虑运输能力限制（包括运输重量限制和运输体积限制两个方面）。本章将建立的地震等重特大灾害应急救援物资配置模型，是一多目标、多阶段、多物资、多运输方式、多运输工具、多维信息更新情形下的配置决策模型。鉴于该模型的复杂性，先建立无信息更新情形下的综合配置模型，然后引入贝叶斯信息更新方法建立多维信息更新下的配置决策模型，并设计基于整数矩阵编码的遗传算法对模型进行求解，同时以汶川地震为背景，进行模拟仿真分析。

第一节 背景

与普通物流不同，应急物流更复杂，同时有着独一无二的特征。地震等重特大灾害发生后的应急救援物资配置有以下五个方面的特征：（1）供应不确定性、需求激增及时间紧迫性；（2）用于决策的信息的不完备性及其实时更新性；（3）上一阶段所做的决策规划往往因地震等重特大灾害的对运输路线巨大破坏性而变得不可行，因而必须对先前规划进行调整；（4）极大限度地受限于物资有限性、供应能力和运输能力；（5）这是一个动态的过程。因此，应急救援物资配置决策者需要根据当前信息考虑诸多限制条件，做出有效的序贯决策。

第二节 无信息更新的综合配置模型

一 假设

在地震等重特大灾害发生后，单个供应点的应急物资难以满足多处受灾点的多种生活保障物资需求；在生活保障物资配送过程中，地震等重特大灾害可能会造成道路的损毁从而导致地面运输中断，需要更新运输路线，或者采取多式联运的方法，比如换成空运等方式来解决，模型将道路中断点定义为中转点；各供应点的物资供应量和配送能力是有限的，配送能力主要体现在可调用运输工具及其运量上，本章模型考虑货车运输、铁路运输、航空运输和航海运输，以及多式联运五种方式。同时，考虑疏散人群生活保障物资配置是一个随时间变化的动态过程。主要参数如表 9－1 所示，其中，阶段、出救点、受灾点、运输方式、物资种类、运输工具等参数在下标时表示某阶段某物资种类从某出救点到某受灾点运用某运输方式中的某运输工具配置情况。

表 9－1 符号

集合	
T	阶段集合，$t \in T$
C	物资集合，$c \in C$
I	出救点集，$i \in I$

续表

集合	
M	运输方式集合，$m \in M$
J	受灾点集，$j \in J$
O_m	第 o 种运输方式中第 m 类运输工具集合，$o \in O_m$
静态参数	
w_c	物资 c 的单位重量
vol_c	物资 c 的单位体积
cap_{mo}	第 o 种运输方式中第 m 类运输工具的装载重量
vol_{mo}	第 o 种运输方式中第 m 类运输工具装载体积
t_{ijm}	运输方式 m 从出救点 i 到受灾点 j 的正常运输时间
动态参数	
LU^t	t 阶段总的物资配置效果损失
LT^t	t 阶段总的应急物流时间损失
d_{cj}^t	t 阶段受灾点 j 对物资 c 的需求量
q_{ci}^t	t 阶段出救点 i 对物资 c 的供应量
v_{imo}^t	t 阶段出救点 i 中第 o 种运输方式中第 m 类运输工具的数量
Δq_{ci}^t	t 阶段出救点 i 对物资 c 的补给量
Δv_{imo}^t	出救点 i 中第 o 种运输方式中第 m 类运输工具的补给量
决策变量	
s_{cijm}^t	t 阶段出救点 i 中用第 m 类运输工具配送到受灾点 j 的运输物资 c 的配置量
v_{cijmo}^t	t 阶段出救点 i 配置到受灾点 j 的运输物资 c 的第 o 种运输方式中第 m 类运输工具的配置量

二　决策模型

以物资供应量与需求量误差之和与物资配送所用的时间最小为目标函数，可以建立如下多目标模型 M1（$\forall t \in T$）：

目标

$$\text{Min}LU = \sum_{j \in J}\sum_{c \in C}(d_{cj}^t - \sum_{i \in I}\sum_{m \in M} s_{cijm}^t)^2 \tag{9-1}$$

$$\text{Min}LT = \sum_{c \in C}\sum_{i \in I}\sum_{j \in J}\sum_{m \in M}(s_{cijm}^t \cdot t_{ijm}) \tag{9-2}$$

满足

$$\sum_{j\in J}\sum_{m\in M}s_{cijm}^{t}\leqslant q_{ci}^{t},\forall c\in C,i\in I \tag{9-3}$$

$$\sum_{c\in C}\sum_{j\in J}s_{cijm}^{t}\cdot w_{c}\leqslant\sum_{o\in O_m}v_{imo}^{t}\cdot cap_{mo},\forall i\in I,m\in M \tag{9-4}$$

$$\sum_{c\in C}\sum_{j\in J}s_{cijm}^{t}\cdot vol_{c}\leqslant\sum_{o\in O_m}v_{imo}^{t}\cdot vol_{mo},\forall i\in I,m\in M \tag{9-5}$$

$$s_{cijm}^{t}=\mathrm{Min}\left\{\left(\sum_{o\in O_m}v_{cijmo}^{t}\cdot cap_{mo}\right)/w_{c},\left(\sum_{o\in O_m}v_{cijmo}^{t}\cdot vol_{mo}\right)/vol_{c}\right\},$$

$$\forall c\in C,i\in I,j\in J,m\in M \tag{9-6}$$

$$q_{ci}^{t}=q_{ci}^{t-1}+\Delta q_{ci}^{t}-\sum_{j\in J}\sum_{m\in M}s_{cijm}^{t-1},\forall c\in C,i\in I,t\geqslant 2 \tag{9-7}$$

$$v_{imo}^{t}=v_{imo}^{t-1}+\Delta v_{imo}^{t}-\sum_{c\in C}\sum_{j\in J}v_{cijmo}^{t-1},\forall i\in I,m\in M,o\in O_{m},t\geqslant 2 \tag{9-8}$$

$$\sum_{c\in C}\sum_{j\in J}v_{cijmo}^{t}\in Z^{+} \tag{9-9}$$

$s_{cijm}^{t}\geqslant 0$，$q_{ci}^{t}\geqslant 0$，$\Delta q_{ci}^{t}\geqslant 0$，$d_{ci}^{t}\geqslant 0$，$v_{cijmo}^{t}\geqslant 0$

$$\forall c\in C,\ i\in I,\ j\in J,\ m\in M,\ o\in M_{o} \tag{9-10}$$

$v_{imo}^{t}\geqslant 0$，$\Delta v_{imo}^{t+1}\geqslant 0$，integer 表示整数

$$\forall c\in C,\ i\in I,\ j\in J,\ m\in M,\ o\in M_{o} \tag{9-11}$$

其中，目标函数式（9－1）为使需求点总的物资需求量最低，目标函数式（9－2）为使总的物资配送时间最小，若采用多式联运，则 $t_{ij,multi-modal}=\sum_{m\in M\setminus\{multi-modal\}}t_{i'j'm}+t_{reload}$，其中，$\sum_{m\in M\setminus\{multi-modal\}}arci'j'=arcij$，$t_{i'j'm}$为采用运输方式 m 在路段 $i'j'$ 上运输的时间，t_{reload}为途中改变运输方式时物资再次装载的总时间；约束条件（9－3）为出救点的供应约束，约束条件（9－4）为出救点的运载能力约束；约束条件（9－5）为出救点的总运载体积约束；约束条件（9－6）为配送物资量与运输工具数的关系；约束条件（9－7）、约束条件（9－8）为前后阶段出救点的物资和运输工具拥有量平衡，通过对

Δq_{ci}^{t}的修正可以实现供应点之间的物资调度；约束条件（9－9）确保派往各个受灾点的运输工具数量是整数；约束条件（9－10）、约束条件（9－11）为各变量的非零和整数约束。

该模型为动态线性混合整数规划模型，它跟实际灾民生活保障物资配置过程还有较多出入。现实中，需求点的物资需求量、供应点的物资供应量和运输能力以及道路通畅度和两点间的运输时间都是受地震灾情影响的，都是随机变量。因此，需要综合运用包括地震等重特大灾害信息、物资需求与供给信息和交通网络信息等来建立随机动态配置模型。

第三节　基于多维信息更新的综合配置模型

一　假设

基于贝叶斯组群信息更新的重特大灾害疏散人群生活保障物资序贯配置问题可以运用贝叶斯统计理论进行求解。参考贝叶斯分析理论，可以建立相关模型，在表9－1的符号基础上，补充表9－2的符号。

表9－2　新增符号

随机变量	
θ	灾害状态
ξ	交通状态
X	θ的独立观测值

续表

随机变量	
Y	ξ 的独立观测值
x	X 的一个具体实现值
y	Y 的一个具体实现值
a	一个具体的应急救援物资配置计划
集合	
Θ	所有可能的 θ 集合
Ω	所有可能的 ξ 集合
$\mathscr{X}$	所有可能的 X 集合
$\mathscr{Y}$	所有可能的 Y 集合
$\mathscr{A}$	所有可能的 a 集合
N^+	所有正整数集
函数与方程	
$\pi(\theta)$	θ 的先验概率密度函数
$\varphi(\xi)$	ξ 的先验概率密度函数
$u(x)$	x 的边缘概率密度函数
$v(y)$	y 的边缘概率密度函数
$h(x, \theta)$	x 和 θ 的联合概率密度函数
$t(y, \xi)$	y 和 ξ 的联合概率密度函数
$f(x \mid \theta)$	x 的条件概率密度函数
$g(y \mid \xi)$	y 的条件概率密度函数
$\pi^*(\theta \mid x)$	θ 的后验概率密度函数
$\varphi^*(\xi \mid y)$	ξ 的后验概率密度函数
$F^{\pi}(\theta)$	θ 的累积分布函数
$F^{\varphi}(\xi)$	ξ 的累积分布函数
$LU(\theta, \delta)$	物资配置效果损失函数
$rU(\pi^*, \delta)$	物资配置效果风险函数
$LT(\xi, \delta)$	应急物流时间损失函数
$rT(\varphi^*, \delta)$	应急物流时间风险函数
$F^{u}(x)$	x 的边缘累积分布函数
$F^{v}(y)$	y 的边缘累积分布函数

续表

函数与方程	
$\delta(x, y)$	在空间 $\mathscr{X}\times\mathscr{Y}$ 上的决策，其中 $\delta(x, y)$ 为 $X=x$ 和 $Y=y$ 的条件下的一个计划 $a\in\mathscr{A}$
RAEL	物资配置效果损失
ELTL	应急物流时间损失函数

在基于贝叶斯组群信息更新的重特大灾害疏散人群生活保障物资序贯配置模型中，描述灾情和交通网络的各种可能状态集 $\Theta=\{\theta\}$、$\Omega=\{\xi\}$，决策者可采取各种物资配置方案集 $\mathscr{A}=\{a\}$（方案包括两个方面：各出救点配送至各受灾点各类物资量和配送方式），则决策规则 $\delta(x, y)$ 表示当 $X=x$、$Y=y$ 为样本信息的观测值时所采取的行动[$\delta(x, y)$ 为 $\mathscr{X}\times\mathscr{Y}$ 到 $\mathscr{A}$ 的函数]，其损失函数和风险函数基于以下假设。

假设 9-1：灾情信息是服从某一分布的，即其先验分布的密度函数 $\pi(\theta)$、$\varphi(\xi)$ 已知，并可以周期 T 不断观测获取关于 θ、ξ 的样本信息，周期 T 期间可以多次观测，取综合观测值。

贝叶斯决策方法综合利用了参数的先验信息与样本信息来做出决策。根据政府部门［如美国国家海洋和大气管理局（the National Oceanic and Atmospheric Administration，NOAA）的国家气候数据中心（The National Climatic Data Center，NCDC）、国家地球物理数据中心（The National Geophysical Data Center，NGDC）、国家海洋数据中心（National Oceanographic Data Center，NODC）等］的灾害数据库可以导出灾害信息先验分布的密度函数 $\pi(\theta)$、$\varphi(\xi)$，其中 θ、ξ 为多维随机变量。

灾害信息观测由 X^1，X^2，…，Y^1，Y^2，… 表示，$X^t=(X_1^t, X_2^t, \cdots)$、$Y^t=(Y_1^t, Y_2^t, \cdots)$ 为第 t 阶段观测所得样本，x^t、y^t 为样本信息，其条件密

度函数为$f_t(x^t \mid \theta^t)$，$g_t(y^t \mid \xi^t)$定义在$\mathscr{X}^t = \mathscr{X}_1 \times \mathscr{X}_2 \times \cdots \times \mathscr{X}_t$和$\mathscr{Y}^t = \mathscr{Y}_1 \times \mathscr{Y}_2 \times \cdots \times \mathscr{Y}_t$上；$\theta^t$、$\xi^t$在第$t$阶段的后验概率密度为$\pi_t^*(\theta^t \mid x^t)$，$\varphi_t^*(\xi^t \mid y^t)$，$\delta(x^t, y^t) = \delta(x_1^t, x_2^t, \cdots, y_1^t, y_2^t, \cdots)$为各受灾点的生活保障物资配置方案。

假设9-2：疏散人群生活保障物资需求是与受灾人口转移安置情况相关的、交通网络畅通度是与道路损毁程度相关的。

受灾人口是影响生活保障物资需求的重要因素，根据受灾人口转移安置率，生活保障物资需求可表示为$d = d(\theta)$；交通网络畅通度可表示为$r = r(\xi)$。

假设9-3：疏散人群生活保障物资配置量与实际需求量存在差异而导致有限物资效用减小，定义为物资配置误差损失（Resources Mismatch Error Losses，RMEL）。

由于信息的不完备性等因素，疏散人群生活保障物资配置量与实际需求量常常存在出入，过量或不足都会降低物资效用。根据物资边际效用递减规律，物资效用与满足需求量之差成反比，即随着物资供给量接近需求量，单位物资发挥的效用会递减；而当供给量超出需求量时，势必造成其他受灾点供应不足，应给予适当惩罚。设物资需求量为$d(\theta)$，供给量为s，物资配置误差损失函数可表达如下：

$$LU(\theta, \delta) = (|d(\theta) - s|)^{\alpha}, \ \alpha \in R \tag{9-12}$$

假设9-4：不考虑灾害影响，物资配送的总物流时间可以衡量其物流效率的高低，可将其定义为普通物流时间损失。

从节点A到节点B的普通物流损失应与单位物资平均应急物流时间成正比，可表示为$t \cdot s$，其中t为单位物资平均物流时间，s为供应量。

假设9-5：灾害会造成生活保障物资配送阻碍，因灾害对运输过程的影响而被耽搁的运输时间定义为灾害影响时间损失。

根据先验信息和样本信息预测路网受阻情况，结合各节点的需求预测可以得出最优配送方案。配送方案也受信息完备性的制约，难以得出完全符合自然状态的配送方案，从而造成应急物流时间损失；同时，在上一周期物流计划的执行期间，灾害可能会导致原本可以通行的道路毁坏，因而不得不更改该部分物流计划（如改道或者采用多式联运等），从而导致生活保障物资到达时间被耽搁。这种因灾害影响而导致的物流时间损失称为灾害影响时间损失，表示为 $\tau(\xi)$，它是道路损毁率等的函数，同时在不同灾害背景下不同的运输方式具有不同的函数形式。

假设 9－6：应急物流时间损失（Emergency Logistics Time Losses，ELTL）包括普通物流时间损失和灾害影响时间损失。

总的应急物流时间可表示为普通物流时间和灾害影响时间之和，因此应急物流时间损失可表示为：

$$LT(\xi,\ \delta) = t \cdot s + \tau(\xi) \tag{9-13}$$

二　单阶段损失函数

没有信息更新的重特大灾害疏散人群生活保障物资序贯配置模型不能很好地反映现实生活保障物资配送情况，将以上假设整合到第六章第二节建立的序贯配置模型中，便可实现信息更新下的疏散人群生活保障物资序贯配置方法。仍然采用前文的参数和变量设置，则由式（9－12）得第 j（$\forall j \in J$）个受灾点的物资配置误差损失为：

$$LU_j(\theta_j, \delta_j) = \left(\sum_{c \in C} \left| \mathrm{d}_{cj}(\theta_j) - \sum_{i \in I} \sum_{m \in M} s_{cijm} \right| \right)^{\alpha} \tag{9-14}$$

故单阶段总的物资配置误差损失为：

$$LU(\theta, \delta) = \sum_{j \in J} LU_j(\theta_j, \delta_j) \tag{9-15}$$

再由假设 IV 和式（9－13）得从第 $i(\forall i \in I)$ 个受灾点到第 $j(\forall j \in J)$ 个受灾点采用第 $m(\forall m \in M)$ 种运输方式的应急物流时间损失为：

$$LT_{ijm}(\xi_{ijm},\delta_{ijm}) = \sum_{c \in C}[s_{cijm} \cdot t_{ijm} + \tau_{ijm}(\xi_{ijm})] \tag{9-16}$$

故单阶段总的应急物流时间损失为：

$$LT(\xi,\delta) = \sum_{i \in I}\sum_{j \in J}\sum_{m \in M} LT_{ijm}(\xi_{ijm},\delta_{ijm}) \tag{9-17}$$

三　单阶段贝叶斯风险函数

通过寻求式（9－15）、式（9－17）的最小期望损失，可求得应急救援物资配置策略（s^t_{cijm}）和车辆运载方案（v^t_{cijmo}），$\forall c \in C$，$i \in I$，$j \in J$，$m \in M$，$t \in T$。然而，式（9－15）、式（9－17）没有考虑到观测样本信息 X^t 和 Y^t，从而影响决策的有效性，更不能序贯地推进生活保障物资的配置决策。根据相关文献（Berger，1980）对贝叶斯风险的表述，定义物资配置误差损失贝叶斯风险函数如下：

$$rU(\pi^*,\ \delta) = E^{\pi^*}[RU(\theta,\ \delta)] = E^{\pi^*}E^x_\theta[LU(\theta,\ \delta)] \tag{9-18}$$

定义应急物流时间损失贝叶斯风险函数为：

$$rT(\varphi^*,\ \delta) = E^{\varphi^*}[RT(\xi,\ \delta)] = E^{\varphi^*}E^y_\theta[LT(\xi,\ \delta)] \tag{9-19}$$

四　模型

通过使贝叶斯风险最小化可获取最优决策方案，根据相关文献，当后验分布为 $\pi(\theta \mid x)$，行动 a 的后验贝叶斯期望损失为（Berger，1980）：

$$\rho(\pi(\theta \mid x),a) = \int_\Theta L(\theta,a)\,\mathrm{d}F^{\pi(\theta \mid x)}(\theta) \tag{9-20}$$

定理 9－1（Berger，1980）：将式（9－19）最小化得到的后验贝叶斯行为等价于将式（9－20）最小化所得的贝叶斯行为：

$$\int_\Theta L(\theta,a)f(x \mid \theta)\,\mathrm{d}F^\pi(\theta) \tag{9-21}$$

定理9－2（Berger，1980）：当δ为一非随机化估计量时，有：

$$r(\pi,\theta) = \int_{\{x:m(x)>o\}} \rho(\pi(\theta \mid x),\delta(x))\,\mathrm{d}F^{m}(x) \tag{9-22}$$

定理中的积分符号说明：当随机变量为连续时，用积分计算；当随机变量为离散时，用求和公式计算，下同。将定理（9－1）和定理（9－2）应用到式（9－18）和式（9－19）中，可以简化其计算。应急物流方案是基于需求量、供应量和交通网络畅通情况的，根据假设9－3和9－4，以物资配置误差损失与应急物流时间损失的贝叶斯风险函数最小为双目标，对没有GIU的生活保障物资配送模型进行改进，可得第t阶段的贝叶斯组群信息刷新下的地震等重特大灾害疏散人群生活保障物资序贯配置模型M2如下：

目标函数（9－1）、目标函数（9－2）分别改进为（$\forall t \in T$）：

$$\begin{aligned} Z1 &= \mathrm{Min} rU_t(\pi_t^*,\delta^t,t) \\ &= \mathrm{Min}\sum_{j\in J}\int_{\Delta}\int_{\Theta} LU_j(\theta_j^t,\delta_j^t)f_t(x_j^t \mid \theta_j^t)\,\mathrm{d}F^{\pi_t}(\theta_j^t)\,\mathrm{d}F^{u_t}(x_j^t) \\ &\quad (\Delta = \{x_j^t : u_t(x_j^t) > o\}) \end{aligned} \tag{9-23}$$

$$\begin{aligned} Z2 &= \mathrm{Min} rT_t(\varphi_t^*,\delta^t,t) \\ &= \mathrm{Min}\sum_{i\in I}\sum_{j\in J}\sum_{m\in M}\int_{\Lambda}\int_{\Omega} LT_{ijm}(\xi_{ijm}^t,\delta_{ijm}^t)g_t(y_{ijm}^t \mid \xi_{ijm}^t)\,\mathrm{d}F^{\varphi_t}(\xi_{ijm}^t)\,\mathrm{d}F^{v_t}(y_{ijm}^t) \\ &\quad (\Lambda = \{y_j^t : v_t(y_{ij}^t) > o\}) \end{aligned} \tag{9-24}$$

式（9－3）至式（9－12）中的式（9－10）改进为：

$$s_{cijm}^t \geqslant 0,\ q_{ci}^t(\theta_j^t) \geqslant 0,\ \Delta q_{ci}^t(\theta_j^t) \geqslant 0,\ d_j^t(\theta_j^t) \geqslant 0,\ v_{cijmo}^t \geqslant 0$$

$$\forall c \in C,\ i \in I,\ j \in J,\ m \in M,\ o \in M_o \tag{9-25}$$

这样可将需求跟样本信息和先验信息相结合，其他约束条件保持不变；同时，增加贝叶斯相关计算公式如下（$\forall t \in T$）：

$$u_t(x_j^t) = \int_{\Theta} f_t(x_j^t \mid \theta_j^t)\,\mathrm{d}F^{\pi_t}(\theta_j^t)),\ \forall j \in J \tag{9-26}$$

$$v_t(y_{ijm}^t) = \int_\Omega g_t(y_{ijm}^t \mid \xi_{ijm}^t)\mathrm{d}F^{\varphi_t}(\xi_{ijm}^t)), \forall i \in I, j \in J, m \in M \quad (9-27)$$

$$h_t(x_j^t, \theta_j^t) = \pi_t(\theta_j^t)f_t(x_j^t \mid \theta_j^t), \forall j \in J \quad (9-28)$$

$$t_t(y_{ijm}^t, \xi_{ijm}^t) = \varphi_t(\xi_{ijm}^t)g_t(y_{ijm}^t \mid \xi_{ijm}^t), \forall i \in I, j \in J, m \in M \quad (9-29)$$

$$\pi_t^*(\theta_j^t \mid x_j^t) = \frac{h_t(x_j^t, \theta_j^t)}{u_t(x_j^t)}, \forall j \in J \quad (9-30)$$

$$\varphi_t^*(\xi_{ijm}^t \mid y_{ijm}^t) = \frac{t_t(y_{ijm}^t, \xi_{ijm}^t)}{v_t(y_{ijm}^t)}, \forall i \in I, j \in J, m \in M \quad (9-31)$$

$$\pi_{t+1}(\theta_j^{t+1}) = \pi_t^*(\theta_j^t \mid x_j^t), \forall j \in J \quad (9-32)$$

$$\varphi_{t+1}(\xi_{ijm}^{t+1}) = \varphi_t^*(\xi_{ijm}^t \mid y_{ijm}^t), \forall i \in I, j \in J, m \in M \quad (9-33)$$

$$d_{cj}^t(\theta_j^t) = \begin{cases} l_c \cdot \lambda_j \cdot \theta_j^t, \text{when } c \text{ can't be used in next period, like food} \\ l_c \cdot \lambda_j \cdot \theta_j^t - \sum_{i \in P}\sum_{m \in M} s_{cijm}^t, \text{when } c \text{ can be used in next period} \end{cases}$$

$$\forall c \in C, j \in J \quad (9-34)$$

以上各式中，$f(x_j^t \mid \theta_j^t)$和$f(y_{ijm}^t \mid \xi_{ijm}^t)$分别为条件概率密度函数；$F^{\pi_t}(\theta_j^t)$和$F^{\varphi_t}(\xi_{ijm}^t)$分别为概率分布函数；$F^{u_t}(x_j^t)$和$F^{v_t}(y_{ijm}^t)$分别为边缘概率分布函数；$u_t(x_j^t)$和$v_t(y_{ijm}^t)$为$\theta_j^t$和$\xi_{ijm}^t$的边缘概率密度函数；$h_t(x_j^t, \theta_j^t)$和$t_t(y_{ijm}^t, \xi_{ijm}^t)$为联合概率密度函数；$\pi_t^*(\theta_j^t \mid x_j^t)$和$\varphi_t^*(\xi_{ijm}^t \mid y_{ijm}^t)$为后验概率密度函数。(9-32)、(9-33) 两式为θ、ξ的前后阶段先验分布与后验分布的关系；式 (9-34) 为该阶段需求点取值函数，其中l_c为一个人一个周期对第c类物资的平均需求量，λ_j为该受灾点的人口总数。

第四节 模型求解算法

模型 M1 为非线性混合整数多目标规划，模型 M2 为带信息更新

的随机非线性混合整数多目标规划问题，本章主要对模型 M2 的解法进行分析。模型 M2 涉及的变量有 $|C| \times |J| \times |M| \times |T| \times [1+|I| \times (1+|O_m|)]$ 个，同时模型是建立在地震等重特大灾害背景下的，计算更加复杂。

模型 M2 同时考虑了多出救点、多受灾点生活保障物资配置中的运输路径、运输方式、运输量、多阶段信息更新等问题；且要求所有受灾点必须被若干个出救点覆盖，各受灾点的需求满足度和物资配送时间尽可能低。因此，模型 M2 类似于集覆盖模型，而又比普通集覆盖问题复杂。因此，先对模型 M2 变量进行整数化，再将多目标转换为单目标，以应用基于矩阵编码的遗传算法求解。

一　模型 M2 的变量整数化

为获取一个有效的算法，首先对模型 M2 中的部分条件进行修正。在地震等重特大灾害中，涉及的各类救灾物资量很大，除了大型运输工具（如火车、货轮等）需要考虑混装运输外，普通小型运输工具（如货车、直升机等）可以只运载一类物资，即当运输类型为公路、空运（直升机）时，v_{cijmo}^{t}可以为整数；为了便于应用所提出的算法，特将大型运输工具分为整数个单位，在模型计算过程中，一类物资占用该运输工具的若干单位，这样可以将 v_{cijmo}^{t}转换为整数变量。记 Z_{mo}为第 m 类运输类型中的第 o 中运输工具分成的整数单位，则需将约束条件（9－9）改进为：

$$\sum_{c \in C} \sum_{j \in J} v_{cijmo}^{t} = \lambda \cdot Z_{mo}, \lambda \in Z^{+}, \forall i \in I, m \in M, o \in M_{o} \quad (9-35)$$

即任一出救点配送至各受灾点的各种运输工具的物资装载量为其总装载单位的整数倍。其中，当运输工具为小型时，$Z_{mo}=1$；当运输工具为大型时，Z_{mo}为大于 1 的整数。

同时，对于物资量来说，将其定义为整数单位也是合理的：对于矿泉水、医疗物资、大米等物资，灾民对其需求完全可以是以单位（瓶、件、斤等）计算的；对于简易房等供几个人共用的物资，也可以用单位来衡量，此时，需对约束条件（9－34）进行修正［即对 $d_{cj}^t(\theta_j^t)$ 进行取整运算］，结果如下：

$$d_{cj}^t(\theta_j^t) = \begin{cases} \lfloor l_c \cdot \lambda_j \cdot \theta_j^t \rfloor, \text{资源 } c \text{ 不可在下阶段使用} \\ \lfloor l_c \cdot \lambda_j \cdot \theta_j^t \rfloor - \sum_{i \in P} \sum_{m \in M} s_{cijm}^t, \text{资源 } c \text{ 可在下阶段使用} \end{cases}$$

$$\forall c \in C, j \in J \tag{9-36}$$

因此，变量 $d_{cj}^t(\theta_j^t)$、q_{ci}^t、Δq_{ci}^{t+1}、s_{cijm}^t 可以转化成整数变量，即可将约束条件（9－25）转换为：

$$s_{cijm}^t \geqslant 0,\ q_{ci}^t \geqslant 0,\ \Delta q_{ci}^t \geqslant 0,\ d_j^t(\theta_j^t) \geqslant 0,\ v_{cijmo}^t \geqslant 0,\ and\ \text{integer}$$

$$\forall c \in C,\ i \in I,\ j \in J,\ m \in M,\ o \in M_o \tag{9-37}$$

二　模型 M2 多目标处理

在模型 M2 中，物资配置误差损失体现各受灾点需求的满足情况，现实中难以完全满足所有需求点的需求，只能尽可能使各受灾点的需求均达到一定满足。为兼顾公平原则，将目标函数（9－23）转换为需求被满足程度的约束。把 s_{cijm}^t 看为随机变量，要求受灾点 j 的物资配置误差损失贝叶斯风险小于某一常数，如约束条件（9－38）所示：

$$\int_{\Delta}\int_{\Theta} LU_j(\theta_j^t, \delta_j^t) f(x_j^t \mid \theta_j^t) \mathrm{d}F^{\pi_t}(\theta_j^t) \mathrm{d}F^{u_t}(x_j^t) \leqslant \beta_j^t, \forall j \in J \tag{9-38}$$

其中，$\Delta = \{x_j^t: u_t(x_j^t) > o\}$；$\beta_j^t$ 为常数。

在目标函数（9－23）中，应急物流时间损失与配送物资量成正比。在约束条件（9－38）的前提下，使得物流时间最短的最佳策略为满足约束条件（9－38）下限的物资配送方案，此时会造成应急救援物资停滞在出救点的状态。因此，为了保证最大限度地利用有限应急救援物资，我们在将约束条件（9－3）分解为约束条件（9－39）和约束条件（9－40）：

$$\sum_{j \in J} \sum_{m \in M} s_{cijm}^{t} = q_{ci}^{t}, when \sum_{i \in I} q_{ci}^{t} \leqslant \sum_{j \in J} \mathrm{d}_{cj}^{t}$$
$$(\forall c \in C, i \in I) \tag{9-39}$$

$$\sum_{i \in I} \sum_{m \in M} s_{cijm}^{t} = \mathrm{d}_{cj}^{t}, when \sum_{j \in J} \mathrm{d}_{cj}^{t} < \sum_{i \in I} q_{ci}^{t}$$
$$(\forall c \in C, j \in J) \tag{9-40}$$

设模型 M3 为将模型 M2 的目标函数（9-23）转换为约束条件（9-38），其他条件不变，则有：

定理 9-3：若$\overline{S}^{t}$为模型 M3 的最优解，则$\overline{S}^{t}$为模型 M2 的弱有效解。

证明：若不然，设$\overline{S}^{t}$是模型 M3 的最优解，但不是模型 M2 的弱有效解，则$\exists \overline{S}'^{t} \in S$（$S$为模型 M2 的可行域），$s.t.\ \forall i \in \{1, 2\}$，有$Z_i(\overline{S}'^{t}) < Z_i(\overline{S}^{t})$。取$\beta_j = \mathrm{Max}\{\beta_j^t, \sum_{j \in J} \mu_j^t(\overline{S}'^{t})\}$，故有：

$$\mu_j^t(\overline{S}'^{t}) \leqslant \beta_j^t \tag{9-41}$$

记$\mu^t(s_{cijm}^t) = \sum_{j \in J} \mu_j^t(s_{cijm}^t)$，$\mu_j^t(s_{cijm}^t) = \int_{\Delta}\int_{\Theta} LU_j(\theta_j^t, \delta_j^t) f(x_j^t \mid \theta_j^t) \mathrm{d}F^{\pi_t}(\theta_j^t) \mathrm{d}F^{u_t}(x_j^t)$。又因为$\overline{S}^{t}$为模型 M3 的最优解，所以有$\overline{S}^{t}$在约束条件(9-38)中成立，即有$\mu_j^t(\overline{S}^{t}) \leqslant \beta_j^t$，于是有：

$$\mu^t(\overline{S}'^{t}) < \mu^t(\overline{S}^{t}) = \sum_{j \in J} \mu_j^t(\overline{S}^{t}) \leqslant \sum_{j \in J} \beta_j^t = \beta \tag{9-42}$$

由约束条件（9-39）和约束条件（9-40），易知$\overline{S}'^{t}$亦为模型 M3 的可行解，且$Z_2(\overline{S}'^{t}) < Z_2(\overline{S}^{t})$，这与$\overline{S}^{t}$是模型 M3 的最优解相矛盾。

根据定理 9-3，可将模型 M2 转换为模型 M3，其目标函数为（9-24），约束条件为（9-4，9-5，9-6）、（9-8）、（9-11）、（9-26，9-27，9-28，9-29，9-30，9-31，9-32，9-33）、（9-35，9-36，9-37，9-38，9-39，9-40）。

三 基于整数矩阵编码遗传算法

综上所述，在 t 阶段，需求点 j 的需求量为 $\mathrm{d}_j^t(\theta_j^t)$ 单位，供应点 i 第 c 类物资的供应量为 q_{ci}^t单位，第 i 个出救点可采用第 m 种配送方式中第 o 种类型运输工具的数量 v_{imo}^t 单位，决策变量 s_{cijm}^t 的值为 q_{ci}^t的若干单位。我们设计基于矩阵编码的遗传算法对其进行求解。

1. 编码方案、适应度函数

综合考虑 Jong（1975）提出的两个实用编码规则和模型本身，采用整数编码方案，染色体共为 $|I|\times|C|$ 个矩阵，每个矩阵有 $|J|\times|M|$ 个元素。设 $|I|=p$，$|J|=q$，$|C|=n$，$|M|=l$，则 p，q，n，$m\in Z^+$。

引理 9－1：若矩阵 $A=(A_k)_{1\times pn}$，将其转换为矩阵 $Z=(a_{ic})_{p\times n}$，使得 $\forall i=1,\cdots,p;\ c=1,\cdots,n$ 有 $a_{ic}=A_k$，则：

$$c=\begin{cases}n,\ k\%n=0\\ k\%n,\ k\%n\neq 0\end{cases}\tag{9-43}$$

$$i=\begin{cases}\lfloor k/n\rfloor,\ k\%n=0\\ \lfloor k/n\rfloor+1,\ k\%n\neq 0\end{cases}\tag{9-44}$$

$$k=(i-1)n+c\tag{9-45}$$

证明：略。

设矩阵 $A=(A_k)_{1\times pn}$的第 k 个元素 $A_k=k$，表示 $p\times n$ 个矩阵组成的染色体中第 k 个矩阵，由此可得引理 9－2。

引理 9－2：矩阵染色体 $A=(A_k)_{1\times pn}$中，第 k 个矩阵表示第 i 出救点中第 c 类物资的配送方案，其中 i 与 c 的取值由式（9－43）、式（9－44）求得。

证明：略。

引理 9－3：设矩阵 $A^k=(a_{jm})_{q\times l}$为矩阵染色体 A 的第 k 个矩阵基因，则其元素 a_{jm}表示第 i 出救点中有 a_{jm}单位 c 类物资采用第 m 种配送方式运往需求点j。证明：略。

由引理9－1、9－2、9－3可得矩阵染色体$A=(A_k)_{1\times pn}$，$A_k=(a_{jm}^{(i-1)n+c})_{q\times l}$的构造为：

表9－3　　　　　　　　矩阵染色体的构造

i		1							…	p						
c		1			…	n			…	1			…	n		
m		1	…	l	…	1	…	l	…	1	…	l	…	1	…	l
j	1	$A_1=$			…	$A_n=$			…	$A_{(p-1)n+1}=$			…	$A_{pn}=$		
	…															
	q	$(a_{jm}^{1})_{q\times l}$				$(a_{jm}^{n})_{q\times l}$				$(a_{jm}^{(p-1)n+1})_{q\times l}$				$(a_{jm}^{pn})_{q\times l}$		

定理9－4：设矩阵染色体为$A=(A_k)_{1\times pn}$，$A_k=(a_{jm}^{(i-1)n+c})_{q\times l}$，则$s_{cijm}^t=a_{jm}^{(i-1)n+c}$，其中$i$与$c$的取值由式（9－43）、式（9－44）求得。模型M3的约束条件（9－4）、约束条件（9－5）、约束条件（9－39）、约束条件（9－40）分别等价于以下4个关系式：

$$\sum_{c=1}^{n}\sum_{j=1}^{q}a_{jm}^{(i-1)n+c}\cdot w_c\leqslant\sum_{o\in O_m}v_{imo}^t\cdot cap_{mo},\forall i=1,\cdots,p;m=1,\cdots,l \tag{9-46}$$

$$\sum_{c=1}^{n}\sum_{j=1}^{q}a_{jm}^{(i-1)n+c}\cdot vol_c\leqslant\sum_{o\in O_m}v_{imo}^t\cdot vol_{mo},\forall i=1,\cdots,p;m=1,\cdots,l \tag{9-47}$$

$$\sum_{j=1}^{q}\sum_{m=1}^{l}a_{jm}^{(i-1)n+c}=q_{ci}^t,\quad when\quad\sum_{i\in I}q_{ci}^t\leqslant\sum_{j\in J}d_{cj}^t\quad(\forall i=1,\cdots,p;c=1,\cdots,n) \tag{9-48}$$

$$\sum_{i=1}^{p}\sum_{m=1}^{l}a_{jm}^{(i-1)n+c}=d_{cj}^t,\quad when\quad\sum_{j\in J}\mathrm{d}_{cj}^t<\sum_{i\in I}q_{ci}^t\quad\forall j=1,\cdots,q;c=1,\cdots,n \tag{9-49}$$

而约束条件（9－38）中的 $LU_j(\theta_j^t,\ \delta_j^t)$ 和目标函数（9－24）中 $LT_{ijm}(\xi_{ijm}^t,\ \delta_{ijm}^t)$ 的取值分别为：

$$LU_j(\theta_j^t,\delta_j^t) = \sum_{c\in C}\left(\left|\mathrm{d}_{cj}(\theta_j) - \sum_{i=1}^{p}\sum_{m=1}^{l} a_{jm}^{(i-1)n+c}\right|\right)^{\alpha} \tag{9-50}$$

$$LT_{ijm}(\xi_{ijm}^t,\delta_{ijm}^t) = \sum_{c=1}^{n}\left(a_{jm}^{(i-1)n+c}\cdot t_{ijm} + \tau_{ijm}(\xi_{ijm}^t)\right) \tag{9-51}$$

因此，适应度函数采用目标函数（9－24）。

2. 复制操作与选择策略

根据适应度函数值对染色体进行排序，分为5组，第一组复制两份，同时去除最后两组。

3. 交叉操作

以一定的概率进行交叉操作，采用单点交叉法。在交换父辈染色体的基因码后，判断约束条件（9－38，9－46，9－47，9－48，9－49）是否成立。若成立，则交叉操作结束；若不成立，则修正子染色体中某些基因码，使其交叉之后的基因码合法。操作步骤如下：

①随机选取 $b\in\{x\in\mathbf{N}\mid 1\leqslant x\leqslant p-1\}$；

②随机对所有染色体进行配对，并以一定概率交换父辈矩阵染色体P1，P2的前 $b\cdot n$ 个基因码 $A_i=(a_{jm}^i)_{q\times l}$，$i=1,\ 2,\ \cdots,\ b\cdot n$，则所得的新染色体仍满足约束条件（9－46，9－47，9－48）；

③对新生染色体P1*、P2*，由定理4，若满足约束条件（9－38，9－49），则交叉操作结束；

④若不然，记 $J'=\{\forall j\in J\mid \int_{\Delta}\int_{\Theta} LU_j(\theta_j^t,\delta_j^t)f(x_j^t\mid\theta_j^t)\mathrm{d}F^{\pi_t}(\theta_j^t)\mathrm{d}F^{u_t}(x_j^t)>\beta_j\}$，$\forall j\in J'$，将新生染色体P1*、P2*第 b 个基因码 $A_b=(a_{jm}^b)_{q\times l}$ 的第 j 行互换。再验证新染色体是否合法，若不合法，重新生成一个合法的染色体替代。

4. 变异操作

以一定的概率 p 对矩阵染色体进行变异。对进行变异操作的基因，随机选取 $j \in J$，并随机产生一组满足约束条件（9－38，9－49）$p \cdot n \cdot l$ 位基因码取代第 j 行；再判断是否满足约束条件（9－46，9－47，9－48），若满足，则变异操作结束；若不满足，则重新另一组满足约束条件（9－38）$p \cdot n \cdot l$ 位基因码取代第 j 行，若仍不满足约束条件（9－46，9－47，9－48），则再重新上述步骤，直到满足或重复了一定次数后停止。

5. 染色体可行性操作

不论是交叉还是变异产生的子个体，都有可能是不可行解。当出现这种情况时，随机生成一个初始基因个体取代此不可行个体。

6. 种群规模和初始种群

种群规模在染色体长度的一倍到两倍时较好，综合考虑种群的多样性要求和计算效率，使用染色体长度的 2 倍为种群规模数。考虑到现实中不可能每个出救点都向各受灾点配送物资，而是根据“就近原则”（高效率），仅若干个出救点向某一受灾点配送物资。因此，在生成初始基因码时，根据经验只考虑若干个出救点向受灾点配送物资，其他点的配送量为零，以提高算法效率。

7. 迭代终止策略

设定最大迭代次数 N_{Max}。当迭代次数达到此值时，输出最优个体。

第五节　应用仿真分析

在第四章的基础上，第五章进一步建立综合配置模型，从单维信息更新扩展到多维信息更新、单物资扩展到多物资、单运输方式扩展到多运输方式与多运输工具，具有更普遍的实际意义，本章以汶川地震应急救援物资配置决策问题为背景，将第五章建立的综合配置模型应用其中，进行仿真分析。

一 汶川地震

2008 年 5 月 12 日 14 时 28 分 04 秒，四川汶川、北川突然发生里氏 8 级浅源强震，最大烈度达 11 度，破坏性巨大，是新中国成立以来破坏性最强、波及范围最大的一次地震。四川、甘肃、陕西、重庆等省（区、市）的 417 个县 4656 个乡（镇）47789 个村庄受灾，其中位于四川省的 10 个极重灾区受灾特别严重，根据审计署关于汶川地震抗震救灾资金物资审计情况公告（第 4 号），截至 2008 年 11 月底，四川、甘肃、陕西、重庆和云南 5 个地震受灾省市收到中央及地方各级财政性救灾资金共计 1166.48 亿元，18 个中央部门单位、31 个省（自治区、直辖市）和新疆生产建设兵团共接受救灾捐赠款物 640.91 亿元。另外，根据四川省人民政府新闻办公室举行的汶川特大地震灾害新闻发布会，在汶川地震发生一周内，已组织帐篷 10 万顶、棉被 21.7 万床、被褥和棉衣 24.2 万套，食品和饮用水 4143 车、粮食 3.83 万吨，药品 834.8 万（盒、瓶、支、袋）、医疗器械 242954 件（台、支、卷）应急地运往灾区。而截至 2008 年 6 月 17 日，已下拨帐篷 94.40 万顶，彩条布 2909.11 万平方米，帆布 682.52 万平方米，油毡 18 万平方米，方便食品 42990 吨，饮用水 44672 吨，粮油 12.05 万吨，肉类 2789 吨，棉被（絮）241.37 万床，衣物 114.05 万件，成品油 25.14 万吨；援建活动板房累计建成 166281 套，材料运抵现场待建 110624 套。这些应急救援物资的有效配置保证了抗震救灾过程中及时实施各项救助、安置措施，全力抢救伤员和安置受灾群众，努力恢复灾区生产，使抗震救灾工作取得了重大胜利。

汶川地震灾害情况如表9－4所示，10个极重灾区的总的人员伤亡情况如表9－5所示。考虑到汶川地震的巨大影响及数据可得性，本节将应用无信息更新综合决策模型和多维信息更新综合决策模型对10个极重灾区的物资配置情形进行实例分析。如图9－1所示，以成都市（CD）、德阳市（DY）、绵阳市（MY）和广元市（GY）为出救点，全国各地的物资先配送至此四个点，再统一往汶川县（WC）、北川县（BC）、绵竹市（MZ）、什邡市（SF）、青川县（QC）、茂县（MX）、安县（AX）、都江堰市（DJY）、平武县（PW）和彭州市（PZ）等灾区配送。

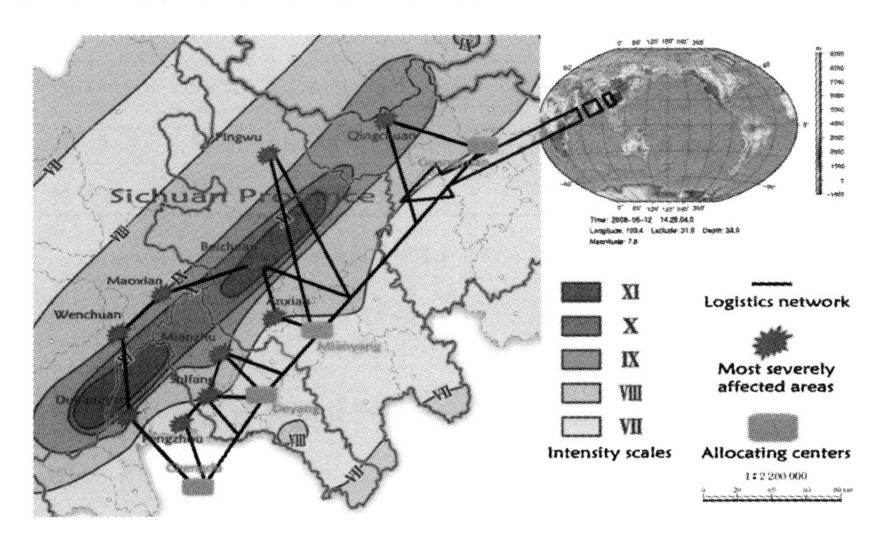

图9－1　汶川地震极重灾区与主要出救点分布

资料来源：中国地震局、国家汶川地震灾后重建规划组、Google Earth。

表9－4　　　　　　汶川地震受灾和人员伤亡情况

范围	Dead	Missing	Wounded	转移群众	受灾人口	受灾面积 km^2
全国	69181	18498	374171	151余万	4626万	44万
四川省	68669	18498	360352	146余万	2983万	28万

资料来源：2008年中国四川大地震调查报告书。

表 9 - 5　　10 个极重灾区的总的人员伤亡情况及灾情指数

灾区	WC	BC	MZ	SF	QC
受灾人数（万人）	11.2	16.1	51.6	43.3	25.0
死亡和失踪人数（人）	23871	20047	11380	6132	4819
受伤人数（人）	34583	9693	36468	31990	15453
平均烈度	8.89	9.16	9.14	8.68	8.74
综合灾情指数	0.8675	0.7050	0.6612	0.5953	0.5146
灾区	MX	AX	DJY	PW	PZ
受灾人数（万人）	10.4	48.4	62.2	18.6	77.0
死亡和失踪人数（人）	4088	3295	3388	6565	1131
受伤人数（人）	8183	13476	4388	32145	5770
平均烈度	7.91	8.89	9.13	8.15	8.53
综合灾情指数	0.5107	0.4993	0.4910	0.4424	0.4333

资料来源：中国民政部、财政部、科学技术部、地震局、国家减灾委员会。

二　基础信息

在汶川地震极重灾区救援中，参与物资配送的主要公路运输工具为各种类型的货车，主要空运工具为直升机（直 8、黑鹰、米 17 系列、米 26、超级美洲豹）。考虑到受灾点交通情况和实际出救情况，主要采用的运输方式为：公路运输、航空运输及多式联运三种，其中多式联运方式是在某灾区地面交通中断的情况下采用地面运输和航空运输相结合的方式。根据 Google Earth 测量工具，正常情况下，该生活保障物资配送网络节点间的驾驶距离和时间如表 9 - 6 所示。

表 9－6 配送网络各节点间驾驶距离和时间

受灾点		WC	BC	MZ	SF	QC
CD	陆运	137/149	170/185	104/121	73/89	297/309
	空运	100/35	135/45	76/28	53/21	240/77
DY	陆运	194/186	104/127	39/57	25/34	231/252
	空运	85/30	78/28	30/14	22/12	180/59
受灾点		WC	BC	MZ	SF	QC
MY	陆运	242/227	62/92	70/86	79/85	185/220
	空运	103/36	45/19	48/20	62/24	135/46
GY	陆运	410/360	189/199	237/218	246/218	123/173
	空运	238/76	146/49	198/65	215/70	60/23
受灾点		MX	AX	DJY	PW	PZ
CD	陆运	178/204	126/120	64/62	279/329	45/52
	空运	116/40	108/37	57/22	200/65	40/17
DY	陆运	235/240	60/63	121/99	213/211	56/62
	空运	80/29	48/20	76/28	143/48	45/19
MY	陆运	157/235	18/28	169/141	168/239	141/126
	空运	82/30	13/10	115/40	105/37	86/31
GY	陆运	283/340	193/172	337/237	269/317	309/258
	空运	205/67	156/	265/85	124/42	240/77

注：单位为：km/minute；飞机速度：200km/h。

在综合配置模型中，主要涉及地震灾害发生后的人口转移安置和道路损毁信息，以及物资供应信息。在以上信息的更新下，我们对地震急需的粮食、帐篷、棉被进行配置规划。根据四川省人民政府灾后每天发布的灾害和物资调度信息，我们选取数据比较完整的5月19日、20日两天的物资调度情况进行分析，整个四川省的物资数据如表9－7所示。在救援过程中，某运输工具在一个周期内可以多次往返，因此运输工具数量为往返次数，运输工具信息如表9－8所示。参考现实救灾情况，我们将4个出救点的物资拥有比例设为：成都占50%，德阳和绵阳各占20%，广元占10%；四个出救点的运输工具如表9－9所示；同时根据10个极重灾区的受灾人口占四川省总受灾人口的比例来配置救援物资，结果如表9－10所示。根据表9－5各受灾县市的省国道总损毁率估计该应急物流网络中各公路运输线路的道路损毁率，同时假设各极重灾区的人口转移安置率，数据如表9－11所示。

表9－7　　人口转移和物资调度信息（不完全统计）

			粮食（吨/m³）		帐篷（顶/吨/m3）		棉被（床/吨/m³）		总重量		总体积	
					支架	布						
人均需求量		—	0.0005		0.05	0.05	0.5		—		—	
单位重量（kg）		—	1000		32	13	3		—		—	
单位体积（m³）		—	1.333		0.08	0.06	0.015		—		—	
		数量	质量	体积	数量	质量	体积	数量	质量	体积	—	—
5.18	累计数量	4565300	15900	21195	62600	2817	8764	208800	626	3132	19343	33091
5.19	累计数量	4850620	32300	43056	100000	4500	14000	217000	651	3255	37451	60311
	当日数量	285320	16400	21861	37400	1683	5236	8200	25	123	18108	27220
5.20	累计数量	5227843	49800	66383	143600	6462	20104	292630	878	4389	57140	90876
	当日数量	377223	17500	23328	43600	1962	6104	75630	227	1135	19689	30567

注：粮食参考大米；帐篷参考4×3×2.5×1.6帐篷；棉被参考3kg棉被真空压缩后的体积。

表9－8　　运输工具信息（不完全统计）　　单位：吨；m³

运输方式		陆运		空运		总载重量	总载体积
运输工具		类型一	类型二	类型一	类型二		
载重		5	10	4	9	—	—
容积		23	44	35	75	—	—
数量	5.19	1980	690	320	90	18890	93850
	5.20	2150	810	340	80	20930	102990

表 9－9　　四个出救点运输工具统计　　单位：吨；m^3

物资类型		公路运输		航空运输		总载重量	总载体积
		类型一	类型二	类型一	类型二		
5.19	CD	120	42	19	5	1411	5648
	DY	48	16	8	2	450	2238
	MY	48	16	8	2	450	2238
	GY	24	8	4	1	225	1119
	总	240	82	39	10	2266	11243
5.20	CD	131	49	20	5	1270	6244
	DY	52	19	8	2	500	2462
	MY	52	19	8	2	500	2462
	GY	26	9	4	1	245	1209
	总	261	96	40	10	2515	12377

表 9－10　　四个出救点送往十个极重灾区的物资统计

物资类型		粮食（吨；m^3）		帐篷（顶）			棉被（床）（床/吨/m^3）		
		重量	体积	数量	重量	体积	数量	重量	体积
5.19	CD	1000	1333	2281	102.6	319.3	500	1.5	7.5
	DY	400	533.2	912	41.0	127.7	200	0.6	3.0
	MY	400	533.2	912	41.0	127.7	200	0.6	3.0
	GY	200	266.6	456	20.5	63.8	100	0.3	1.5
	总	2000	2666	4561	205.1	638.5	1000	3	15.0
5.20	CD	1067	1422.3	2659	119.7	372.3	4613	13.8	69.2
	DY	427	569.2	1063	47.8	148.8	1845	5.5	27.7
	MY	427	569.2	1063	47.8	148.8	1845	5.5	27.7
	GY	213	283.9	531	23.9	74.3	922	2.8	13.8
	总	2134	2844.6	5316	239.2	744.2	9223	27.6	138.7

表 9-11　　各公路运输线路道路损毁率和转移安置率

基本情况			WC	BC	MZ	SF	QC
道路损毁率	5.19	CD	0.55	0.35	0.03	0.02	0.15
		DY	0.50	0.30	0.01	0.03	0.15
		MY	0.40	0.30	0.02	0.05	0.20
		GY	0.30	0.25	0.05	0.05	0.30
	5.20	CD	0.45	0.30	0.00	0.00	0.10
		DY	0.40	0.30	0.00	0.00	0.10
		MY	0.30	0.25	0.00	0.00	0.15
		GY	0.25	0.20	0.00	0.00	0.25
转移安置率	5.19		0.61	0.53	0.45	0.47	0.51
	5.20		0.67	0.62	0.59	0.62	0.65
基本情况			MX	AX	DJY	PW	PZ
道路损毁率	5.19	CD	0.15	0.5	0.10	0.15	0.01
		DY	0.20	0.5	0.13	0.20	0.02
		MY	0.20	0.10	0.15	0.25	0.04
		GY	0.15	0.5	0.15	0.30	0.08
	5.20	CD	0.10	0.2	0.00	0.10	0.00
		DY	0.15	0.2	0.00	0.15	0.00
		MY	0.10	0.5	0.00	0.15	0.00
		GY	0.05	0.2	0.00	0.20	0.00
转移安置率	5.19		0.48	0.46	0.57	0.53	0.41
	5.20		0.56	0.59	0.61	0.63	0.53

三　随机变量分布和先验分布的确定

根据历史地震的相关数据可以检验灾情和交通网络的各种可能状态集 $\Theta = \{\theta\}$、$\Omega = \{\xi\}$ 服从或不服从何种分布。假设对空中运输没有影响，即 $\xi_{ij2}^{t} = 0$，$\forall i \in I, j \in J$，我们采用中国国家减灾委员会和科学技术部发布的汶川地震 10 个极重灾区和 36 个重灾县的人口转移安置率和道路损毁率。数据如表 9-12 所示。

表 9-12　　人口转移安置率和道路损毁率

人口转移安置率							
1.0223	0.8625	0.9029	0.8529	0.9811	1.2824	0.9720	0.7174
0.7767	1.0008	0.5150	0.8476	0.5229	0.4261	0.7970	0.5351
0.6398	0.8000	0.1151	0.2666	0.5037	0.4656	0.5241	0.5811
0.3169	0.3687	0.1085	0.1375	0.2570	0.663	0.3151	0.2138
0.9789	0.5754	1.2792	0.5511	0.4385	0.8119	0.3401	0.1708
0.3565	0.9075	0.5313	0.5220	0.3713	0.3350	—	—
道路损毁率							
0.8755	0.4506	0.4014	0.3460	0.2640	0.1088	0.0629	0.0029
0.5984	0.2856	0.3360	0.1570	—	—	—	—

根据以上数据，应用 SPSS 对其进行统计分析，结果如图 9-2 和表 9-13 所示；假设检验结果如表 9-14 所示；因此，人口转移安置率 θ_j^t 和道路损毁率 ξ_{ij1}^t 在 [0, 1] 上服从的分布为：

$$\theta_j^t \sim N(\mu, \sigma^2), \quad \forall j \in J, \ t \in T \tag{9-52}$$

$$\xi_{ij1}^t \sim N(\mu, \sigma^2), \quad \forall i \in I, \ j \in J, \ t \in T \tag{9-53}$$

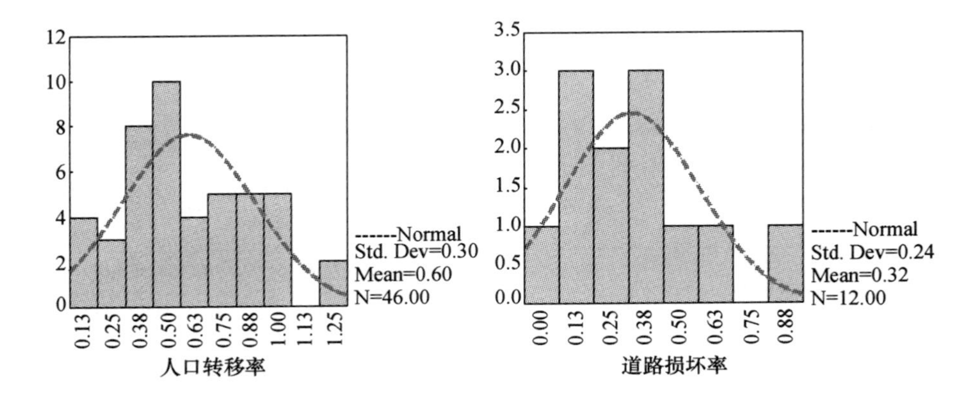

图 9-2　人口转移率与道路损坏率的频率

表 9－13　　人口转移率与道路损坏率统计

Description		Population Transfer RATE	Road Destroy RATE
N	Valid	46	12
	Missing	0	0
Mean		0.596971739	0.324091667
Std. Deviation		0.3013077317	0.2435806473
Skewness		0.362	0.943
Std. Error of Skewness		0.350	0.637
Kurtosis		－0.546	1.188
Std. Error of Kurtosis		0.688	1.232

四　Beta 参数和应急运输时间的确定

在第六章第四节中，为兼顾公平原则（即使各受灾点的需求均达到一定满足）且便于模型求解，我们引进 β_j^t，$\forall j \in J$ 来将式(9－23)转换为约束条件（9－38）。式（9－23）与约束条件（9－38）都体现了需求与供应之差的大小，因此，β_j^t 的取值应该与该受灾点的需求量和总的风险有关，记 $P_j = \dfrac{Population_j}{\sum_{j \in J} Population_j}$，我们采取如下计算方法：

表 9－14　　One－Sample Kolmogorov－Smirnov 测试结果

Description		Population Transfer RATE	Road Destroy RATE
N		46	12
Normal Parameters（a，b）	Mean	0.596971739	0.324091667
	Std. Deviation	0.3013077317	0.2435806473
Most Extreme Differences	Absolute	0.108	0.135
	Positive	0.108	0.135
	Negative	－0.073	－0.094

续表

Description	Population Transfer RATE	Road Destroy RATE
Kolmogorov - Smirnov Z	0.732	0.468
Asymp. Sig. (2 - tailed)	0.657	0.981

a　Test distribution is Normal.

b　Calculated from data.

$$\beta_j^t = P_j \cdot \beta \tag{9-54}$$

其中：

$$\beta = 2\sum_{j\in J}\int_\Delta\int_\Theta\Big[\sum_{c\in C}\Big(\mathrm{d}_{cj}^t(\theta_j^t) - P_j \cdot \Big(\sum_{i\in I} q_{ci}^t\Big)\Big)^2\Big] \cdot f_t(x_j^t \mid \theta_j^t)\,\mathrm{d}F^{\pi_t}(\theta_j^t)\,\mathrm{d}F^{u_t}(x_j^t)$$

$$(\Delta = \{x_j^t : u(x_j^t) > o\}) \tag{9-55}$$

在地震灾害下，$\tau(\xi)$ 主要是因地震对地面道路、河流等的影响而影响地面交通与河流运输时间。本例中，我们考虑地震对公路运输的影响，将 ξ 定义为该地区的道路损毁率。假设平均一处危害处耽搁单位物资运输时间为 2 分钟，则 $\tau(\xi)$ 的取值函数定义为：

$$\tau_{ijm}^t(\xi_{ijm}^t) = \begin{cases} \dfrac{t_{ijm}^t}{1.0001 - \xi_{ijm}^t}, & m = 1 \\ 0, & m = 2 \end{cases} \tag{9-56}$$

五　实证仿真结果

根据以上数据，我们应用所提出的基于矩阵编码的遗传算法对模型 M1 和模型 M2 进行了求解。采用两个规模为 240 个染色体的种群同时平行迭代的方法，这样中间的交叉操作会很方便，最后再从两个种群的最佳个体中选择更好的一个，共迭代 2000 次。在迭代计算过程中，通过观察种群的每一代最佳个体适应度函数值，可以确定算法的收敛性。我们采取的 2000 次迭代过程中，最佳个体适应度函数值逐渐减小，在1000代以后均无变化，因此算法是收敛的。其中，模型M2的各代种群中最佳个体的适应度函数值变化趋势如图9-3所示（截取前1000代的记录）。

1. 模型M1计算结果

计算模型M1获得配置方案如表9-15a和表9-15b所示，其中G表示公路运输，A表示空运，下同。

表9-15a　　模型M1求解所得第一天物资配置方案

	粮食		帐篷		棉被		粮食		帐篷		棉被	
	CD						DY					
	G.	A.	G.	A.	G.	A.	G.	A.	G.	A.	G.	A.
WC	0	0	0	178	0	24	0	0	0	0	0	0
BC	0	0	0	0	0	0	0	0	0	0	0	0
MZ	0	0	872	0	292	0	274	0	642	0	74	0
SF	0	0	0	0	0	0	97	0	124	0	71	0
QC	0	34	0	161	0	1	0	0	0	0	0	0
MX	0	0	0	0	0	75	0	34	0	146	0	0
AX	0	0	0	0	0	0	0	0	0	0	0	0
DJY	280	0	132	0	97	0	0	0	0	0	0	0
PW	0	52	0	117	0	0	0	0	0	0	0	85
PZ	70	0	821	0	11	0	0	0	0	0	0	0
	MY						GY					
	G.	A.	G.	A.	G.	A.	G.	A.	G.	A.	G.	A.
WC	0	0	0	0	0	0	0	0	0	0	0	0
BC	102	0	323	0	41	0	0	0	110	0	0	0
MZ	0	0	0	0	0	0	0	200	346	0	0	0
SF	0	0	0	0	0	0	0	0	0	0	0	0
QC	0	0	0	0	0	0	6	0	0	0	98	0
MX	0	0	31	0	0	0	0	0	0	0	0	0
AX	36	0	187	0	109	0	0	0	0	0	0	0
DJY	0	0	0	0	0	0	0	0	0	0	0	0
PW	0	31	0	197	0	224	0	0	0	0	0	0
PZ	0	0	0	0	0	0	0	0	0	0	0	0
QC	0	0	0	0	0	0	6	0	0	0	98	0

表 9-15b　　模型 M1 求解所得第二天物资配置方案

	粮食		帐篷		棉被		粮食		帐篷		棉被	
	CD						DY					
	G.	A.	G.	A.	G.	A.	G.	A.	G.	A.	G.	A.
WC	0	7	14	365	0	9	0	0	0	0	0	0
BC	0	0	0	0	0	0	0	0	0	0	0	0
MZ	0	0	0	0	75	0	215	0	173	0	832	0
SF	0	0	1019	0	0	0	70	0	740	0	918	0
QC	0	33	0	7	0	24	0	0	0	0	0	0
MX	0	0	0	0	0	1067	0	37	0	150	0	0
AX	0	0	0	0	0	0	0	0	0	0	0	0
DJY	333	0	815	0	26	0	0	0	0	0	0	0
PW	0	62	0	260	0	0	0	0	0	0	0	95
PZ	85	0	193	0	3412	0	0	0	0	0	0	0
	MY						GY					
	G.	A.	G.	A.	G.	A.	G.	A.	G.	A.	G.	A.
WC	0	0	0	0	0	0	0	0	0	0	0	0
BC	27	0	796	0	429	0	0	0	66	0	0	0
MZ	0	0	0	0	0	0	0	199	318	0	903	0
SF	0	0	0	0	0	0	0	0	0	0	0	0
QC	0	0	0	0	0	0	6	0	174	0	0	0
MX	0	0	0	0	0	0	0	0	0	0	0	0
AX	167	0	81	0	990	0	0	0	0	0	0	0
DJY	0	0	0	0	0	0	0	0	0	0	0	0
PW	0	28	0	163	0	426	0	0	0	0	0	0
PZ	0	0	0	0	0	0	0	0	0	0	0	0

2. 模型 M2 计算结果

计算模型 M1 获得配置方案如表 9-16a 和表 9-16b 所示，各代种群中最佳个体的适应度函数值变化趋势如图 9-3 所示。

表 9－16a　　模型 M2 求解所得第一天物资配置方案

	粮食		帐篷		棉被		粮食		帐篷		棉被	
	CD						DY					
	G.	A.	G.	A.	G.	A.	G.	A.	G.	A.	G.	A.
WC	0	30	0	137	0	30	0	0	0	0	0	0
BC	0	22	0	0	0	0	0	0	0	0	20	0
MZ	0	0	91	0	20	0	130	0	228	0	30	0
SF	0	0	0	0	0	0	110	0	547	0	120	0
QC	0	35	0	319	0	70	0	0	0	0	0	0
MX	0	0	0	0	0	0	0	30	0	137	0	30
AX	0	0	0	0	0	0	0	0	0	0	0	0
DJY	160	0	775	0	170	0	0	0	0	0	0	0
PW	0	10	0	0	0	0	0	0	0	0	0	0
PZ	190	0	958	0	210	0	0	0	0	0	0	0
	MY						GY					
	G.	A.	G.	A.	G.	A.	G.	A.	G.	A.	G.	A.
WC	0	0	0	0	0	0	0	0	0	0	0	0
BC	18	0	91	0	20	0	0	0	91	0	0	0
MZ	0	0	0	0	0	0	0	0	365	0	100	0
SF	0	0	0	0	0	0	0	0	0	0	0	0
QC	0	0	0	0	0	0	0	25	0	0	0	0
MX	0	0	0	0	0	0	0	0	0	0	0	0
AX	120	0	593	0	130	0	0	0	0	0	0	0
DJY	0	0	0	0	0	0	0	0	0	0	0	0
PW	0	40	0	228	0	50	0	0	0	0	0	0
PZ	0	0	0	0	0	0	0	0	0	0	0	0

表 9－16b　　模型 M2 求解所得的第二天物资配置方案

	粮食		帐篷		棉被		粮食		帐篷		棉被	
	CD						DY					
	G.	A.	G.	A.	G.	A.	G.	A.	G.	A.	G.	A.
WC	0	34	0	160	0	277	0	0	0	0	0	0

续表

	粮食		帐篷		棉被		粮食		帐篷		棉被	
	CD						DY					
	G.	A.	G.	A.	G.	A.	G.	A.	G.	A.	G.	A.
BC	0	0	0	0	0	0	0	0	0	0	0	0
MZ	0	0	6	0	6	0	155	0	265	0	638	0
SF	0	0	0	0	0	0	130	0	638	0	1107	0
QC	0	42	0	372	0	646	0	0	0	0	0	0
MX	0	0	0	0	0	177	0	32	0	160	0	100
AX	0	0	0	0	0	0	0	0	0	0	0	0
DJY	187	0	904	0	1569	0	0	0	0	0	0	0
PW	0	26	0	100	0	0	0	0	0	0	0	0
PZ	231	0	1117	0	1938	0	0	0	0	0	0	0
	MY						GY					
	G.	A.	G.	A.	G.	A.	G.	A.	G.	A.	G.	A.
WC	0	0	0	0	0	0	0	0	0	0	0	0
BC	48	0	195	0	174	0	0	0	0	0	176	0
MZ	0	0	0	0	0	0	0	0	524	0	746	0
SF	0	0	0	0	0	0	0	0	0	0	0	0
QC	0	0	0	0	0	0	8	25	0	7	0	0
MX	0	0	0	0	0	0	0	0	0	0	0	0
AX	146	0	692	0	1200	0	0	0	0	0	0	0
DJY	0	0	0	0	0	0	0	0	0	0	0	0
PW	0	30	0	166	0	461	0	0	0	0	0	0
PZ	0	0	0	0	0	0	0	0	0	0	0	0

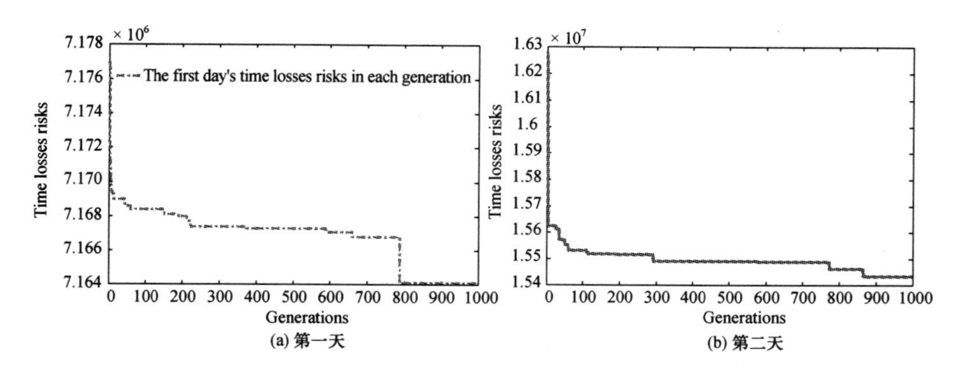

图 9－3　模型 M2 前 1000 次迭代的最佳个体适应度函数值变化曲线

3. 模型 M2 的车辆安排计划

根据模型计算得到的物资配置计划，应用式（9－6）和（9－9）可以得出相应的车辆安排计划。根据 M2 的物资配置计划可以得到相应的车辆安排计划如表 9－17 所示。从表中可以看出，许多货车并没有被安排运输，而几乎所有的直升机都有运输任务，这是由于直升机运输要比货车运输效率高，从而优先安排直升机运输。

表 9－17　M2 的车辆安排计划

	CD				DY				MY				GY			
	陆运		空运		陆运		空运		陆运		空运		陆运		空运	
	I	II	I	II	I	II	I	II	I	II	I	II	I	II	I	II
第一天的计划																
WC	0	0	9	0	0	0	0	0	0	0	0	0	0	0	0	0
BC	0	0	3	1	1	0	0	0	1	2	0	0	1	0	0	0
MZ	1	0	0	0	9	10	0	0	0	0	0	0	2	1	0	0
SF	0	0	0	0	7	10	0	0	0	0	0	0	0	0	0	0
QC	0	0	4	4	0	0	0	0	0	0	0	0	0	0	4	1
MX	0	0	0	0	0	0	5	2	0	0	0	0	0	0	0	0
AX	0	0	0	0	0	0	0	0	20	5	0	0	0	0	0	0
DJY	31	4	0	0	0	0	0	0	0	0	0	0	0	0	0	0
PW	0	0	3	0	0	0	0	0	0	0	8	2	0	0	0	0
PZ	7	20	0	0	0	0	0	0	0	0	0	0	0	0	0	0
第二天的计划																
WC	0	0	3	3	0	0	0	0	0	0	0	0	0	0	0	0
BC	0	0	0	0	1	0	0	0	12	0	0	0	0	0	0	0
MZ	0	0	0	0	14	10	0	0	0	0	0	0	1	0	0	0
SF	0	0	0	0	21	6	0	0	0	0	0	0	2	2	0	0
QC	0	0	13	1	0	0	0	0	0	0	0	0	2	0	4	1
MX	0	0	1	0	0	0	5	2	0	0	0	0	0	0	0	0
AX	0	0	0	0	0	0	0	0	17	10	0	0	0	0	0	0
DJY	27	10	0	0	0	0	0	0	0	0	0	0	0	0	0	0
PW	0	0	3	1	0	0	0	0	0	0	8	2	0	0	0	0
PZ	38	10	0	0	0	0	0	0	0	0	0	0	0	0	0	0

六　综合分析

1. 物资配置误差损失贝叶斯风险分析

前文我们将总的物资配置误差损失贝叶斯风险目标最小转化为约束条件（9－38），即约束各受灾点的物资配置误差损失贝叶斯风险的最大上限，其上限由式（9－51）确定。为检验多目标处理方法和上限计算方法的合理性，我们记录前1000次迭代过程中种群最佳个体的物资配置误差损失贝叶斯风险值，如图9－4所示。

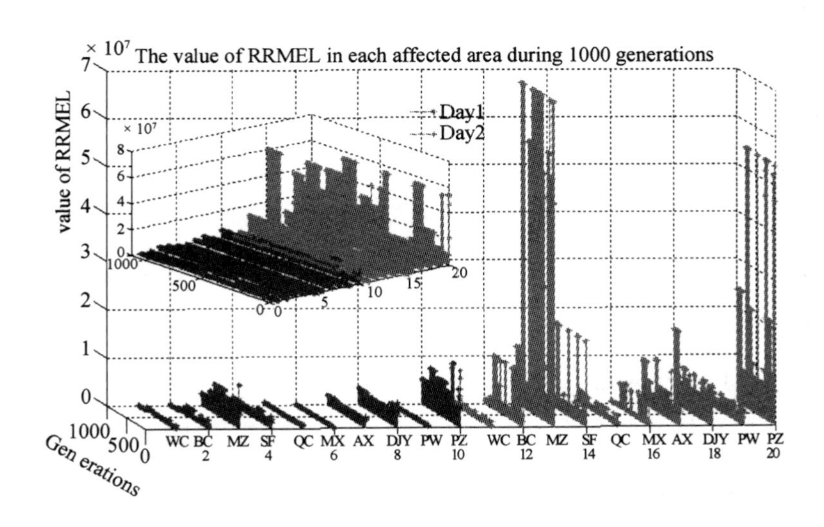

图9－4　模型M2前1000次迭代种群最佳个体物资配置误差损失贝叶斯风险值

通过比较分析前后两天的物资配置误差损失贝叶斯风险值、迭代过程中各受灾点的物资配置误差损失贝叶斯风险值和不同受灾点的物资配置误差损失贝叶斯风险值，我们得出以下三个结论：

①第一天的物资配置误差损失贝叶斯风险比第二天的小。其原因是虽然第二天出救点物资数量有所增加，相应的受灾点得到的物资也增加，可其增加量比受灾点需求增加量要小。

②迭代过程中，同一受灾点前后物资配置误差损失贝叶斯风险

相对变化不大，同时，随着物流时间损失贝叶斯风险有变小的趋势。其原因是：当物资配置误差损失贝叶斯风险在某一特定范围时，物流时间损失贝叶斯风险相对较小的配置策略，总的物资配置误差损失贝叶斯风险值也相对较小。

③绵竹市和彭州市的物资配置误差损失贝叶斯风险比较大。其原因有二：一是人口，绵竹市和彭州市人口数量大，物资需求大，而供应不足，缺口大，我们的物资配置误差损失函数采用平方，会把损失放大；二是运输时间，四个出救点到绵竹市和彭州市的时间都相对较长，在迭代中，为减小物流时间损失贝叶斯风险，系统会先满足时间较小的受灾点，使运输时间长的受灾点物资配置量较少，造成这些受灾点物资配置误差损失贝叶斯风险较大。

为验证物资配置误差损失贝叶斯风险与人口数量和运输时间的关系，我们采取如下方法：（1）统计各个受灾点中种群最佳个体的物资配置误差损失贝叶斯风险值的人均值，其结果如图 9 - 5 所示。显然，人口并不是造成受灾点物资配置误差损失贝叶斯风险大的唯一原因。（2）统计各个受灾点中种群最佳个体的物资配置误差损失贝叶斯风险值的单位时间值，其结果如图 9 - 6 所示。显然，运输时间也不是造成受灾点物资配置误差损失贝叶斯风险大的唯一原因。（3）统计各个受灾点中种群最佳个体的物资配置误差损失贝叶斯风险值的单位时间内的人均值。从图 9 - 7 中可以看出，同一天内各受灾点的物资配置误差损失贝叶斯风险单位时间内的人均值相差不多。

2. 模型 M2 的优势分析

信息是决策的重要依据，没有信息，再好的决策方法也可能与实际不符。应急环境下，更难获取完全的信息，历史灾害信息的利用便显得难能可贵。模型 M2 是在模型 M1 的基础上融入贝叶斯信息更新方法而建立的非线性多目标混合整数随机规划模型。因此，模型 M2 能根据救援过程中的不同灾害信息来调整配置方案，比模型 M1 更能反映现实，能做出更贴合实际的应急物流配置方案。

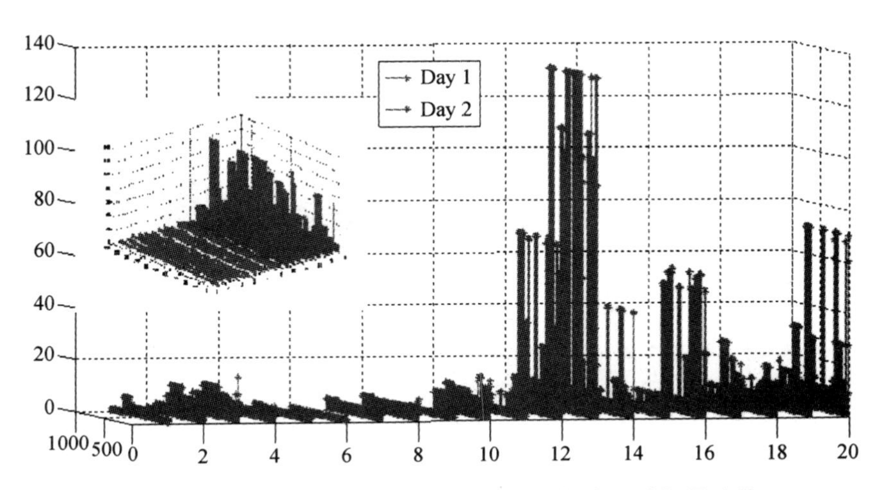

图 9-5 各受灾点的人均物资配置误差损失贝叶斯风险值

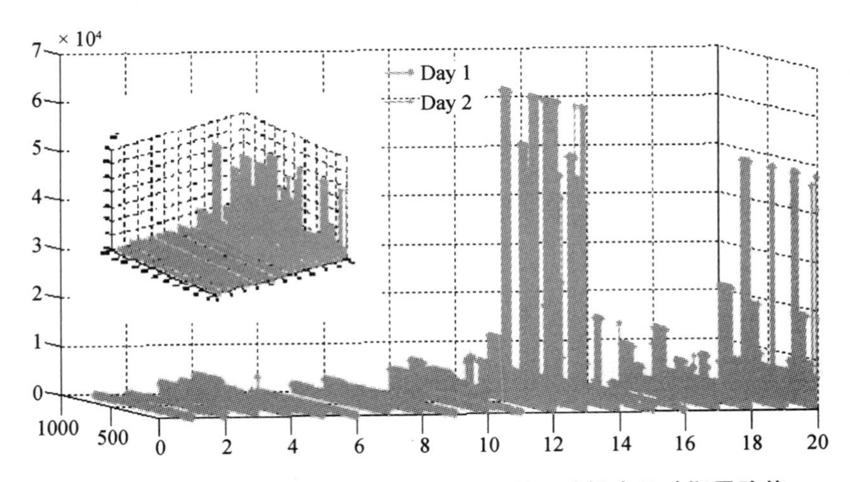

图 9-6 各受灾点的单位时间内物资配置误差损失贝叶斯风险值

将模型 M1 所得的配置方案（方案一）与模型 M2 所得配置方案（方案二），根据模型 M2 的方法计算其物资配置误差损失贝叶斯风险和物流时间损失贝叶斯风险，其对比结果如表 9-18 所示。显

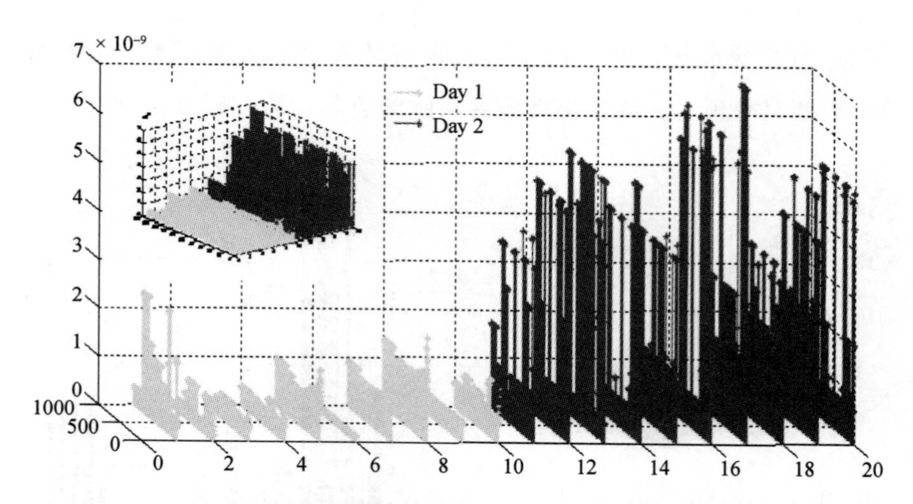

图9－7　各受灾点单位时间内的人均物资配置误差损失贝叶斯风险值

然，方案一下两天的物资配置误差损失贝叶斯风险都比方案二要大，这是因为模型 M1 没有考虑灾害对需求的影响，在生产物资配置方案时未能控制各受灾点的物资配置误差损失贝叶斯风险；两者的物流时间损失贝叶斯风险相差不多。究其原因是：本实例中模型 M2 中的道路运输时间在加入道路损毁率后与模型 M1 中没有加入道路损毁率的情况相比，各路线相对大小并没什么变化（如图 9－8 所示），从而对策略选择影响不大；但是，如果某路线加入道路损毁率前后的道路运输时间相差特别大，模型 M1 和模型 M2 得出的配送方案的物流时间损失贝叶斯风险就会有较大差别。

表 9－18　　两种配送方案下的贝叶斯风险

		WC	BC	MZ	SF	QC	MX
Day 1	M1	0.145	0.744	14.042	1.308	0.403	0.143
	M2	0.1083	0.2099	2.4703	1.6621	0.5582	0.1003
Day 2	M1	0.691	4.322	18.186	17.676	0.764	6.161
	M2	0.484	0.790	12.009	7.689	2.630	0.479

续表

		AX	DJY	PW	PZ	Total RRMEL	Total RELTL
Day 1	M1	1.556	2.954	0.707	4.882	26.885	7.0947
	M2	2.0200	3.3892	0.2993	5.1802	15.998	7.164056
Day 2	M1	6.504	6.087	2.041	61.528	123.96	15.552
	M2	9.082	15.476	1.341	23.622	73.604	15.434

注：以上数据均需乘以 10^6。

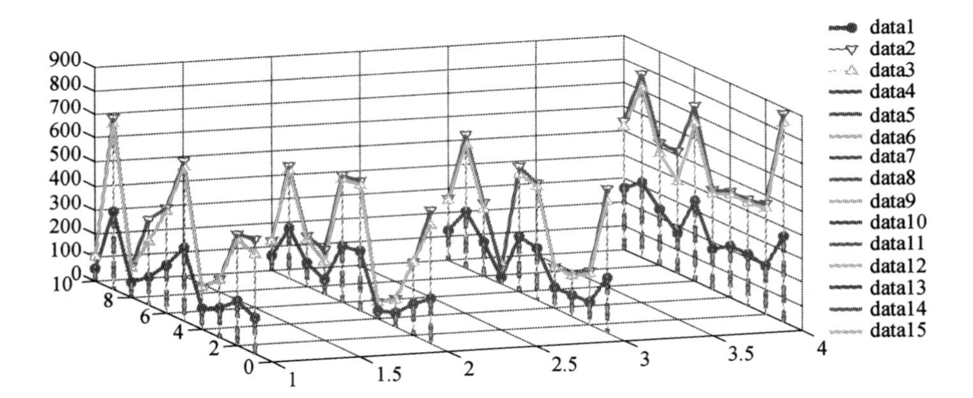

图 9-8 考虑道路损毁率前后各受灾点的道路运输时间对比

参考文献

[1] Abidi H. , de Leeuw S. , Klumpp M. , Humanitarian Supply Chain Per – Formance Management: A Systematic Iiterature Review. Supply Chain Management: *An International Journal*, 2014, 19 (5/6): 592 – 608.

[2] Anderson E. J. , Ferris M. C. , "Genetic Algorithms for Combinatorial Optimization: The Assembly line Balancing Problem", *ORSA Journal on Computing*, 1994, 6 (2): 161 – 173.

[3] Arora, H. , Raghu, T. S. , Vinze, A. Resource Allocation for Demand Surge Mitigation During Disaster Response. Decision Support Systems, 2010, 50 (1): 304 – 315.

[4] Bammidi P. , Moore K. L. , Emergency Management Systems: A Systems Approach, Systems, Man, and Cybernetics, 1994, 2 (2 – 5): 1565 – 1570.

[5] Barzinpour F. , Esmaeili V. , "A Multi – objective Relief Chain Iocation Distribution Model for Urban Disaster Management", *The International Journal of Advanced Manufacturing Technology*, 2014, 70 (5 – 8): 1291 – 1302.

[6] Bean J. C. , "Genetic Algorithms and Random Keys for Sequencing and Optimization", *INFORMS Journal on Computing*, 1994, 6

(2): 154 - 160.

[7] Beasley J. E. , Chu P. C. , "A Genetic Algorithm for the Set Covering Problem", *European Journal of Operational Research*, 1996, 47 (5): 702 - 709.

[8] Berger, J. O. , Statistical Decision Theory and Bayesian Analysis. New York: Springer, second edition, 1980.

[9] Camacho - Vallejo J. F. , González - Rodríguez E. , Almaguer F. J. , González - Ramírez R. G. , "A Bi - level Optimization Model for Aid Distribution after the Occurrence of A Disaster", *Journal of Cleaner Production*, 2015, 105 (10): 134 - 145.

[10] Carlos A. , Bana e Costa, Carlos S. Oliveira, Victor Vieira. Prioritization of Bridges and Tunnels in Earthquake Risk Mitigation Using Multi - criteria Decision Analysis: Application to Lisbon. Omega, 2008, 36 (3): 442 - 450.

[11] Cheu R. L. , Neural Network Models for Automated Detection of Lane - blocking Incidents on Freeways, Transportation Research Part A: Policy and Practice, 1996, 30 (1): 60.

[12] Claycamp H. G. , Rapid Benefit - risk Assessment: No Escape from Expert Judgments in Risk Management. Risk Analysis, 2006, 26 (1): 147 - 156.

[13] Diaz R. , Kumar S. , Behr J. , Housing Recovery in the Aftermath of a Catastrophe: Material Resources Perspective. Computers & Industrial Engineering, 2015, 81 (3): 130 - 139.

[14] Duque P. A. M. , Dolinskaya I. S. , Sörensen K. , "Network Repair Crew Scheduling and Routing for Emergency Relief Distribution Problem", *European Journal of Operational Research*, 2016, 248

(1): 272 -285.

[15] Edara P. , Sharma S. , McGhee C. , "Development of a Large - scale Traffic Simulation Model for Hurricane Evacuation - Methodology and Lessons Learned", *Natural hazards review*, 2010, 11 (4): 127 -139.

[16] Fang Y. , Han L. D. , Evacuation Modeling and Operations Using Dynamic Traffic Assignment and most Assignment and most Desirable Destination Approaches. Transportation Research Board. No. 05 - 2401, 2005.

[17] Farahmand K. , Application of Simulation Modelling to Emergency Population Evacuation. Proceedings of the 1997 Winter Simulation Conference. Piscataway: IEEE, 1997: 1181 -1188.

[18] Fiedrich F. , Gehbauer F. , Rickers U. Optimized Resource Allocation for Emergency Response after Earthquake Disasters. Safety Science, 2000, 35 (1 -3): 41 -57.

[19] Haghani, A. , Oh, S. Formulation and Solution of a Multi - commodity, Multi - modal Network Flow Model for Disaster Relief Operations. Transportation Research, Part A, 1996, 30 (3): 231 -250.

[20] Hamza - Lup G. L. , Hua K. A. , Peng R. , "Leveraging E - transportation in Real - time Traffic Evacuation Management", *Electronic Commerce Research and Applications*, 2007, 6 (4): 413 - 424.

[21] Helbing D. , Farkas I. , Viscek T. , Simulating Dynamical Features of Escape Panic. , 2000, Nature 407 (9): 487 -490.

[22] Holguín - Veras J. , Jaller M. , Van Wassenhove L. N. , Pérez N. , Wachtendorf T. , "On the Unique Features of Post - disaster Humanitarian Logistics", *Journal of Operations Management*,

2012, 30 (7): 494 -506.

[23] Huang H. D., The Counter Measures to the Pollutions of Smoke of High Temperature in Passage Way of Underground Buildings. Asian Conference on Fire Science and Technology, 9 - 13th October, 1992, Hefei, China.

[24] Huang K., Jiang Y., Yuan Y., Zhao L., "Modeling Multiple Humanitarian Objectives in Emergency Response to Large - scale Disasters", *Transportation research part E: logistics and transportation review*, 2015, 75 (3): 1 -17.

[25] Huang S. K., Lindell M. K., Prater C. S., et al., "Household Evacuation Decision Making in Response to Hurricane Ike", Nature Hazards Review, 2012, 13 (4): 283 -296.

[26] Imanishi Y., Kuwajima R., Nagatani T., Transition from Homogeneous to Inhomogeneous Flows in a Lattice - gas Binary Mixture of Slender Particles. Physica A: Statistical Mechanics and its Applications., 2008, 387 (10): 2337 -2352.

[27] Jacobson E. U., Argon N. T., Ziya S., Priority Assignment in Emergency Response. Operations Research, 2012, 60 (4): 813 -832.

[28] John J. Fruin., Crowd Dynamics and Auditorium Management. International Association of Auditorium Managers, 1984 (5).

[29] Jong D. K. A., An Analysis of the Behavior of a Class of Genetic Adaptive Systems. University of Michigan, 1975.

[30] Lassiter K., Khademi A., Taaffe K. M., "A Robust Optimization Approach to Volunteer Management in Humanitarian Crises", *International Journal of Production Economics*, 2015, 163 (5):

97 - 111.

[31] Lo S. M., Fang Z., Lina P., Zhi G. S., "An Evacuation Mode: the SGEM Package", *Fire Safety Journal*, 2004, 39 (3): 169 - 190.

[32] Lo S. M., Fang Z., Lina P., Zhi G. S., "An Evacuationmode: the SGEM Package", *Fire Safety Journal*, 2004, 39 (3): 169 - 190.

[33] Lubashevskiy V., Kanno T., Furuta K., Resource Redistribution Method for Short - term Recovery of Society after Large - scale Disasters. Advances in Complex Systems, 2014, 17 (05): 1450026.

[34] Michael S., "The Effect of Pre - evacuation Distributions on Evacuation Times in the Simulex Model", *Journal of Fire Protection Engineering*, 2004, 14 (1): 33 - 53.

[35] Olsson P. A., Regan M. A., A Comparison between Actual and Predicted Evacuation Times. Safety Science, 2001, 38 (2): 139 - 145.

[36] Ortuño M., Tirado G., Vitoriano B., A Lexicographical Goal Programming Based Decision Support System for Logistics of Humanitarian Aid. Top, 2011, 19 (2): 464 - 479.

[37] Özdamar, L., Ekinei, E. & Küçükyazici, B. Emergency Logistics Planning in Natural Disasters. Annals of Operations Research, 2004, 29 (1 - 4): 217 - 245.

[38] Pidd M., Silva F. N. D., Eglese R. W., "A Simulation Model for Emergency Evacuation", *European Journal of Operational Research*, 1996, 90 (3): 413 - 419.

[39] Regnier E. Public Evacuation Decisions and Hurricane Track Uncertainty. Management Science, 2008, 54 (1): 16 - 28.

[40] Rennemo S. J., R∅ K. F., Hvattum L. M., Tirado G., "A

three - stage Stochastic Facility Routing Model for Disaster Response Planning", *Transportation Research Part E: Logistics and Transportation Review*, 2014, 62 (2): 116 - 135.

[41] Robinson R. M., Khattak A. Evacuee Route Choice Decisions in a Dynamic Hurricane Evacuation Context. Transportation Research Record, 2012, 23 (12): 141 - 149.

[42] Sadri A. M., Ukkusuri S. V., Murray - Tuite P., et al., "How to Evacuate: Model for Understanding the Routing Strategies during Hurricane Evacuation", *Journal of Transportation Engineering*, 2014, 140 (1): 61 - 69.

[43] Scott F., Hiroshi H., "Investing in Safety: An Analytical Precautionary Principle", *Journal of Safety Research*, 2002, 33 (2): 165 - 174.

[44] Scott Farrow, Hiroshi Hayakawa, Investing in Safety: An Analytical Precautionary Principle, *Journal of Safety Research*, 2002, 33 (2): 165 - 174.

[45] Sheu J. B., Pan C., Relief Supply Collaboration for Emergency Logistics Responses to Large - scale Disasters. Transportmetrica A: Transport Science, 2015, 11 (3): 210 - 242.

[46] Sheu J. B., Post - disaster Relief - service Centralized Logistics Distribution with Survivor Resilience Maximization. Transportation Research Part B: Methodological, 2014, 68 (10): 288 - 314.

[47] Sheu, J. B., An Emergency Logistics Distribution Approach for Quick Response to Urgent Relief Demand in Disasters. Transportation Research Part E, 2007, 43 (6): 687 - 709.

[48] Sheu, J. B., Dynamic Relief - demand Management for Emergen-

cy Logistics Operations under Large - scale Disasters, 2010, 46 (1): 1 - 17.

[49] Sheu, J. B., Chen, Y. H. & Lan, L. W., A Novel Model for Quick Response to Disaster Relief Distribution. Proceedings of the Eastern Asia Society for Transportation Studies, 2005, 5, 2454 - 2462.

[50] Sinuany - Stern Z., Eliahu S. Simulating the Evacuation of a Small City: the Effects of Traffic Factors. Socio - economic Planning Sciences, 1993, 27 (2): 97 - 108.

[51] Solis D., Thomas M., Letson D., Hurricane Evacuation Household Making - decision: Lessons from Florida. Selected Paper Prepared for Presentation at the Southern Agricultural Economics Association Annual Meeting, Atlanta, Georgia, January 31 - February 3, 2009.

[52] Tan C., Lee V., Chang G., Ang H., Seet B., "Medical Response to the 2009 Sumatra Earthquake: Health Needs in the Post - disaster Period", *Singapore Medical Journal*, 2012, 53 (2): 99 - 103.

[53] Tang C. H., Lin C. Y., Hsu Y. M., "Exploratory Research on Reading Cognition and Escape - route Planning Using Building Cvacuation Plan Diagrams", *Applied Ergonomics*, 2008, 39 (2): 209 - 217.

[54] Thomas J. C., Justin P. J., A Network Flow Model for Lane - based Evacuation Routing. Transportation Research Part A, 2003, 37: 579 - 604.

[55] Tufekci S., An Integrated Emergency Management Decision Support System for Hurricane Emergencies. Safety Science (S0925 -

7535), 1995, 20 (1): 39 - 48.

[56] Tzeng, G. H., Cheng, H. J. & Huang, T. D., Multi - objective Optimal Planning for Designing Relief Delivery Systems. Transportation Research Part E, 2007, 43 (6): 673 - 686.

[57] Urbina E., Wolshon B., National Review of Hurricane Evacuation Plans and Policies: A Comparison and Contrast of State Practices. Transportation Research Part A (S0965 - 8564), 2003, 37 (3): 257 - 275.

[58] Viak A., *Geographic Information Systems and Introduction Third Edition*. New York: John Wiley & Sons, Inc., 2002.

[59] Vitoriano B., Ortuño M. T., Tirado G., "Montero J. A multi - criteria Optimization Model for Humanitarian Aid Distribution", *Journal of Global Optimization*, 2011, 51 (2): 189 - 208.

[60] Vitoriano B., Rodríguez J. T., Tirado G., Martín - Campo F. J., Ortuño M. T., Montero J. Intelligent Decision - making Models for Disaster Management. *Human and Ecological Risk Assessment: An International Journal*, 2015, 21 (5): 1341 - 1360.

[61] White R., Engelen G. High - resolution Integrated Modeling of the Spatial Dynamics of Urban and Regional System. Computer, Environment and Urban System, 2000, 24 (5): 383 - 400.

[62] Williams B. M., Tagliaferri A. P., Meinhold S. S., et al., "Simulation and Analysis of Freeway Lane Reversal for Coastal Hurricane Evacuation", *Journal of Urban Planning and Development - ASCE*, 2007, 133 (1): 61 - 72.

[63] Wu H. C., Lindell M. K., Prater C. S.. Logistics of Hurricane Evacuation in Hurricanes Katrina and Rita. Transportation Research

Part F, 2012, 15 (4): 445 –461.

[64] Wu Y. P. , Chen L. X. , Cheng C. , et al. , GIS – based Landslide Hazard Predicting System and its Real – time Test during a Typhoon, Zhejiang Province, Southeast China. Engineering Geology, 2014, 175 (10): 9 –21.

[65] Ye Y. , Liu N. , Hu G. P. , et al. , "Follow – up Sharing Character – based Scheduling Algorithm for Post – event Response Resource Distribution in Large – scale Disasters", *Journal of Systems Science and Systems Engineering*, 2015, (online): 1 –25.

[66] Yi W, Özdamar L. , "A Dynamic Logistics Coordination Model for Evacuation and Support in Disaster Response Activities", *European Journal of Operational Research*, 2007, (179): 1177 –1193.

[67] Yin W. H. , Murray – Tuite P. , Ukkusuri S. V. , et al. , An Agent – based Modeling System for Travel Demand Simulation for Hurricane Evacuation. Transportation Research Part C – Emerging Technologies, 2014b, 42 (5): 44 –59.

[68] Yin W. H. , Murray – Tuite P. , Gladwin H. , "Statistical Analysis of the Number of Household Vehicles Used for Hurricane Ivan Evacuation", *Journal of Transportation Engineering*, 2014a, 140 (12): 1 –10.

[69] 包兴、季建华、邵晓峰等:《应急期间服务运作系统能力的采购和恢复模型》,《中国管理科学》2008 年第 5 期。

[70] 暴丽玲、王汉斌:《多点救援资源配置优化模型的建立及应用》,《中国安全科学学报》2013 年第 23 期。

[71] 陈德松:《基于 Web – GIS 应急救援指挥信息系统研究与实现》,硕士学位论文,四川大学,2006 年。

[72] 陈玮：《公共危机管理机制建设的现实思考》，《公安学刊》2007年第20期。

[73] 陈校忠：《生产安全事故中的危机管理探讨》，硕士学位论文，上海交通大学，2005年。

[74] 陈悦：《浅谈经济系统的可持续发展》，《系统辩证学学报》2000年第8期。

[75] 池宏、祁明亮、计雷等：《城市突发公共事件应急管理体系研究》，《中国安防产品信息》2005年第12期。

[76] 崔娜、崔建勋、安实：《台风灾害下无车群体应急疏散决策行为分析》，《中国公路学报》2014年第2期。

[77] 邓方安、周涛、徐扬等：《软计算方法》，科学出版社2008年版。

[78] 邓华江、邓云峰：《我国应急管理体系现状、问题及对策》，《新疆化工》2006年第29期。

[79] 董希琳：《常见有毒化学品泄漏事故模型及救援警戒区的确定》，《武警学院学报》2007年第17期。

[80] 方磊：《基于偏好EDA模型的应急救援资源优化配置》，《系统工程理论与实践》2008年第3期。

[81] 高自友、宋一凡、四兵锋：《城市交通连续平衡网络设计理论与方法》，中国铁道出版社2000年版。

[82] 顾伟芳：《火灾发生位置对安全疏散影响的研究》，硕士学位论文，沈阳航空工业学院，2007年。

[83] 郭晓来：《美国危机管理系统的发展和启示》，《国家行政学院学报》2004年第4期。

[84] 何建敏、刘春林、尤海燕：《应急系统多出救点的选择问题》，《系统工程理论与实践》2001年第21期。

[85] 胡信布、何正文、徐渝:《基于资源约束的突发事件应急救援鲁棒性调度优化·运筹与管理》2013 年第22 期。

[86] 化工部劳动保护研究所:《重要有毒物质泄漏扩散模型研究》,《化工劳动保护:安全与技术管理分册》1996 年第1 期。

[87] 计雷、池宏:《突发事件应急管理》,高等教育出版社2006 年版。

[88] 姜昌华:《遗传算法在物流系统优化中的应用研究》,博士学位论文,华东师范大学,2007 年。

[89] 姜卉、黄钧:《罕见重大突发事件应急实时决策中的情景演变》,《华中科技大学学报》(社会科学版)2009 年第23 期。

[90] 蒋理成:《城市应急联动指挥系统研究及设计》,硕士学位论文,东北大学,2005 年。

[91] 蒋正华、张羚广:《可持续发展与复杂自循环经济系统》,《管理科学学报》2001 年第4 期。

[92] 金磊:《中国增强现代化城市的应急管理能力探析》,《重庆邮电学院学报》(社会科学版)2002 年第2 期。

[93] 李兴国、吴慈生:《城市重大危险源的控制与管理信息系统研究》,《安徽大学学报》(自然科学版)1996 年第20 期。

[94] 廖光煊、翁韬、朱霁平等:《城市重大事故应急辅助决策支持系统研究》,《中国工程科学》2005 年第7 期。

[95] 林徐勋:《多方式换乘动态路径选择建模研究》,硕士学位论文,上海交通大学管理科学与工程系,2009 年。

[96] 刘春林、施建军、何建敏:《一类应急物资调度的优化模型研究》,《中国管理科学》2001 年第9 期。

[97] 刘静:《协同进化算法及其应用研究》,硕士学位论文,西安

电子科技大学数学系，2004 年。

[98] 刘丽霞、杨骅华：《突发事件等复杂情形下的交通路径选择问题》，《北京联合大学学报》2004 年第 18 期。

[99] 刘阳、高军：《应急作战装备物资供应链研究》，《军械工程学院学报》2005 年第 17 期。

[100] 柳妍：《城市人口密集场所突发事件疏散对策研究》，硕士学位论文，西安建筑科技大学，2007 年。

[101] 罗伯特希斯：《危机管理》，中信出版社 2001 年版。

[102] 马云峰、杨超、张敏等：《基于时间满意的最大覆盖选址问题》，《中国管理科学》2006 年第 14 期。

[103] 么璐璐：《江苏省重大事故应急救援体系的建立与计算机管理系统的研制》，硕士学位论文，南京理工大学，2005 年。

[104] 门田安弘、大野耐监修：《丰田生产方式的新发展》，西安交通大学出版社 1985 年版。

[105] 苗东升：《论复杂性》，《自然辩证法通讯》2000 年第 20 期。

[106] 倪芬：《俄罗斯政府危机管理机制的经验与启示》，《行政论坛》2004 年第 11 期。

[107] 潘郁、余佳、达庆利：《基于粒子群算法的连续性消耗应急资源调度》，《系统工程学报》2007 年第 22 期。

[108] 钱颂迪主编：《运筹学》，清华大学出版社 2005 年版。

[109] 荣盘祥：《复杂系统脆性及其理论框架的研究》，博士学位论文，哈尔滨工程大学，2006 年。

[110] 苏建中：《有毒气体泄漏灾难程度估算初探》，《中国安全科学学报》1993 年第 3 期。

[111] 唐均：《从国际视角谈公共危机管理的创新》，《理论探讨》

2003 年第 20 期。

[112] 田娟荣：《地铁火灾人员疏散的行为研究及危险性分析》，硕士学位论文，广州大学，2006 年。

[113] 田玉敏、王辉：《人群安全疏散管理对策的研究》，《消防技术与产品信息》2007 年第 4 期。

[114] 田玉敏：《人群疏散中“非适应性”行为的研究》，《灾害学》2006 年第 21 期。

[115] 王爱民：《柔性战略模式下 JIT 在生产管理中的应用研究》，硕士学位论文，吉林大学，2005 年。

[116] 王德迅：《日本危机管理研究·世界经济与政治》2004 年第 26 期。

[117] 王辉：《浅议公共娱乐场所灭火与疏散应急预案的制定》，《中国西部科技》2008 年第 7 期。

[118] 王家耀：《地图学与地理信息工程研究》，科学出版社 2005 年版。

[119] 王苏生、王岩：《基于公平优先原则的多受灾点应急资源配置算法》，《运筹与管理》2008 年第 17 期。

[120] 王旭坪、董莉、陈明天：《考虑感知满意度的多受灾点应急资源分配模型》，《系统管理学报》2013 年第 22 期。

[121] 魏有炳、冯学智、肖鹏峰：《PDA 在台北市城市应急系统中的应用研究》，《测绘通报》2007 年第 53 期。

[122] 温丽敏、陈宝智：《重大事故人员应急疏散模型研究》，《中国安全科学学报》1999 年第 9 期。

[123] 文仁强、钟少波、袁宏永等：《应急资源多目标优化调度模型与多蚁群优化算法研究》，《计算机研究与发展》2013 年第 50 期。

[124] 吴宗之、刘茂：《重大事故应急预案分级、分类体系及其基本内容》，《中国安全科学学报》2003 年第 13 期。

[125] 肖鹏峰、冯学智、黄照强等：《集成 GIS 与 GPS 的城市应急联动指挥系统研究》，《遥感信息》2006 年第 21 期。

[126] 谢旭阳、任爱珠、周心权：《高层建筑火灾最佳疏散路线的确定》，《自然灾害学报》2003 年第 12 期。

[127] 徐中民、陈东景、程国栋：《中国经济系统多样性和可持续发展》，《冰川冻土》2001 年第 23 期。

[128] 杨继君、马艳岚、段雪玲等：《基于多灾点非合作博弈的资源调度建模与仿真》，《计算机应用》2008 年第 28 期。

[129] 杨静、陈建明、赵红：《应急管理中的突发事件分类分级研究》，《管理评论》2005 年第 17 期。

[130] 杨琴、袁玲玲、廖斌等：《基于 DBR 理论的突发事件中应急资源动态调度方法研究》，《中国安全生产科学技术》2013 年第 9 期。

[131] 杨延萍、郑志敏、周孝清等：《地铁区间隧道火灾疏散模式研究》，《技术交流》2006 年第 36 期。

[132] 姚广洲：《基于模糊综合评判的公路应急资源分级配置》，《公路交通科技》2012 年第 8 期。

[133] 叶永、刘南：《城市安全规划之动态人群紧急疏散与车辆配置策略》，《城市规划》2011 年第 35 期。

[134] 叶永、赵林度：《重大危险源大规模人群疏散决策模型研究》，《自然灾害学报》2011 年第 20 期。

[135] 尹琳：《日本的危机管理和社会协调》，《城市管理》2003 年第 19 期。

[136] 虞汉华、蒋军成：《城市重特大事故应急救援预案的研究》，

载《2005 中国（南京）第二届城市与工业安全国际会议论文集》，东南大学出版社 2005 年版。
[137] 虞汉华：《基于 GIS 的城市重大危险源风险管理研究》，博士学位论文，南京工业大学，2006 年。
[138] 宇德明：《易燃易爆有毒危险品储运过程定量风险评价》，中国铁道出版社 2000 年版。
[139] 袁建平、方正、卢兆明等：《城市灾时大范围人员应急疏散探讨》，《自然灾害学报》2005 年第 14 期。
[140] 袁媛、汪定伟、蒋忠中等：《考虑路线复杂度的应急疏散双目标路径选择模型·运筹与管理》2008 年第 17 期。
[141] 袁媛、汪定伟：《灾害扩散实时影响下的应急疏散路径选择模型》，《系统仿真学报》2008 年第 20 期。
[142] 展丙军编著：《运筹学》，哈尔滨地图出版社 2005 年版。
[143] 湛永松、卢兆明：《计算机辅助大规模人群疏散平台》，《计算机工程》2008 年第 34 期。
[144] 张江华、赵来军、吴勤：《危险化学品泄漏扩散研究探讨》，《中国安全生产科学技术》2007 年第 3 期。
[145] 张世奇：《城市灾害应急管理与资源整合》，《城市与减灾》2003 年第 6 期。
[146] 张新辉：《高层建筑火灾的人员疏散对策》，《太原理工大学学报》2005 年第 36 期（增刊）。
[147] 张玉波：《突发事件的应对与政府危机管理》，硕士学位论文，天津大学，2005 年。
[148] 张云明：《大型商业建筑火灾疏散性能化分析方法研究》，硕士学位论文，西安科技大学，2006 年。
[149] 张钊、林菁：《飓风下城市群应急交通疏散模拟及验证》，

《中国安全科学学报》2013 年第 23 期。
[150] 赵成根：《国外大城市危机管理模式研究》，北京大学出版社 2006 年版。
[151] 赵林度、刘明：《面向脉冲需求的应急资源调度问题研究》，《东南大学学报》（自然科学版）2008 年第 38 期。
[152] 赵林度：《城际应急管理与应急网络》，科学出版社 2010 年版。
[153] 赵林度：《我国城市应急系统网络化建设策略研究》，《城市管理与科技》2005 年第 7 期。
[154] 赵农：《基于知识管理的工程管理研究》，硕士研究，苏州大学，2007 年。
[155] 赵喜、吴阳清、李芳芳等：《基于 QPSO 算法的应急资源调度应用研究》，《价值工程》2012 年第 34 期。
[156] 周干峙：《城市及其区域——一个典型的开放的复杂巨系统城市规划》2002 年第 26 期。
[157] 周广亮：《基于自然灾害的应急资源一体化配置研究》，《河南社会科学》2013 年第 21 期。
[158] 周小猛、姜丽珍、张云龙：《突发事故下应急救援资源优化配置定量模型研究》，《安全与环境学报》2007 年第 23 期。
[159] 朱莉、曹杰：《超网络视角下灾害应急资源调配研究》，《软科学》2012 年第 26 期。
[160] 朱莉、曹杰：《灾害风险下应急资源调配的超网络优化研究》，《中国管理科学》2012 年第 20 期。
[161] 朱正威、张莹：《发达国家公共安全管理机制比较及对我国的启示》，《西安交通大学学报》（社会科学版）2006 年第

26 期。
[162] 诸大建：《建设基于系统控制的应急管理模式》，《城市管理》2003 年第 3 期。